Ralf Schöwer

Das Baustellenhandbuch Aufmaß und Mengenermittlung

7. aktualisierte Auflage

FORUM
WISSEN,
DAS ANKOMMT.

Bibliografische Information der Deutschen Bibliothek

Die Deutsche Bibliothek verzeichnet diese Publikation in der Deutschen Nationalbibliografie; detaillierte bibliografische Daten sind im Internet über http://dnb.dnb.de abrufbar.

Mandichostraße 18
86504 Merching

Telefon: +49 (0)8233 381-123
Fax: +49 (0)8233 381-222
E-Mail: service@forum-verlag.com
Internet: www.baustellenhandbuch.de

7. aktualisierte Auflage 2023

Hinweis: Aus Gründen der besseren Lesbarkeit und Einfachheit wird in den folgenden Texten meist die männliche Form verwendet. Die verwendeten Bezeichnungen sind als geschlechtsneutral bzw. als Oberbegriffe zu interpretieren und gelten gleichermaßen für alle Geschlechter.

Titelfoto/-illustration: © truemedia, 86167 Augsburg
Satz: Reemers Publishing Services GmbH, 47799 Krefeld
Druck: Esser printSolutions GmbH, 75015 Bretten
Printed in Germany

ISBN 978-3-96314-898-9 (Print)
ISBN 978-3-96314-899-6 (Kombi)

Vorwort zur 7. Auflage

Die erfolgreiche Realisierung eines Bauvorhabens wird durch eine kooperative Zusammenarbeit aller an der Baumaßnahme Beteiligten maßgeblich bestimmt. Dazu zählen neben der Planung, der Ausschreibung und Koordination von Bauleistungen, der Bauüberwachung und Qualitätssicherung auch die Abrechnung und Vergütung der erbrachten Bauleistungen.

Für die Unternehmer gilt nach der Vergabe- und Vertragsordnung Teil B, DIN 1961, § 14 „Abrechnung“ Abs. 1: „Der Auftragnehmer hat seine Leistungen prüfbar abzurechnen. [...] Die zum Nachweis von Art und Umfang der Leistung erforderlichen Mengenberechnungen, Zeichnungen und andere Belege sind beizufügen.“

Zu den Aufgaben des Architekten gehört i. d. R. die „Kostenkontrolle durch Überprüfen der Leistungsabrechnung der bauausführenden Unternehmen im Vergleich zu den Vertragspreisen und dem Kostenanschlag“ (HOAI 2021, Gebäude und Innenräume, § 34 gem. Anlage 10). Diese Verpflichtungen der am Bau Beteiligten erfordern ein Präsenzwissen zu den Bestimmungen der Mengenermittlungen und der Abrechnung von Bauleistungen.

Das vorliegende Baustellenhandbuch ermöglicht Architekten, Fachplanern, Bauleitern und Handwerkern einen schnellen und praxisgerechten Überblick zu den relevanten Abrechnungsregelungen der Vergabe- und Vertragsordnung für Bauleistungen im Zusammenhang mit der Aufstellung von Leistungsbeschreibungen, Rechnungen und Rechnungsprüfungen.

Die Inhalte der Allgemeinen Technischen Vertragsbedingungen nach der neuesten Vergabe- und Vertragsordnung für Bauleistungen (Teil C), Ausgabe Oktober 2023, sind in diesem Nachschlagewerk textlich und in vielen Fällen auch mit zeichnerischen Darstellungen übersichtlich und präzise erläutert. Die abrechnungsrelevanten Abmessungen von Bauteilen sind in den Bildern durch Maßlinien oder fettgedruckte Begleitlinien hervorgehoben.

Die wichtigsten Gewerke des Hoch- und Tiefbaus sind für ein schnelles Auffinden in alphabetischer Reihenfolge wiedergegeben. Die Abrechnungsregeln der einzelnen Gewerke, meist gegliedert nach Bauteilen, wie Boden, Wand, Decke, Pfeiler, Dachflächen, usw., können für den praktischen „Vor-Ort-Einsatz" auf der Baustelle im Handbauch einfach und schnell nachgeschlagen werden.

Die nach VOB anzuwendenden Abrechnungseinheiten sind für die spezifischen Leistungen gewerkebezogen in einer Checkliste aufgeführt. Dies ermöglicht bei fehlenden Leistungsverzeichnissen oder Angebotsgrundlagen eine schnelle Erfassung von Abrechnungspositionen im Rahmen von örtlichen Aufmaßen.

Im Anhang sind Formeln zur Bestimmung von Flächen, Volumen und Umfangsmaßen unterschiedlicher Baukörper zu finden. Tabellarische Übersichten helfen bei der Berechnung von Teilleistungen und der Ermittlung von Abrechnungsmengen.

Das Handbuch bietet damit dem Nutzer eine hilfreiche Unterstützung zur rationellen und fachgerechten Abwicklung von Bauprojekten.

In der vorliegenden 7. Auflage wurden zu allen Gewerken die Abrechnungseinheiten und Abrechnungsregeln nach der VOB 2023, Teil C, aktualisiert. Der Autor erhebt mit der Wiedergabe der Grundzüge der VOB schon wegen der Möglichkeit und Vielzahl anderer vertraglicher Vereinbarungen keinen Anspruch auf Vollständigkeit und uneingeschränkte Anwendbarkeit. In Zweifelsfällen ist zu einzelnen Abrechnungsfragen stets der Originaltext der zutreffenden ATV einzusehen und anzuwenden.

Das Baustellenhandbuch für Aufmaß und Mengenermittlung wurde mit großer Sorgfalt und nach eingehender Recherche zusammengestellt. Gegenüber dem Verlag oder dem Autor begründet dieses Buch keinen Auskunfts- oder Beratungsvertrag und auch keine anderweitige Bindungswirkung. Die individuellen Gegebenheiten jedes Einzelfalls gebieten es, dass keine Gewähr für Verbindlichkeit und Vollständigkeit der enthaltenen Darstellungen und Aussagen gegeben werden kann.

Anregungen zur Ergänzung des Inhalts oder zu weiteren Erläuterungen werden vom Autor und Verlag dankbar aufgenommen.

Dieburg, im Dezember 2023
Ralf Schöwer

Der Autor

Ralf Schöwer
Dipl.-Ing., Architekt

Öffentlich bestellter und vereidigter Sachverständiger für Schäden an Gebäuden (Industrie- und Handelskammer Darmstadt)

Ralf Schöwer wurde 1959 in Koblenz geboren. Er studierte Architektur an der Technischen Universität Darmstadt. Nach dem Diplom im Jahre 1988 folgte eine Zeit der Mitarbeit in verschiedenen Architekturbüros, zunächst mit einer erfolgreichen Bearbeitung von Architekturwettbewerben. In den sich anschließenden Jahren betreute er als planender Architekt und Bauleiter vielfältige Hochbauprojekte in den Bereichen Neubau, Umbau und Sanierungsvorhaben.

Neben seiner Tätigkeit in den klassischen Arbeitsfeldern des Architekten verfügt er über eine Ausbildung als Sicherheits- und Gesundheitsschutzkoordinator.

Seit 2002 arbeitet er auch als Sachverständiger für private Auftraggeber, Behörden und Versicherungen zu vielfältigen Aufgaben und Themen im Bereich des Hochbaus.

Im Jahre 2004 wurde er zum Sachverständigen für „Schäden an Gebäuden" durch die Industrie- und Handelskammer Darmstadt öffentlich bestellt und vereidigt.

Inhaltsverzeichnis

Einleitung

Vertrag – Abrechnung – Vergütung

Bauvertrag

Für die Abrechnung von Bauleistungen sind im Regelfall die entsprechenden Vereinbarungen zwischen Auftraggeber und Auftragnehmer in einem Bauvertrag festgeschrieben. Zur Definition der Abrechnungsmodalitäten hat sich in der Praxis die Übernahme der Inhalte der Vergabe- und Vertragsordnung (VOB) in privatrechtliche Verträge bewährt. Für öffentliche Auftraggeber ist die Anwendung der VOB haushaltsrechtlich verpflichtend.

Die VOB bildet mit dem Teil B „Allgemeine Vertragsbedingungen für die Ausführung von Bauleistungen" und dem Teil C „Allgemeine Technische Vertragsbedingungen für Bauleistungen" für beide Vertragspartner eine gesicherte und gleichberechtigte Grundlage für einen „VOB-Vertrag". Werden Bauverträge nach VOB Teil B geschlossen, sind nach § 1 „Art und Umfang der Leistung" Ziffer 1 automatisch die Vorschriften der VOB/C eingeschlossen.

Die VOB Teil C ist wegen der darin enthaltenen technischen Bestimmungen zur Ausführung als ein Bestandteil der „allgemein anerkannten Regeln der Technik" anzusehen. Dadurch sind zur Sicherung eines Vergütungsanspruchs und vorgeschalteter Beurteilung der Mangelfreiheit einer Bauleistung (§ 13 VOB/B) auch die Inhalte der VOB/C direkt mit VOB-Verträgen verbunden.

Durch die Rechtsprechung werden die ATV darüber hinaus auch als „Allgemeine Geschäftsbedingungen" (AGB) eingestuft. Dies bedeutet, dass bei AGB-Verträgen nach §§ 305–310 BGB außer den Inhalten der AGB auch die Texte der VOB/C dem Auftraggeber zugänglich gemacht bzw. ausgehändigt werden müssen. Dies trifft im Besonderen dann zu, wenn der Auftraggeber nicht zu den im Baurecht bewanderten Personen gehört.

Abrechnungs- und Vergütungsgrundlagen

In der VOB Teil C ist in der DIN 18299 „Allgemeine Regelungen für Bauarbeiten jeder Art" in Ziffer 5 die Nutzung von Bauzeichnungen als Abrechnungsgrundlage vorgesehen. Dies gilt immer dann, wenn die tatsächlich ausgeführte Bauleistung auch den Zeichnungen entspricht. In allen anderen Fällen ist die Leistung örtlich am Bauwerk aufzumessen.

Diese Vorgabe gilt außer für die Gewerke, zu denen auch „Allgemeine Technische Vertragsbedingungen" (ATV) gefasst sind, auch für solche, für die keine ATV bestehen. Die Inhalte der gewerkespezifischen ATV sind jedoch stets mit Vorrang gegenüber der ATV DIN 18299 anzuwenden.

Die ATV beinhalten im Abschnitt 0 „Hinweise für das Aufstellen der Leistungsbeschreibung" unter Ziffer 0.5 Richtlinien für die Wahl der Abrechnungseinheiten verschiedenster Bauleistungen oder Bauteile. Diese Regeln wenden sich an die Aufsteller von Leistungsbeschreibungen und werden bei „VOB-Verträgen" nicht automatisch zum Vertragsbestandteil.

Die ATV beinhalten in Abschnitt 4 „Nebenleistungen, Besondere Leistungen" Angaben über Einzelleistungen. Soweit es sich um Nebenleistungen handelt, sind diese dem „Bau-Soll" zuzurechnen und bedürfen keiner zusätzlichen Vergütung. Eine besondere Einzelerwähnung ist bei vertraglicher Vereinbarung der VOB Teil C nicht erforderlich.

Soweit zur Fertigstellung einer Bauaufgabe Besondere Leistungen notwendig und diese im Leistungsverzeichnis aufgeführt sind, wird deren gesonderte Vergütung durch den Bauvertrag erfasst.

Im Leistungsverzeichnis nicht erwähnte, aber erforderliche und ausgeführte Leistungen sind sog. zusätzliche Leistungen (Nachträge), deren Vergütung sich aus VOB/B § 2 Ziffer 6 ableitet. Die Ausführung der Leistung muss vor Arbeitsbeginn dem Auftraggeber angekündigt werden.

Abrechnung

In der VOB/C sind in Abschnitt 5 „Abrechnung" in den verschiedenen ATV Festlegungen zur gewerkespezifischen Mengenermittlung aufgeführt. Diese gehen detailliert über die Grundregeln der DIN 18299 hinaus.

In allen ATV ist die Verwendung der Maße aus Bauzeichnungen vorgesehen. Im Allgemeinen bedeutet dies

- für Arbeiten im Innenbereich auf Flächen ohne begrenzende Bauteile eine Beachtung der Maße der behandelten oder hergestellten Flächen;
- auf Flächen mit begrenzenden Bauteilen eine Berücksichtigung der Leistungsabmessungen bis zu den begrenzenden, unbehandelten Bauteilen;
- [oder] in verschiedenen Gewerken eine Berücksichtigung der Leistungsabmessungen nach den Maßen der hergestellten oder behandelten Flächen;
- für Mauerwerk und Beton die Aufnahme deren konkreter Maße;
- für Fassaden die Abrechnung nach den Außenmaßen der hergestellten Flächen.

Zur Vereinfachung der Handhabung von Abzugsregeln sind in allen Gewerken die Übermessungsgrößen für Flächenmaße auf 0,1 m^2 und 2,5 m^2 und bei Längenmaßen auf 1,0 m festgelegt.

Die Ermittlung von Massen einzelner Bauleistungen erfolgt mit dem Einsatz von computergestützten Zeichenprogrammen meist über ein integriertes Massenermittlungsmodul. Diese Massen können i. d. R. über Schnittstellen an ein Zusatzprogramm zur Ausschreibung, Vergabe und Abrechnung weitergeleitet werden. Unter der Voraussetzung einer baubegleitenden Fortschreibung der Planung und Übereinstimmung der Zeichnung mit der Bauleistung können diese Massen dann schnell und sicher als Abrechnungsgrundlage dienen.

Für Planer und Handwerker sind die Kenntnisse der anzuwendenden Regeln die wesentlichen Voraussetzungen für den Einsatz und die Nutzung dieser elektronischen Abrechnungshilfen. Ebenso finden die bei der Erstellung von Schal- und Bewehrungsplänen sowie Stahllisten festgestellten Massen direkten Eingang in die Abrechnung.

Problematischer hingegen wird die Massenfeststellung zu Umbau- und Sanierungsarbeiten. Bei fehlenden oder unvollständigen Bestandsplänen und bei Einzelentscheidungen nach Baufortschritt wird, insbesondere bei kleineren und überschaubaren Bauaufgaben, einer Massenermittlung nach Aufmaß oftmals der Vorrang eingeräumt. In diesen Fällen ist die Kenntnis der Abrechnungsregeln für eine zügige und rationelle Abwicklung eines Aufmaßes vor Ort von noch größerer Bedeutung.

Die effektive und regelgerechte Abrechnung von Bauleistungen wird im Wesentlichen bestimmt durch

- die Zusammenarbeit von Bauherrschaft und Architekt/Bauträger/Generalübernehmer/Generalunternehmer bereits in der Planungsphase;
- eine möglichst umfassende, detaillierte Planung und Leistungsbeschreibung für einzelne Gewerke;
- eine ausgewogene Vertragsgestaltung;
- eine partnerschaftliche, „teamorientierte" Zusammenarbeit von Planer/Bauleiter und Handwerker während der Bauausführung.

Darüber hinaus ist die umfassende Kenntnis der wesentlichen Inhalte des Handbuchs zu den allgemeinen Abrechnungsregeln für Bauleistungen auf der Basis von VOB-Vereinbarungen eine gute Grundlage für eine erfolgreiche Bearbeitung von Mengenermittlungen und Abrechnungen.

Vergütung

Für Bauleistungen nach VOB/B-Verträgen sind die Vergütungsansprüche und Voraussetzungen in § 2 „Vergütung" geregelt.

Durch die Verknüpfung der abzurechnenden Leistungen mit den Vertragsvereinbarungen nach § 1 „Art und Umfang der Leistung", Ziffer 2 ergibt sich für die Abrechnung ein abgestuftes Regelwerk.

Vergütungen können geregelt sein in:

- Leistungsbeschreibungen
- Besonderen Vertragsbedingungen
- Zusätzlichen Vertragsbedingungen
- Zusätzlichen Technischen Vertragsbedingungen

- Allgemeinen Technischen Vertragsbedingungen für Bauleistungen (DIN 18300 ff.)
- Allgemeinen Vertragsbedingungen für die Ausführung von Bauleistungen (DIN 18299)

Bei etwaigen Widersprüchen im Vertrag gilt die vorgenannte Reihenfolge der Regelungen als verbindlich.

Das vorliegende Handbuch behandelt nur die allgemeinen Regelungen aus den gewerkespezifischen ATV. In einzelnen Gewerken wird auf die „Besonderen Leistungen“ näher eingegangen, immer dann, wenn es sich in der Baupraxis bei diesen Leistungen gleichzeitig um häufige, erforderliche Leistungen im Zusammenhang mit der Hauptleistung des Gewerks handelt.

Darüber hinausgehende, vielfältig mögliche Vereinbarungen können hier, wegen der speziellen Eigenheit eines Objekts oder des Vertrags, nicht näher erörtert werden.

Für die Zulässigkeit besonderer Abrechnungsvereinbarungen ist die Übereinstimmung mit der gewerblichen Verkehrssitte maßgebend.

In Teil B der VOB sind in § 14 „Abrechnung“ alle Verpflichtungen für Auftraggeber und Auftragnehmer genannt. Von großer Bedeutung ist hier im Abschnitt 2 der Hinweis auf die von Auftraggeber und Auftragnehmer gemeinsam vorzunehmende Feststellung der Leistung. Dies kann anhand einer Zeichnung oder bei einem Aufmaß am Objekt erfolgen. Das gemeinsame Aufmaß mit den bauausführenden Firmen gehört i. d. R. auch zum Leistungsumfang des Bauleiters bei einer Beauftragung nach HOAI § 34, Leistungsbild für Gebäude und Innenräume, Leistungsphase 8 – Objektüberwachung und Dokumentation.

Mengenermittlung und Aufmaß

Allgemeines zur Mengenermittlung

Die Abrechnung von Bauleistungen im Rahmen von Einheitspreisverträgen nach den Regelungen der Vergabe- und Vertragsordnung wird im Wesentlichen bestimmt durch

- den Umfang und die Genauigkeit von Voruntersuchungen bzw. Vorplanungen,
- die Projektdisziplin im Bauablauf (Änderungen des Entwurfs, Änderungen durch technische Neuerungen),
- den Genauigkeitsgrad und die Aussagekraft einer Ausführungsplanung,
- den Genauigkeitsgrad eines Leistungsverzeichnisses (Mengen, Einzelleistungen),
- die Übereinstimmung der Bauausführung mit den Planungsvorgaben,
- die Rückübernahme von Abweichungen der Bauausführung in die Ausführungsplanung.

Für die Ermittlung von Abrechnungsmengen stehen abhängig vom Zeitpunkt einer Mengenermittlung und der Art der Bauaufgabe verschiedene Unterlagen und Mittel zur Verfügung.

Mengenermittlung vor der Bauausführung

In Teil C der VOB steht in der ATV „Allgemeine Regelungen für Bauarbeiten jeder Art“ DIN 18299 unter Ziffer 5 „Abrechnung“ die Grundregel:

Praxistipp

Die Leistung ist aus Zeichnungen zu ermitteln, soweit die ausgeführte Leistung diesen Zeichnungen entspricht. Sind solche Zeichnungen nicht vorhanden, ist die Leistung aufzumessen.

Aus dieser VOB-Regelung ergibt sich die Forderung, insbesondere für Umbaumaßnahmen oder den teilweisen oder vollständigen Abbruch von Gebäuden, Bestandspläne, soweit diese mit dem vorhandenen Bauwerk übereinstimmen, einer Mengenermittlung zugrunde zu legen. Abhängig von der Bauaufgabe ist ggf. der Bestand für die Erstellung einer Zeichnung oder die Mengenermittlung eines Leistungsverzeichnisses aufzunehmen.

Für Neubaumaßnahmen werden Ausführungszeichnungen i. d. R. in digitaler Form erstellt. Dies ermöglicht bei entsprechender dreidimensionaler Führung der Planung eine computergestützte Erstellung von Massenberechnungen und deren Übernahme in Ausschreibungs- und Abrechnungsprogramme.

Bauprojekte mit einem Managementsystem, sog. BIM-Projekte (Building Information Modeling), lassen ebenfalls eine Massenermittlung auf der Basis digitaler Bauwerksdaten zu.

Für Gewerke des Ausbaus können ebenfalls die notwendigen Angaben von Flächen und Umfangsmaßen für einzelne Räume oder Bauteile leicht aus den Planungsdaten gewonnen werden.

Im Zuge der Erstellung von Schal- und Bewehrungsplänen werden Stahllisten geschaffen, deren Angaben zu den Mengen und Querschnitten von Betonstabstählen, Betonmattenstählen, Dübelleisten, Bügeln, Unterstützungskörben und anderes mehr in die Leistungsverzeichnisse einfließen können.

Die Mengenermittlung erfolgt dabei auf der Basis von festgelegten Angaben zu den Gewichten von Stab- und Mattenstahl, Profilstahl und dergleichen aus den DIN-Normen und den Produkthandbüchern der Hersteller.

Abhängig vom Bauvorhaben und der Vertragsgestaltung (Einheitspreis- oder Pauschalvertrag) bieten diese Daten in den meisten Fällen eine gesicherte Ausgangsbasis für eine Ausschreibung und spätere Leistungsabrechnung.

Mengenermittlung während/nach der Bauausführung

Bauzeichnungen bilden für eine Abrechnung einzelner Gewerke des Rohbaus und Ausbaus während oder nach der Bauausführung i. d. R. die anzuwendende Abrechnungsgrundlage. Dies setzt jedoch voraus, dass

- die Zeichnungen mit der tatsächlichen Bauausführung übereinstimmen und
- die Maßabweichungen von Bauteilen die Grenzwerte der zulässigen Abweichungen nach der DIN 18202 „Toleranzen im Hochbau – Bauwerke" nicht überschreiten.

In allen anderen Fällen wird, auch bei Neubaumaßnahmen, ein örtliches Aufmaß erforderlich. Für die Ermittlung der Leistungen von Erd-, Entwässerungskanal- und Landschaftsbauarbeiten ist die Anwendung von Näherungsverfahren erlaubt. Es sind die gewerkespezifischen, vereinfachenden Regeln (Übermessungsregeln und Einzelregeln) anzuwenden.

Im Gewerk „Zimmer- und Holzbauarbeiten" kann durch den Einsatz von elektronischen Berechnungsprogrammen die Ermittlung von Holzmassen und Abbundleistungen im Vergleich zu den Angaben der Leistungsbeschreibung kontrolliert und präzisiert werden. Auch hier kann diese Form der Massenermittlung (Holzlisten) für eine Abrechnung ohne Aufmaß herangezogen werden.

Kombinierte Abrechnung

Zu den Gewerken „DIN 18336 Abdichtungsarbeiten" und „DIN 18352 Fliesen- und Plattenarbeiten" sind unter Ziffer 0.5 Abrechnungseinheiten „kombinierte Abrechnungen" für einzelne Leistungen definiert. Die vorgesehenen Einheiten lauten: m^2d, m^2Wo, m^2Mt, StWo, StMt, m^3d, m^3Wo.

Die DIN 18352 „Fliesen und Plattenarbeiten" sieht für Aufenthalts- und Lagerräume eine kombinierte Abrechnung vor. Diese Vorgabe gilt entsprechend auch bei Abdichtungsarbeiten nach DIN 18336, hier außerdem für Maßnahmen zur Kontrolle, für Wartung und Schutzmaßnahmen sowie für Trocknungen.

Aufmaß

Bei kleineren Bauvorhaben, Arbeiten im Bestand oder im Bereich der Gebäudesanierung können örtliche Aufmaße aus Gründen einer wirtschaftlichen Projektabwicklung notwendig oder sogar erforderlich sein, wenn bestimmte Leistungen erst im Laufe der Realisierung festgelegt werden können.

Örtliche Aufmaße nach Abschluss einer Bauleistung oder während der Bauausführung, auch zur Kontrolle der Maßgenauigkeit (z. B. Achs- und Höhenvermessungen), lassen sich mithilfe von elektronischen Aufmaßhilfen (Raum- und Fassaden-/ Flächenscanner) zunehmend vereinfachen. Die gewonnenen Daten können i. d. R. in Abrechnungsprogramme eingelesen werden. Der Einsatz dieser Techniken und die Verwendung der Ergebnisse als Abrechnungsgrundlage sollten jedoch mit entsprechenden Vereinbarungen zwischen den Projektbeteiligten vertraglich geregelt werden.

Das Aufmaß von Bauwerken des Hochbaus ist vorzugsweise abschnittsweise, z. B. nach Geschossen und nach Räumen, vorzunehmen. Für die Gliederung der Aufstellung und die spätere Nachvollziehbarkeit ist eine immer gleichbleibende Vorgehensweise hilfreich. Grundsätzlich bestehen zwei Möglichkeiten für das Aufmaß von Bauleistungen:

- nach Leistungspositionen, soweit durch ein vorhandenes Leistungsverzeichnis vorgegeben, und ggf. Erfassung von ergänzenden Einzelleistungen;
- Aufmaß des gesamten Raums mit allen Bauteilen, Öffnungen, Höhen, Diagonalmaßen etc. für die nachträgliche Bearbeitung im Büro mit einer Zuordnung von Positionen aus einem Leistungsverzeichnis oder Angebot.

Die Einzelmaße sind nach den Abrechnungsregeln der Allgemeinen Technischen Vertragsbedingungen zu bestimmen.

Für Arbeiten aus dem Bereich Tiefbau/Erdarbeiten stehen die Berechnungsverfahren des orthogonalen Aufmaßes oder der Prismenmethode zur Verfügung:

Bei dem orthogonalen Aufmaß werden den Messpunkten in einem das Vermessungsobjekt umschreibenden, rechtwinkligen Bezugssystem Messwerte in Längs- und Querrichtung sowie Höhen zugeordnet.

Die Prismenmethode basiert auf der Ermittlung von Höhenwerten zu einzelnen festgelegten Punkten in einem Koordinatensystem (Längen in x- und y-Richtung).

Sonstige Informationsquellen

Als Abrechnungsgrundlagen können auch die nachstehenden Informationsquellen genutzt werden bzw. sind diese insbesondere bei Abrechnungen nach Masse als Prüfbelege der Rechnung beizufügen.

- Lieferscheine zu eingebauten besonderen Baustoffen oder Bauprodukten, z. B. Spiralbewehrung im Tresorbau
- Wiegescheine
- geförderte Mengen von Flüssigkeiten, z. B. bei Einpressarbeiten für Verbauleistungen, Schlitzwandarbeiten mit stützenden Flüssigkeiten
- Nachweise über Entsorgungsgebühren (Deponiebestätigungen); z. B. Entsorgung asbesthaltiger Baustoffe
- Mietrechnungen, z. B. für besondere Baugeräte, Baumaschinen oder Baustellencontainer, WC-Anlagen, Zaunanlagen und dergleichen
- Verbrauchsnachweise für Energie und Wasser
- Protokolle und Ergebnisse von Druckprüfungen
- Spülprotokolle
- bestätigte Taglohnzettel
- sonstige Prüfnachweise, z. B. Protokoll der Bewehrungsabnahme
- Bautagebuch

Grundregeln der VOB Teil C

Für die Abrechnung von Bauleistungen wurde in den Allgemeinen Technischen Vertragsbedingungen der VOB unter Ziffer 5 „Abrechnung“ eine gewerkeübergreifende Systematik entwickelt.

Die grundsätzliche Forderung der DIN 18299 „Abrechnung nach Zeichnung vor Aufmaß“ wird für die Einzelgewerke durch eine Regelung zur Maßbestimmung abhängig von der Lage der Bauleistung oder des Bauteils ergänzt.

Für die Mengenermittlungen der einzelnen Gewerke sind in den ATV im Wesentlichen drei verschiedene Grundsätze formuliert.

Die ATV der Gewerke unterscheiden dabei nach Arbeiten auf/an Flächen und Bauteilen mit und ohne bauliche Begrenzungen durch andere Bauteile und an Fassaden.

(1)

Bei Leistungen auf Flächen ohne grenzende Bauteile sind in einigen Gewerken die Maße der zu behandelnden, zu belegenden oder zu bekleidenden Flächen zu berücksichtigen. In anderen Gewerken sind die Maße der fertigen Leistungen in die Mengenermittlung aufzunehmen.

(2)

Bei Leistungen auf Flächen mit grenzenden Bauteilen sind in verschiedenen Gewerken die Maße bis zu den ungedämmten, unverputzten oder unbekleideten Flächen zu berücksichtigen.

(3)

Für einzelne Gewerke erfolgt zur Mengenermittlung die Aufnahme der Maße der fertig hergestellten oder behandelten Flächen/Bauteile. Es bestehen dazu jeweils auch Einzelregelungen.

Zu (1):

Zu den Leistungen auf Flächen ohne grenzende Bauteile sind die Maße der zu behandelnden, zu belegenden oder zu bekleidenden Flächen zu berücksichtigen bei:

- Putzarbeiten
- Tapezierarbeiten, wenn die Rohbaumaße nicht bekannt sind
- Malerarbeiten, wenn die Rohbaumaße nicht bekannt sind
- Fliesenarbeiten
- Metallbauarbeiten

Zu den Leistungen auf Flächen ohne grenzende Bauteile sind die Maße der fertigen Leistungen zu berücksichtigen bei:

- Trockenbauarbeiten
- Dachdeckungsarbeiten
- Parkettarbeiten

Zu (2)

Für Leistungen auf Flächen mit grenzenden Bauteilen sind die Maße bis zu den ungedämmten, unverputzten oder unbekleideten Flächen zu berücksichtigen bei:

- Tapezierarbeiten
- Malerarbeiten
- Trockenbauarbeiten
- Putzarbeiten auf Innenflächen
- Tischlerarbeiten
- Zimmer- und Holzbauarbeiten
- Dachdeckungsarbeiten
- Fliesenarbeiten
- Metallbauarbeiten

Zu (3)

Die Maße der fertig hergestellten oder behandelten Flächen/Bauteile/Bekleidungen sind bei folgenden Gewerken in die Mengenermittlungen aufzunehmen:

- Naturwerksteinarbeiten
- Bodenbelagsarbeiten
- Estricharbeiten
- Betonwerksteinarbeiten
- Klempnerarbeiten
- Zimmer- und Holzbauarbeiten
- Gussasphaltarbeiten
- Wärmedämmverbundsysteme
- Vorgehängte hinterlüftete Fassaden
- Putzarbeiten an Fassaden
- Malerarbeiten an Fassaden
- Metallbauarbeiten an Fassaden

Außerdem gilt im Allgemeinen:

- Bei der Längenbestimmung ist i. d. R. die größte Bauteillänge als Abrechnungsmaß anzusetzen.
- Bei unregelmäßigen Flächen, die einzeln abgerechnet werden, ist die Fläche des kleinsten umschriebenen Rechtecks in der Flächenermittlung zu berücksichtigen.
- Für Flächen, die nicht durch einfache Formeln für geometrische Flächen, wie Dreieck, Kreis, Raute und Trapez, berechnet werden können, gelten in den Gewerken weitere Einzelregelungen.

Die Größen für einen **Abzug** bzw. eine **Übermessung** bestimmter Unterbrechungen sind ebenso gewerkeübergreifend geregelt.

- Flächen von Öffnungen mit einer Größe bis einschließlich 2,5 m^2 werden bei der Ermittlung des Flächenmaßes der Gesamtfläche immer übermessen.
- Aussparungen in Böden werden bis zu einer Fläche von einschließlich 0,1 m^2 übermessen.
- Bei Abrechnungen nach Längenmaß werden Unterbrechungen bis einschließlich 1,0 m übermessen.
- Liegen Aussparungen anteilig in Flächen, die getrennt abgerechnet werden, sind die entsprechenden Flächenanteile einzeln zu bestimmen und für die Beurteilung nach den Übermessungsregeln heranzuziehen.
- Werden Bauleistungen durch andere Bauteile mit einer Einzelbreite bis einschließlich 30 cm unterbrochen, werden diese Bauteile übermessen.

Genauigkeit von Abrechnungsmengen und Beträgen

Für die Aufstellung von Leistungsverzeichnissen und Rechnungen haben sich in der Praxis nachstehende Genauigkeitsgrade für Baustoffmengen und Beträge bewährt:

Abrechnungseinheit		Genauigkeit (Stellen nach dem Komma)
Länge	m	2
Fläche	m^2	2
Rauminhalt	m^3	3
Gewicht	kg	0
	t	3
Geldbeträge	Euro	2

Begriffsbestimmungen

Im Anhang zur ATV DIN 18299 sind die unter Ziffer 5 der gewerkebezogenen Allgemeinen Technischen Vertragsbedingungen einheitlich verwendeten Begriffe näher erläutert und mit Beispielen veranschaulicht.

Aussparung

Querschnittsänderungen in Bauteilen, wie Wände, Böden oder Decken, werden allgemein als Aussparungen bezeichnet. Die Querschnittsänderungen können die gesamte Bauteiltiefe betreffen, z. B. in Form von Fenster- und Türöffnungen oder als Durchdringung mit anderen Bauteilen. Auch Querschnittschwächungen, die nur einen Teil der Bauteiltiefe umfassen, z. B. Nischen oder Schlitze, werden als Aussparung bezeichnet. Aussparungen sind die nicht herzustellenden bzw. nicht zu behandelnden Teile einer Fläche.

Unterbrechung

Trennende Teilflächen mit geringer Breite stellen in der Ermittlung von Flächenmaßen eine Unterbrechung der Gesamtfläche dar. Eine Unterbrechung im Flächenmaß ist gegeben, wenn das trennende Bauteil nach der Leistungsposition unbehandelt bleibt oder die Leistungsposition hier nicht ausgeführt werden kann.

Als Unterbrechungen gelten bei der Abrechnung nach Längenmaß solche Längenabschnitte, die nicht behandelt oder hergestellt wurden.

Beispiele: Gesimse in Fassadenflächen, Fachwerkbauteile, Entwässerungsrinne und Einbauten in Oberflächenbefestigungen von Verkehrsflächen.

Sind für die Ermittlung von Flächen (außer in Form von Kreis, Quadrat, Rechteck, Dreieck) Berechnungsansätze für sonstige beliebige Flächen zu treffen, so wird nach den Maßen des kleinsten, die Fläche umschreibenden Rechtecks abgerechnet.

Sonstige Begriffe zur Beschreibung von Bauleistungen

Das Heranführen von Bauteilen an begrenzende Bauteile wird allgemein als ANARBEITEN bezeichnet. Es umfasst nicht das Anpassen oder Anschließen.

Als ANPASSEN werden solche Arbeiten bezeichnet, bei denen der heranzuführende Baustoff der Geometrie des begrenzenden Bauteils folgt.

Unter ANSCHLIESSEN sind solche Arbeiten zu verstehen, bei denen Baustoffe an andere Bauteile mit einer vorgesehenen technischen Funktion herangeführt werden, z. B. Wasserdichtheit, Winddichtheit.

Allgemeine Regelungen für Bauarbeiten jeder Art

Anwendungsbereich

Die Inhalte der ATV „Allgemeine Regelungen für Bauarbeiten jeder Art“ DIN 18299 bilden die Grundlage für alle gewerkespezifischen Regelungen. Sie sind auch für solche Arbeiten anzuwenden, für die keine gesonderte ATV besteht.

Neben der Aufzählung von Hinweisen für die Aufstellung von Leistungsverzeichnissen, Allgemeines zum Liefern und Vorhalten von Stoffen und zur Ausführung sind in Abschnitt 4 die Nebenleistungen und Besonderen Leistungen gewerkeübergreifend definiert.

Nebenleistungen

Nebenleistungen sind nach VOB/B Allgemeine Vertragsbedingungen für die Ausführung von Bauleistungen (DIN 1961, § 2 Abs. 1) alle Leistungen, die auch ohne besondere Aufzählung zur vertraglichen Leistung, nach den Inhalten einer Leistungsbeschreibung, den Zusätzlichen und Besonderen Vertragsbedingungen, den Allgemeinen und Zusätzlichen technischen Vertragsbedingungen und der gewerblichen Verkehrssitte gehören.

In der ATV DIN 18299 sind dazu unter Ziffer 4 Arbeiten aufgelistet, die einen reibungslosen und sicheren Bauablauf einschließlich der Baustelleneinrichtung, Energie- und Wasserversorgung und die Sicherung der Baustelle gegen Niederschlagswasser gewährleisten. Auch die Zuständigkeit für die Beseitigung von Baustellenabfällen ist in diesem Abschnitt geregelt.

Checkliste Nebenleistungen

	Nebenleistungen nach ATV DIN 18299
	Baustelle einrichten und räumen, einschließlich der Geräte
	Vorhalten der Baustelleneinrichtung und Geräte
	Schutz- und Sicherheitsmaßnahmen festlegen, Einrichten, dem Baufortschritt entsprechend unterhalten und nach Fertigstellung der Baumaßnahme abbauen, Ausführung nach den berufsgenossenschaftlichen und staatlichen Bestimmungen
	Aufenthaltsräume und Sanitärräume für die Beschäftigten des Auftragnehmers beleuchten, beheizen und reinigen
	Transport von Wasser und Energie für die beauftragte Bauleistung ab Entnahmestelle bis zur Verwendungsstelle (Herstellung der Anschlussstelle auf der Baustelle durch den Auftraggeber)
	Transport der zu verarbeitenden Materialien (Baustoffe und Bauteile) innerhalb der Baustelle. Dies gilt auch für solche Baustoffe, die vom AG zur Verfügung gestellt wurden. Rücktransport nicht benötigter Materialien zu den Übergabestellen
	Abfallentsorgung und Beseitigen von etwaigen Verunreinigungen, soweit diese durch die Leistungen des Auftragnehmers verursacht wurden
	Abfallentsorgung aus dem Bereich des Auftraggebers bis zu einer Menge von 1 m^3, soweit diese nicht schadstoffbelastet ist
	Schützen der eigenen Arbeiten gegen Niederschlagswasser, soweit mit diesem üblicherweise gerechnet werden muss. Beseitigen evtl. eingetretener Wasseransammlungen und Verunreinigungen
	Durchführung von Messungen für die eigenen Arbeiten und deren Abrechnung, Bereitstellung und Vorhalten der notwendigen Messgeräte, Erhalten von Absteckungen und Lehren während der Bauzeit und Stellen von Arbeitskräften für diese Arbeiten. Dies betrifft nicht die Herstellung von Höhenfestpunkten oder das Einmessen der Hauptachsen des Gebäudes und/oder der Grenzen des Geländes, siehe gem. VOB/B § 3 Abs. 2).

Besondere Leistungen

Als Besondere Leistungen zählen alle Leistungen, die nicht Nebenleistung sind und nur dann zu vertraglichen Leistungen gehören, wenn sie in der Leistungsbeschreibung erwähnt sind. Über die Neben- und Besonderen Leistungen nach ATV DIN 18299 hinaus gelten weitere spezielle Angaben zu Nebenleistungen und Besonderen Leistungen in den jeweiligen Gewerken.

Die Inhalte der DIN 18299 „Allgemeine Regelungen für Bauarbeiten jeder Art" sind stets zusätzlich zu den spezifischen Regelungen zu berücksichtigen. Bei Widersprüchen gelten die gewerkebezogenen Regelungen vorrangig.

Checkliste Besondere Leistungen

	Besondere Leistungen
	Im Baubereich befindliche Verkehrs-, Versorgungs- und Entsorgungsleitungen sind nach den Vorschriften der zuständigen Stellen zu behandeln. Bei unbekannter Lage solcher Leitungen sind diese zu erkunden.
	Zu angetroffenen Schadstoffen in Böden, Gewässern oder Bauteilen ist die Bauherrschaft/der AG sofort zu unterrichten. Sicherungsmaßnahmen hat der AN sofort zu treffen, wenn Gefahr im Verzug ist. Alle weiteren Maßnahmen sind von AG und AN gemeinsam zu treffen.
	Übernahme der Beaufsichtigung von Leistungen anderer Unternehmer
	Übernahme von Planungsaufgaben des Auftraggebers (Bauherrschaft)
	Übernahme von Koordinierungsleistungen nach der Baustellenverordnung
	Übernahme von Sicherungsaufgaben und Maßnahmen zur Unfallverhütung für Leistungen anderer Unternehmer
	Übernahme besonderer Schutz- und Sicherheitsmaßnahmen bei Arbeiten in kontaminierten Bereichen
	Ausführung von besonderen Schutzmaßnahmen gegen Hochwasser, Grundwasser oder Witterungsschäden

	Besondere Leistungen
	Versicherung eines außergewöhnlichen Haftpflichtwagnisses oder Versicherung der Leistung bis zur Abnahme zugunsten des Auftraggebers
	Besondere Prüfung von Stoffen und Bauteilen, die der Auftraggeber liefert
	Maßnahmen zur Sicherung und Aufrechterhaltung des Verkehrs auf der Baustelle, einschließlich Aufstellen, Vorhalten, Betreiben und Beseitigen der notwendigen Einrichtungen (Bauzäune, Leiteinrichtungen, Beleuchtung, Schutzgerüste etc.)
	Teile der Baustelleneinrichtung für andere Unternehmer oder den Auftraggeber bereitstellen
	Aus Gründen des Umweltschutzes und der Landes- und Denkmalpflege notwendige besondere Maßnahmen
	Entsorgung von Abfällen, soweit nicht Nebenleistung
	Beseitigen von Hindernissen
	Zusätzliche Maßnahmen zur Weiterarbeit bei Frost und Schnee, die über die ohnehin geschuldeten Maßnahmen hinausgehen
	Maßnahmen zur Sicherung und zum Schutz gefährdeter benachbarter Grundstücke und baulicher Anlagen
	Sicherungsmaßnahmen für Grenzmarken, Kanäle, Kabeltrassen, Pflanzen und Bäume, Leitungen und dergleichen
	Schutzmaßnahmen für eine vorzeitige Nutzung der Leistung, soweit vom AG verlangt

Abrechnungsgrundregeln nach ATV DIN 18299, Ziffer 5 „Abrechnung"

Zeichnung vor Aufmaß

Die Ermittlung der abzurechnenden Leistung ist nach den Bauzeichnungen vorzunehmen, soweit diese den tatsächlichen Bauleistungen entsprechen. Fehlen diese Zeichnungen oder sind die Zeichnungen nicht auf dem aktuellen Stand, sind die Leistungen örtlich aufzumessen.

Mit der Grundregel „Zeichnung vor Aufmaß" ist gleichzeitig die Verantwortung der Beteiligten (Handwerker und Planer) verbunden, die Übereinstimmung der Bauausführung mit den Bauzeichnungen zu prüfen. Dieser Vergleich bestimmt die weitere Vorgehensweise zur Massenermittlung und Abrechnung.

Besonders im Bereich der Gewerke für den Ausbau wird aufgrund der in verschiedenen ATV genannten Regelungen zur Abrechnung ein örtliches Aufmaß erforderlich sein.

Inwieweit die Überprüfung der Bauausführung auf die Einhaltung der DIN 18202 „Toleranzen im Hochbau – Bauwerke" und DIN 18203 „Toleranzen im Hochbau – Vorgefertigte Teile" erforderlich wird, richtet sich nach der Vertragsgestaltung. Nach DIN 18202 ist die Prüfung der Grenzabweichungen nicht als Regelfall anzusehen.

Sind für bestimmte Leistungen Abrechnungspositionen mit einer „Pauschaldefinition" belegt, so sind diese auch als Pauschale abzurechnen.

Aufmaß und Mengenermittlung nach Gewerken von A – Z

Abbruch- und Rückbauarbeiten

Anwendungsbereich

Die Ausführungen von Abbruch- und Rückbauarbeiten sind im Allgemeinen nach den Regeln der ATV „Abbruch- und Rückbauarbeiten" DIN 18459 abzurechnen. Die ATV umfasst Leistungen im Zusammenhang mit dem Abbruch oder Rückbau von baulichen und technischen Anlagen. Die Arbeiten können sowohl den vollständigen oder auch teilweisen Abbruch/Rückbau des Gebäudes bzw. der Anlage umfassen. Außerdem regelt die ATV auch die zum Abbruch notwendigen Arbeiten, wie das Fördern, Lagern und Laden der Abbruchmaterialien und Bauteile.

Die im Zusammenhang mit Abbrucharbeiten evtl. erforderlichen Rodungsarbeiten oder Erdarbeiten sind nach den entsprechenden ATVn „Landschaftsbauarbeiten" bzw. „Erdarbeiten" zu behandeln.

Die Inhalte der DIN 18299 „Allgemeine Regelungen für Bauarbeiten jeder Art" sind stets zusätzlich zu den spezifischen Regelungen zu berücksichtigen. Bei Widersprüchen gelten die gewerkebezogenen Regelungen der DIN 18459 vorrangig.

Checkliste Abrechnungseinheiten nach ATV DIN 18459

In Leistungsverzeichnissen gelten gem. Ziffer 0.5 der ATV die folgenden Abrechnungseinheiten für die Ausführung von Abbruch- und Rückbauarbeiten und alle damit in direkter Verbindung stehenden Nebenleistungen und Besonderen Leistungen.

	Abbruch- und Rückbauarbeiten
	**Raummaß (m^3)** getrennt nach Bauart und Maßen
	Fundamente, Bodenplatten, Decken, Wände
	Stützen, Unter- und Überzüge, Binder, Sparren und dergleichen
	Widerlager, Rampen, Treppen
	Flüssigkeiten
	**Flächenmaß (m^2)** getrennt nach Bauart und Maßen
	Bauteile
	• Bodenplatten, Fundamente
	• Wände, Decken
	• Boden-, Wand- und Deckenbeläge
	• Putz, Fliesen, Estriche
	• Dämmstoffe, Bekleidungen
	• Dacheindeckungen
	• Trenn- und Zwischenwände
	Schnitte
	• Sägeschnitte nach Schnittfläche
	• Thermisches Trennen nach Trennfläche
	• Hochdruckschneiden nach Schnittfläche
	• Fräsen und Schleifen
	**Flächenmaß (cm^2)** getrennt nach Bauart und Maßen
	Stahlschnitte und Stahlanschnitte für einzelne Schnitt- und Querschnittsflächen

	Abbruch- und Rückbauarbeiten
	Längenmaß (m) getrennt nach Bauart und Maßen
	Geländer, Brüstungen
	Rohre
	Einfassungen
	Bohrungen
	Schlitze
	Trennschnitte
	Anzahl (Stück) getrennt nach Bauart und Maßen
	Fenster, Türen
	Wand- und Deckendurchbrüche
	Behälter, Tanks, Heizkörper, Heizungsanlagen und dergleichen
	Leuchten, Leuchtstoffröhren, Kondensatoren
	Masse (kg, t) getrennt nach Baustoffen
	Baustoffe

Abrechnungsgrundregeln nach ATV DIN 18459, Ziffer 5 „Abrechnung"

Die Ermittlung der abzurechnenden Leistung kann grundsätzlich nach Zeichnung oder auch nach den Ergebnissen eines vor Arbeitsbeginn erarbeiteten örtlichen Aufmaßes erfolgen. Die Abrechnung nach Zeichnung (Nennmaße) setzt die Vorlage detaillierter und aktueller Bestandspläne voraus.

Leistungsverzeichnis

Im Gegensatz zu den sonstigen Bauarbeiten, bei denen eine Abrechnung nach Aufmaß der fertiggestellten Leistung möglich ist, sind für Abbruch- und Rückbauarbeiten die einzelnen Leistungen noch vor Baubeginn nachvollziehbar zusammenzustellen. Diese Zusammenstellung kann durch aktualisierte Bestandszeichnungen und/oder Massenermittlungen nach Ziffer 0.5 der ATV gebildet werden. Sie ist als Grundlage für die spätere Abrechnung heranzuziehen.

Soweit diese Leistungszusammenstellung nicht durch einen Beauftragten des Auftraggebers erfolgt, wird der Auftragnehmer gehalten sein, eine entsprechende Voranalyse durchzuführen.

Zur Kalkulation der Abbrucharbeiten bzw. zur Bestimmung der Abbruchmassen können neben Bestandszeichnungen auch alte Abrechnungsunterlagen (Rechnungen) hilfreich sein.

Transport- und Förderwege

Die Wahl der Transport- und Förderwege obliegt dem Auftragnehmer und wird im Wesentlichen durch die für das Objekt gewählte Abbruchverfahren bestimmt. In den meisten Fällen bleibt die Wahl der Abbruchverfahren dem Unternehmer überlassen, soweit nicht andere Regelungen im Leistungsverzeichnis getroffen wurden (ATV Ziffer 0.3.2). Die Leistung für das Fördern und Laden beinhaltet immer die nachstehend genannten Längen für die Transportwege:

Transport-richtung	Entfernung	Lage
horizontal	bis 20 m	innerhalb von Gebäuden
	bis 50 m	außerhalb von Gebäuden
vertikal	bis 5 m	beliebig
	bis 10 m	mit Schuttrutschen

Das Aufnehmen, Laden und Lagern von Abbruchgütern auf dem Abbruchgrundstück gehört ebenso stets zur Grundleistung.

Tragende Bauteile (Fundamente und Bodenplatten, Stützen, Binder, Decken, Wände), **Rampen, Treppen, Widerlager**

Die Abrechnungsmengen sind getrennt nach Baustoffen, Bauart und Maßen nach Raummaß zu ermitteln.

Ausschlaggebend für die Einteilung in Einzelleistungen ist die Forderung aus Ziffer 3.3.5 der ATV, wonach die anfallenden Stoffe und Bauteile nach den abfallrechtlichen Bestimmungen und den Vorgaben des Auftraggebers getrennt zu halten, zu sammeln und zu lagern sind.

Eine Abrechnung nach Raummaß der nicht zerstörten und zerkleinerten Bauteile, also dem Originalzustand der Baukonstruktion, wird stets dann problematisch, wenn keine Bestandspläne oder Ergebnisse aus Voruntersuchungen zur Bausubstanz vorhanden sind und die Abmessungen der Bauteile nicht vollständig bekannt sind (z. B. Stärken von Bodenplatten und Rampen, Betonauffüllungen, besondere Fundamente). Im Interesse einer angemessenen Vergütung der Leistung sollte hier geprüft werden, ob für diese Bauteile, abweichend zur ATV Ziffer 0.5.1, ein anderes Abrechnungsverfahren sinnvoll sein kann (Abrechnung nach Masse).

Die Abrechnung nach Masse ist durch Wiegen oder Berechnung der Bauteile vorzunehmen. Für die Berechnung der Masse ist das Raummaß des Bauteils zu bestimmen und mit den Kennwerten der Baustoffe nach DIN 1055-1 zu multiplizieren.

Die Geltendmachung von Bedenken gegen Vorgaben des Leistungsverzeichnisses (Mengen, Abrechnungsverfahren) bei festgestellten Abweichungen zum Bestand gehört zu den Prüfungspflichten des Auftraggebers.

Wände, Decken, Bodenplatten, Estriche, Bekleidungen, Dacheindeckungen

Die vorgenannten großflächigen und großformatigen Bauteile sowie auch Putz, Fliesen, Dämmstoffe und dergleichen sind getrennt nach Bauart und Maßen nach Flächenmaß (m²) abzurechnen. Es sind die Maße der abzubrechenden Bauwerke, Bauteile oder technischen Anlagen für die Massenermittlung anzusetzen.

Zur Bestimmung des Flächenmaßes von Sägearbeiten in Beton oder Mauerwerk ist für die Schnitttiefe stets ein Mindestmaß von 3 cm anzusetzen (Flächenmaß = tatsächliche Schnittlänge * tatsächliche Schnitttiefe).

Geländer, Brüstungen, Rohre

Längenorientierte Bauteile, wie Geländer, Gesimse, Einfassungen, Rohre für Ver- und Entsorgung, Kabeltrassen, werden nach Längenmaß und differenzierter Bauteilbeschreibung abgerechnet.

Kernbohrungen, Schlitze, Trennschnitte

Diese sind nach dem jeweiligen Längenmaß im Bauteil und mit einer Angabe zum Querschnitt abzurechnen.

Kernbohrungen sind nach der tatsächlichen Bohrlänge abzurechnen. Durchbohrte Hohlräume oder andere Unterbrechungen in der Bohrlochtiefe werden bis zu einer Länge von 15 cm übermessen. Die Mindestabrechnungslänge je Bohrloch beträgt 10 cm.

Schnitte als Sägeschnitte, sowie das thermische Trennen und Hochdruckscheiden werden nach Schnitt- bzw. Trennfläche im Quadratmeter abgerechnet. Für einzelne Stahlschnitte und Stahlanschnitte erfolgt die Abrechnung der Schnitt- und Querschnittsflächen nach Quadratzentimetern.

Demontagearbeiten, Ausbau von Teilen

Aus Gründen der getrennten Entsorgung oder Wiederverwertung von Bauteilen und Stoffen erfolgt die Abrechnung des Abbruchs von Fenstern, Türen, Behälter, Heizkörpern, Leuchten, nach Anzahl. Die Elementgrößen sind in sinnvolle Größenordnungen und/oder Abstufungen, Materialien, Einbaubedingungen usw. zu untergliedern und zu erfassen.

Grad der Zerkleinerung

Unabhängig von der Abrechnungseinheit sind Stoffe und Bauteile auf festgelegte Höchstmaße und Abmessungen zu zerkleinern.

Grad der Zerkleinerung			
Nach ATV Ziffer 3.3.6	Länge (m)	Breite (m)	Dicke (m)
Mineralische Baustoffe	≤ 0,60 m Kantenlänge		
Holz	≤ 6,00	≤ 1,50	≤ 0,50
Metallbauteile	≤ 6,00	≤ 1,50	≤ 0,50
	mit Masse von max. 20 t Gewicht		
Sonstige Bauteile	≤ 1,50	≤ 0,50	≤ 0,50

Entsorgung

In der Regel gehen die bei Abbruch- und Rückbauarbeiten anfallenden Stoffe nicht in das Eigentum des Auftragnehmers über. In den Leistungsverzeichnissen sind daher entsprechende Positionen für die Entsorgung (Transport, Deponiegebühren) vorzusehen. Für Abbruchbauteile, die nach Flächenmaß abgerechnet werden, sieht die ATV eine Regelung vor, die den Grad der Zerkleinerung bestimmt (Ziffer 3.3.6). Dies kann bei der Abrechnung ggf. dann von Bedeutung sein, wenn für die Entsorgung großer Bauteile besondere Gebühren gegenüber dem Auftraggeber geltend gemacht werden, obwohl nach Ausschreibung die beauftragte Leistung anderes vorsieht.

Mengenabweichungen

Werden Abbrucharbeiten nach Verfahren ausgeführt, die nicht im Einzelnen vom Auftraggeber angeordnet wurden, sind Abweichungen von den vorgegebenen Nennmaßen zulässig und die Mengen abrechnungsfähig.

Leistung	Abweichung vom Nennmaß	
Durchbrüche herstellen	+ 10 cm, beliebige Richtung	
Schlitze herstellen	Breite	+ 10 cm
	Tiefe	+ 5 cm
Abbrechen von Bauteilen in Gebäuden	+ 10 cm, beliebige Richtung	
Sägen mit Fugenschneider in ebene Oberflächen	Schnittlänge	max. 3 cm zum Endpunkt
	Schnitttiefe	max. 2 cm je 30 cm
	Schnittlinie	1,2 cm bis 3 m Schnittlänge
		1,6 cm über 3 m Schnittlänge
Sägen mit Wandsägen in ebene Oberflächen	Schnittlänge	max. 1 cm zum Endpunkt
	Schnitttiefe	max. 2 cm je 30 cm
	Schnittlinie	max. 1,2 cm

Leistung	Abweichung vom Nennmaß	
Sägen mit Seilsägen	Schnittlänge	max. 1 cm zum Endpunkt
	Schnittlinie	max. 3 cm
Entfernung von Belägen; schwimmende Estriche		vollständig, ohne Toleranz
Verbundmassen	Dicke	5 mm
	Umgrenzung	2 cm

Übermessungsregeln nach ATV DIN 18459, Ziffer 5.3

Bei der Ermittlung der abrechnungsfähigen Mengen sind die nachstehend aufgeführten Bauteile bzw. Konstruktionsmerkmale besonders zu beachten. Abhängig von der für die Leistung zutreffenden Abrechnungseinheit und Einzelgröße der „Unterbrechung" sind die Maße und Mengen der genannten Bauteile der jeweiligen Einzelleistung zu übermessen.

		Übermessen werden:
Raummaß	5.3.1	Aussparungen bis einschließlich 0,5 m³ Einzelgröße
Flächenmaß	5.3.2	Aussparungen, z. B. Öffnungen (auch raumhoch), bis einschließlich 2,5 m² Einzelgröße
	5.3.2	Unterbrechungen in der abzubrechenden oder rückzubauenden Fläche durch Bauteile mit einer Einzelbreite bis einschließlich 30 cm
Schnittfläche	5.3.4	Unterbrechungen bis einschließlich 0,1 m² Einzelgröße
Längenmaß	5.3.3	Unterbrechungen bis einschließlich 1 m Einzellänge, außer bei Kernbohrungen
Kernbohrungen	5.3.5	Unterbrechungen bis einschließlich 15 cm in der Bohrtiefe

A B D E F G K L M N P S T V W Z

Abdichtungsarbeiten

Anwendungsbereich

Die Ausführungen von Abdichtungsarbeiten sind im Allgemeinen nach den Regeln der ATV „Abdichtungsarbeiten" DIN 18336 abzurechnen. Die ATV umfasst Leistungen im Zusammenhang mit der Abdichtung von Bauwerken oder Bauteilen gegen Wassereinwirkungen. Werden im Zuge von Abdichtungsarbeiten auch Trocknungsarbeiten ausgeführt, so unterliegen diese Leistungen ebenfalls dieser ATV.

Die ATV gilt für Abdichtungen für Dächer, Balkone Laubengänge und Loggien, für Abdichtungen von erdberührten Bauteilen, unter Begrünungen, für Innenräume, befahrbare Verkehrsflächen aus Beton sowie für Becken und Behälter. Nachträgliche Abdichtungen erdberührter Bauteile unterliegen ebenfalls den Regelungen dieser ATV. Abdichtungsarbeiten im Sinne dieser Norm umfassen auch die Herstellung von erforderlichen Trenn- und Trägerlagen sowie Dämmstoff-, Dampfsperr- und Schutzschichten.

Die Abdichtungsarbeiten können mit Bitumenwerkstoffen, Metallbändern sowie Kunststoff- und Elastomer-Dichtungsbahnen hergestellt sein. Die Verwendung von flüssig zu verarbeitenden Kunststoffen, auch im Verbund mit Fliesen und Platten, Dichtungsschlämmen und Gelen (Acrylatgele, Polyurethangele), sowie Harze, Paraffine und Silicone sind unter Einhaltung der Normen- und Herstellervorgaben ebenfalls zulässige Abdichtungsstoffe für bestimmte Anwendungsfälle.

Die Inhalte der DIN 18299 „Allgemeine Regelungen für Bauarbeiten jeder Art" sind stets zusätzlich zu den spezifischen Regelungen zu berücksichtigen. Bei Widersprüchen gelten die gewerkebezogenen Regelungen der DIN 18336 vorrangig.

Checkliste Abrechnungseinheiten nach ATV DIN 18336

In Leistungsverzeichnissen gelten gem. Ziffer 0.5 der ATV die folgenden Abrechnungseinheiten für die Ausführung von Abdichtungsarbeiten und alle damit in direkter Verbindung stehenden Nebenleistungen und Besonderen Leistungen.

	Abdichtungsarbeiten
	Flächenmaß (m^2) getrennt nach Bauart und Maßen
	Abdichtungen von Wandflächen, einschließlich der Flächen von rückläufigen Stößen und nachträglichen Abdichtungen
	Abdichtungen von Bodenplatten einschließlich der Flächen von rückläufigen Stößen, getrennt nach Neigungen bis 1:1 und über 1:1
	Abdichten von Deckenflächen
	Verstärken der Fläche
	Vorbehandeln des Abdichtungsuntergrunds
	Schutzschichten/Schutzlagen und Schutzmaßnahmen
	Dämm- und Dränschichten, Trennschichten, Dampfsperren und dergleichen
	Gussasphalt
	Behandlung von Teilflächen, differenziert nach Flächenanteilen, z. B. ≤ 10 % der Bauteilfläche, > 10 % ≤ 30 % der Bauteilfläche > 30 % ≤ 50 % der Bauteilfläche
	Längenmaß (m) getrennt nach Bauart und Maßen
	Abdichtungen über Bewegungsfugen, getrennt nach Neigungen der Flächen bis 1:1 und über 1:1

	Abdichtungsarbeiten
	Waagerechte Abdichtungen in Wänden gegen aufsteigende Feuchte einschl. nachträglicher Abdichtung
	Übergänge, Anschlüsse und Abschlüsse, Durchdringungen
	Kehranschlüsse
	Rückläufige Stöße
	Verstärkungen an Kanten, Kehlen, Anschlüssen, Abschlüssen und Übergängen
	Ausbildung von Dichtungskehlen
	Klebe- und Anschlussflansche, Los-/Festflanschkonstruktionen
	Klemmschienen, Klemmprofile, beschichtete Bleche, Abdeckungen und dergleichen
	Kanten und Fasen
	In Streifen verlegte Schutzschichten und Schutzlagen
	In Streifen verlegte Dämm- und Trennschichten
	**Anzahl (Stück)** getrennt nach Bauart und Maßen
	Schutzmaßnahmen
	Herstellen und Schließen von Aussparungen
	An- und Abschlüsse, Übergänge und Durchdringungen
	Klebe- und Anschlussflansche, Los-/Festflanschkonstruktionen
	Manschetten, Schellen, Klemmschienen, Klemmprofile, beschichtete Bleche und dergleichen
	Telleranker, Einbauteile und dergleichen
	**Masse (kg, t)** getrennt nach Bauart und Maßen
	Hohlraumverfüllung
	Gussasphalt
	Auffüllen des Untergrunds

Abrechnungsgrundregeln nach ATV DIN 18336, Ziffer 5 „Abrechnung“

Die Ermittlung der abzurechnenden Leistung kann grundsätzlich nach Zeichnung oder auch nach den Ergebnissen eines örtlichen Aufmaßes erfolgen. Die Abrechnung nach Zeichnung (Nennmaße) setzt die Vorlage einer detaillierten und bemaßten Ausführungszeichnung voraus. Für die verschiedenen Bauteile und Konstruktionen sind in der ATV unter Ziffer 5.1 die zu berücksichtigenden Flächen-, Längen- und Raumbegrenzungen für die Ermittlung der Einzelmaße festgelegt.

Abdichtungen und zusätzliche Schichten

Die Abrechnungsmenge für Abdichtungen auf Bodenplatten, Wänden und Decken ist durch die Ermittlung des Flächenmaßes vorzunehmen.

Für die Ermittlung der Maße von Abdichtungen, Voranstrichen, Trennschichten, Sperrschichten, Dämmschichten, Dränschichten und Schutzschichten sind die Maße der behandelten Flächen und hergestellten Abdichtungen zu berücksichtigen. Bei Flächen mit begrenzenden Bauteilen, z. B. an Attiken und Wänden (Wandinnenecke), gelten die Maße bis zu den Oberflächen der begrenzenden, ungeputzten und unbekleideten Bauteile.

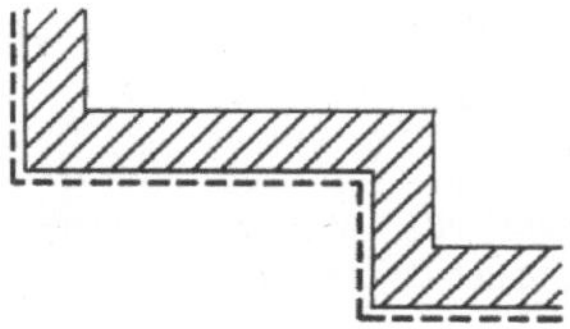

Bild 1: *Wandabdichtung, verspringende Bauwerksflächen*

Für Flächen ohne begrenzende Bauteile sind die Maße der hergestellten Abdichtung in der Massenermittlung zu berücksichtigen.

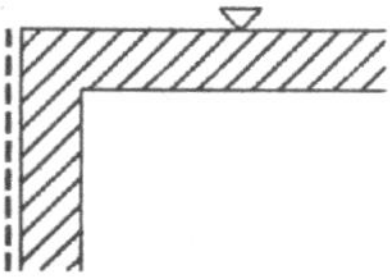

***Bild 2:** Voranstrich Wandfläche bis oberer Abschluss/Deckenrand*

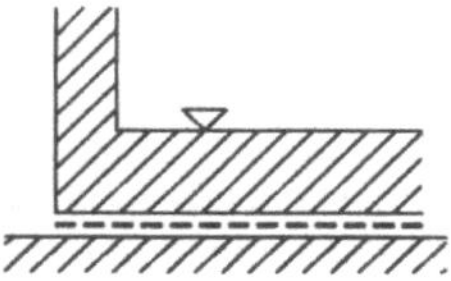

***Bild 3:** Abdichtung auf Sauberkeitsschicht unter Bodenplatte*

Verstärkungen an Übergängen, Anschlüssen u. a.

Für längenorientierte Bauteile bzw. die dort erforderlichen Abdichtungsleistungen ist bei der Ermittlung des Längen- bzw. Flächenmaßes das größte Bauteilmaß zu berücksichtigen.

Bei gebogenen Bauteilen wird die äußere abgewickelte Länge der Abrechnung zugrunde gelegt. Diese Regelung gilt auch für Abdichtungen oder Abdichtungsverstärkungen über Fugen, an Übergängen, Kehranschlüssen, rückläufigen Stößen, Abschlüssen, Kanten und Kehlen.

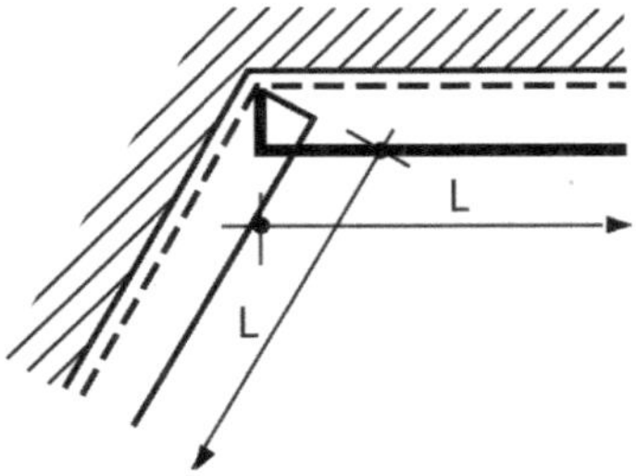

***Bild 4:** Randanschluss an einer Gebäudeinnenecke*

Fugen

Fugen werden übermessen.

Aussparungen

Die Maße von Aussparungen in Flächen sind, im Falle einer Lage in unterschiedlichen und daher getrennt zu berechnenden Flächen, für die jeweiligen Flächen getrennt zu ermitteln und nach den Maßvorgaben aus den Übermessungsregeln zu bewerten.

Rückläufige Stöße, Kehranschlüsse

Maße von rückläufigen Stößen, z. B. bei Wannenkonstruktionen, werden sowohl in der Länge als auch in der Fläche ermittelt. Die Länge wird durch die größte Bauteillänge bestimmt. Die Fläche des Stoßes wird bei der Fläche der Wandabdichtung und zusätzlich auch bei der Fläche der Bodenplattenabdichtung berücksichtigt.

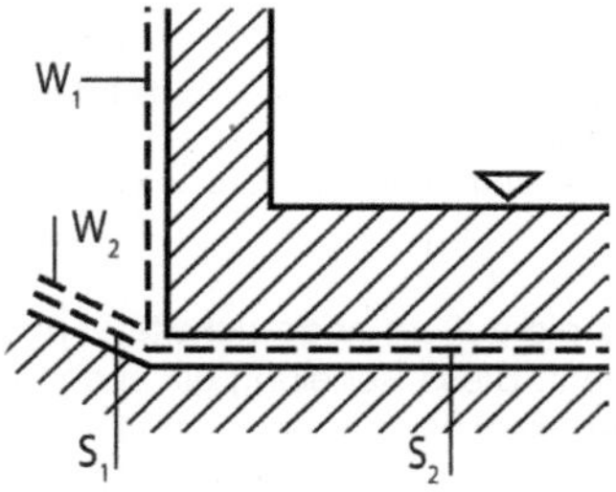

***Bild 5:** Kehranschluss*

$S_1 + S_2$ = Bodenplattenabdichtung
$W_1 + W_2$ = Wandabdichtung

Übermessungsregeln nach ATV DIN 18336, Ziffer 5.3

Bei der Ermittlung der abrechnungsfähigen Mengen sind die nachstehend aufgeführten Bauteile bzw. Konstruktionsmerkmale besonders zu beachten. Abhängig von der für die Leistung zutreffenden Abrechnungseinheit und Einzelgröße der „Unterbrechung" sind die Maße und Mengen der genannten Bauteile der jeweiligen Einzelleistung unberücksichtigt zu lassen bzw. von der Gesamtmenge abzuziehen.

	Übermessen werden:
Flächenmaß	Aussparungen für Öffnungen und Durchdringungen ≤ 2,5 m^2 Einzelgröße
	In Dämmschichten eingebaute Konstruktionsteile (Bsp.: Bohlen und Randhölzer)
	Fugen
Längenmaß	Unterbrechungen ≤ 1,0 m Einzellänge

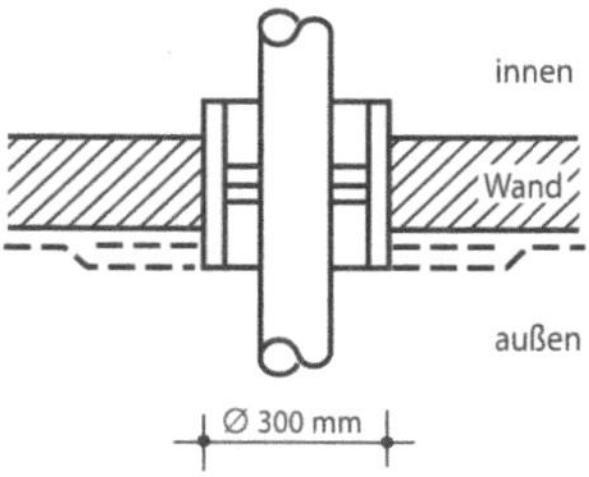

Bild 6: *Rohrdurchführung*

Futterrohr 300 mm Außendurchmesser,

Fläche: 0,07 m^2 → Wandabdichtungsfläche ohne Abzug

Es bestehen außerdem weitere Einzelregelungen.

Einzelregelungen nach ATV DIN 18336, Ziffer 5.4

Bohrlochtränkungen und Injektion

Bei Abdichtung von innen nach außen werden die Innenwände, die in die abgedichteten Außenwände einbinden, übermessen. Zur Bestimmung der Fläche der hergestellten Abdichtung gilt die Regel für die Maßermittlung: Länge und Höhe des behandelten Bauteilabschnitts = Abstand der jeweils äußeren Bohrlöcher, ergänzt jeweils um das Maß eines Bohrlochabstands (zur Berücksichtigung des Einflussbereichs des Abdichtungsmittels).

Trocknungen

Der Zeitraum von Trocknungen wird bestimmt durch den Startzeitpunkt mit der dem Auftraggeber angezeigten Aufstellung des Geräts und den Endzeitpunkt mit der angezeigten Abstellung des Geräts.

First, Grat, Kehle

Das Längenmaß für die Abdichtung von Firsten, Graten und Kehlen wird in deren Mittelachse festgestellt.

Flächenmaße für Abdichtungen, die an Firste, Grate und Kehlen anschließen, werden bis zu deren Mittelachse berechnet, d. h., das entsprechende Bauteil wird übermessen.

Aussparungen

Liegen in einer Abdichtungsfläche zusammenhängende, verschiedenartige Aussparungen, z. B. für eine dachintegrierte Solaranlage und ein Dachflächenfenster, so sind deren jeweilige Flächenanteile getrennt zu ermitteln und jeweils gesondert in die Betrachtungen nach der Übermessungsregel ($\leq$ oder $>$ 2,5 m^2 Einzelgröße) einzubeziehen.

A B D E F G K L M N P S T V W Z

Betonarbeiten

Anwendungsbereich

Die Ausführungen von Betonarbeiten sind im Allgemeinen nach den Regeln der ATV „Betonarbeiten“ DIN 18331 abzurechnen. Die ATV umfasst Leistungen zur Herstellung von Bauteilen aus bewehrtem oder unbewehrtem Beton jeder Art.

Für alle anderen Arbeiten mit Beton gelten spezifische Regelungen mit eigenen Allgemeinen Technischen Vertragsbedingungen. Dazu gehören:

- Einpressarbeiten → ATV DIN 18308
- Spritzbetonarbeiten → ATV DIN 18314
- Schlitzwandarbeiten mit stützenden Flüssigkeiten → ATV DIN 18313
- Verkehrswegebauarbeiten, Oberbauschichten mit hydraulischen Bindemitteln → ATV DIN 18316
- Betonwerksteinarbeiten → ATV DIN 18333
- Betonerhaltungsarbeiten → ATV DIN 18349
- Estricharbeiten → ATV DIN 18353

Die Inhalte der DIN 18299 „Allgemeine Regelungen für Bauarbeiten jeder Art“ sind stets zusätzlich zu den spezifischen Regelungen zu berücksichtigen. Bei Widersprüchen gelten die gewerkebezogenen Regelungen der DIN 18331 vorrangig.

Checkliste Abrechnungseinheiten nach ATV DIN 18331

In Leistungsverzeichnissen gelten gem. Ziffer 0.5 der ATV die folgenden Abrechnungseinheiten für die Ausführung von Betonarbeiten und alle damit in direkter Verbindung stehenden Nebenleistungen und Besonderen Leistungen.

	Betonarbeiten
	Raummaß (m^3) getrennt nach Bauart und Maßen
	Massige Bauteile, z. B. Fundamente, Stützmauern, Widerlager, Füll- und Überbeton
	Brückenüberbauten, Pfeiler
	Vorsorge- und Schutzmaßnahmen, z. B. Erwärmen des Betons
	Flächenmaß (m^2) getrennt nach Bauart und Maßen
	Sauberkeitsschichten
	Wände, Silo- und Behälterwände, wandartige Träger, Brüstungen, Attiken, Fundament- und Bodenplatten, Decken
	Fertigteile
	Auskragungen, Balkone
	Treppenlaufplatten mit oder ohne Stufen, Treppenpodestplatten
	Herstellen von Aussparungen und Profilierungen
	Schließen von Aussparungen
	Dämmstoff-, Trenn- und Schutzschichten
	Abdeckungen
	Besondere Ausführungen von Betonflächen, z. B. Anforderungen an die Schalung, nachträgliche Bearbeitung
	Schalung
	Schutzmaßnahmen der Schalung bzw. der Betonoberfläche
	Längenmaß (m) getrennt nach Bauart und Maßen
	Stützen, Pfeilervorlagen, Balken, Fenster- und Türstütze, Unter- und Überzüge

	Betonarbeiten
	Fertigteile
	Stufen
	Auskragungen
	Herstellen von Schlitzen, Kanälen, Profilierungen
	Schließen von Schlitzen und Kanälen
	Herstellen von Fugen, einschließlich Liefern und Einbauen von Fugenbändern, Fugenblechen, Verpress-schläuchen, Fugenfüllungen
	Betonpfähle
	Umwehrungen
	Schalung für Decken-, Wand- und Plattenränder, Schlitze, Kanäle, Profilierungen
	**Anzahl (Stück)** getrennt nach Bauart und Maßen
	Stützen, Pfeilervorlagen, Balken, Fenster- und Tür-stütze, Unter- und Überzüge
	Fertigteile, Fertigteile mit Konsolen, Winkelungen und dergleichen
	Stufen
	Herstellen von Aussparungen und Profilierungen
	Schließen von Aussparungen
	Herstellen von Vouten, Auflagerschrägen, Konsolen
	Einbauen bzw. Liefern und Einsetzen von Einbauteilen, Bewehrungsanschlüssen, Verwahrkästen, Dübelleisten, Ankerschienen, Verbindungselementen, gedämmten Anschlusskörben und dergleichen
	Betonpfähle, Herrichten der Pfahlköpfe, Fußverbreite-rungen
	Abdeckungen, Umwehrungen
	Schalung für Aussparungen, Profilierungen, Vouten und Konsolen

	Betonarbeiten
	Verkonfektionierte Formteile, z. B. Ecken und Knoten bei Fugenbändern
	Fertigteile mit besonders bearbeiteter oder strukturierter Oberfläche
	Vorsorge- und Schutzmaßnahmen, z. B. Heizen der Schalung, Auftauen von Eisbildungen, Einhausungen
	Masse (kg, t) getrennt nach Bauart und Maßen
	Schneiden, Biegen und Verlegen von Bewehrungen und Unterstützungen
	Einbauteile, Verbindungselemente und dergleichen

Abrechnungsgrundregeln nach ATV DIN 18331, Ziffer 5 „Abrechnung"

Die Ermittlung der abzurechnenden Leistung kann grundsätzlich nach Zeichnung oder auch nach den Ergebnissen eines örtlichen Aufmaßes erfolgen. Die Abrechnung nach Zeichnung (Nennmaße) setzt die Vorlage einer detaillierten und bemaßten Ausführungszeichnung und deren Übereinstimmung mit der tatsächlichen Bauleistung voraus. Für die verschiedenen Bauteile und Konstruktionen sind in der ATV unter Ziffer 5.1 bis 5.3 die zu berücksichtigenden Flächen-, Längen- und Raumbegrenzungen für die Ermittlung der Einzelmaße festgelegt.

Für Betonarbeiten können die Leistungen nach drei unterschiedlichen Vorgehensweisen ausgeschrieben bzw. abgerechnet werden:

- Bauteil aus Beton einschließlich Bewehrung und die für die Herstellung benötigte Schalung
- Bauteil aus Beton einschließlich benötigter Schalung für die Erstellung des Bauteils und Bewehrung nach gesonderter Erfassung
- getrennte Beschreibung von Bauteil (Beton), Schalung und Bewehrung

Innerhalb eines Leistungsverzeichnisses können in Abhängigkeit von der Art und Weise der Bauleistung bzw. der Bauteilform mehrere Beschreibungsmethoden angewendet sein. Beispiele: Betonieren gegen Erdreich, besondere Anforderungen an die Schalungshaut/Betonoberfläche, Bauteile mit gekrümmten Oberflächen.

Die nachstehenden Angaben zur Abrechnung gelten analog zu den Regelungen der VOB für die getrennte Abrechnung von Beton, Schalung und Bewehrung.

Für die Anwendung der Allgemeinen technischen Vertragsbedingungen nach DIN 18331 sind zur Ermittlung der Leistungen und der Bestimmung der Maße von Bauteilen folgende Definitionen anzuwenden:

Balken/Platte

Ein Balken ist ein stabförmiges, vorwiegend auf Biegung beanspruchtes Bauteil. Die Stützweite des Bauteils beträgt mindestens das 3-fache der Querschnittshöhe. Die Querschnittsbreite darf maximal das 5-fache der Höhe des Bauteils betragen.

Bauteile mit einer größeren Breite werden als Platte bezeichnet.

Stütze/Wand

Eine Stütze ist ein stabförmiges Druckglied. Die größte Querschnittsabmessung darf das 4-fache der kleineren Querschnittsabmessung nicht übersteigen. Die Gesamthöhe muss mindestens das 3-fache der kleineren Querschnittsabmessung betragen.

Bauteile mit größerer Breite werden als Wand bezeichnet.

Wandartiger Träger

Ein ebenes, scheibenartiges Bauteil wird als wandartiger Träger bezeichnet wenn, in der Mittelfläche eine Kräftebeanspruchung auf Biegung besteht. Die maximale Stützweite beträgt weniger als das 3-fache der Querschnittshöhe.

Abrechnungsgrundregeln für Beton ATV Ziffer 5.1 ff

Grundsätze:

- Nach Ziffer 5.1.1 sind für alle Bauteile aus Beton zur Bestimmung des Rauminhalts, der Fläche oder der Länge des Bauteils deren Abmessungen zugrunde zu legen.
- Die in Betonbauteile enthaltenen Stahlmengen werden von den Betonmassen nicht abgezogen (Ziffer 5.1.3).
- Gekrümmte oder geneigte Bauteile werden entsprechend ihren tatsächlichen Maßen abgerechnet (Ziffer 5.1.2.2).
- Durch Fugen voneinander getrennte Bauteile werden mit den jeweiligen tatsächlichen Abmessungen für die Abrechnung berücksichtigt (Ziffer 5.1.2.4).
- Weisen besondere Bauteile im Querschnitt einen unregelmäßigen Randverlauf auf (z. B. Ausklinkung an einem Unterzug für ein Konsolenauflager), sind die Maße der größeren Ansichtsfläche zu berücksichtigen (Ziffer 5.1.2.1).
- Werden Bauteile oder Leistungen mit einer Breite unter 20 cm nach Flächenmaß abgerechnet, so werden diese Leistungen mit der Breite von 20 cm berechnet.
- Bei der Abrechnung nach Längenmaß werden Leistungen mit einer Einzellänge unter 1 m einheitlich mit 1 m Länge berechnet.

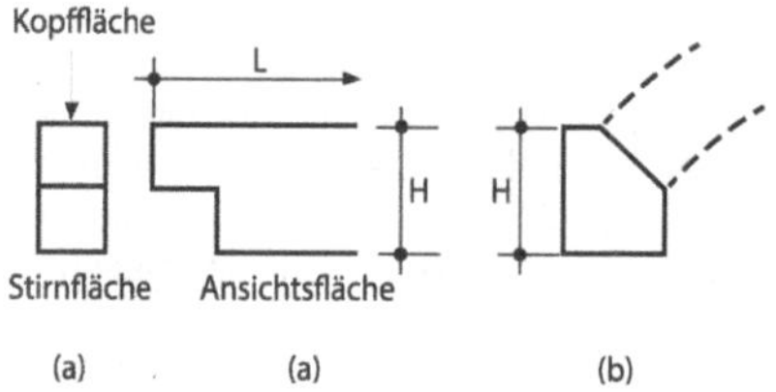

Bild 1: *(a) Fertigteilunterzug mit Ausklinkung (b) Betonfertigteil mit abgeschrägter Kopffläche für Sturzauflager*

Bei einer <u>bauteilbezogenen</u> Anwendung der Grundsätze zur Abrechnung von Betonarbeiten sind die nachstehenden Ausführungen und <u>ergänzenden Erläuterungen</u> zu beachten.

A B D E F G K L M N P S T V W Z

Stützwände, Fundamente

Massige Bauteile, wie großvolumige Stützwände und Fundamente, sind i. d. R. nach deren Rauminhalt abzurechnen.

Der Berechnung sind die Maße der einzelnen Bauteile zugrunde zu legen. Für Bauteile mit schrägen oder gekrümmten Oberflächen oder mit nicht senkrechten oder waagerechten Lagen sind die tatsächlichen Bauteilabmessungen zu berücksichtigen.

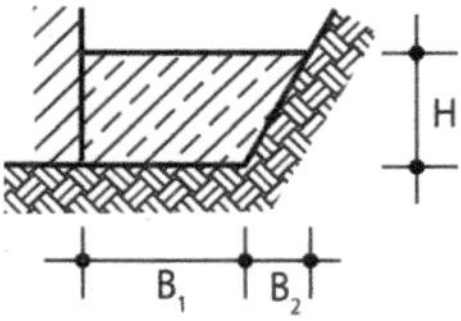

Bild 2: *Füllbeton zwischen Bauwerk und Erdreich*

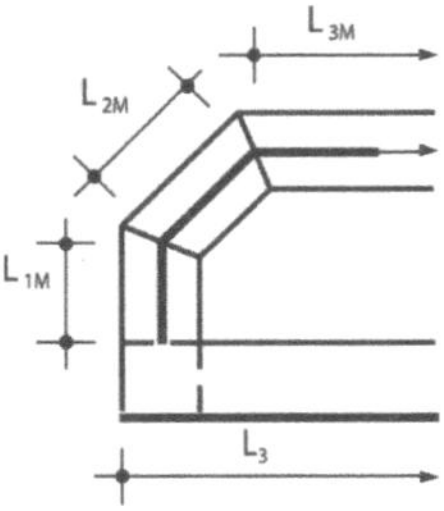

Bild 3: *Streifenfundament*

Für gleich dicke Bauteile mit parallelen Oberflächen kann zur Vereinfachung der Berechnung nach Raummaß auch eine Mittelwertbildung vorgenommen werden.

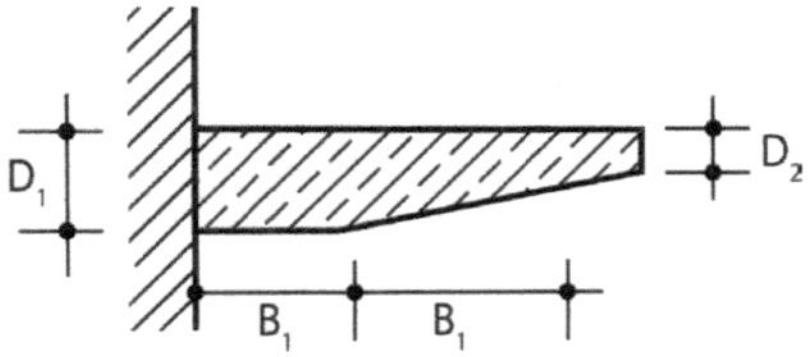

Bild 4: *Deckenauskragung mit parallelen Grundlinien und Länge L*

Raummaß:

Volumen = $(B_1 * D_1) * L + (D_1 - D_2 / 2) * B_2 * L + (B_2 * D_2) * L$

Schalung: Fläche = $B_1 * L + B_2 * L + D_2 * L + 2 * (B_1 * D_1) + 2 * (B_2 * D_2) + 2 * (D_1 - D_2 / 2) * B_2$

Der Schalungsanteil aus den freien Seitenflächen der Auskragung wird zusätzlich gesondert angerechnet.

Wände – eben, gebogen
Decken – waagerecht, geneigt
Plattenbalkendecken

Die Flächen von Wänden und Decken sind mit ihren tatsächlichen Maßen zu berücksichtigen. Liegen Deckenflächen nicht waagerecht oder verlaufen sie gekrümmt, wird die größte Bauteillänge als tatsächliches Maß interpretiert. Dies sollte bereits im Leistungsverzeichnis oder bei Auftragsvergabe definiert sein. Werden Bauteile nach Raummaß abgerechnet, so sind eingebaute Dämmschichten zu übermessen.

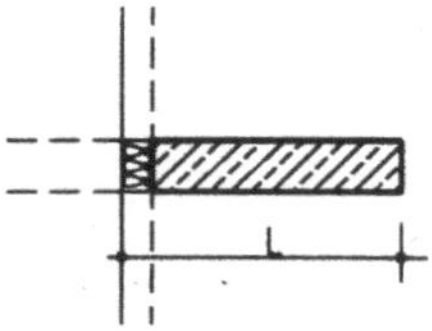

***Bild 5:** Deckenauskragung mit „Isokorb"*

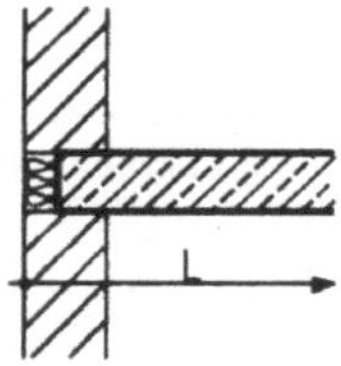

***Bild 6:** Deckenauflager in tragender Mauerwerkswand mit Randdämmung*

Die Anteile von Decken mit unterschiedlichen Dicken bzw. Höhenversprüngen werden entsprechend ihren tatsächlichen Flächenanteilen angerechnet. Sind in Decken Höhenversprünge vorhanden, die gleichzeitig statische Funktionen als Unter- oder

Überzüge aufweisen, sind die entsprechenden Bauteilquerschnitte auch als solche abzurechnen.

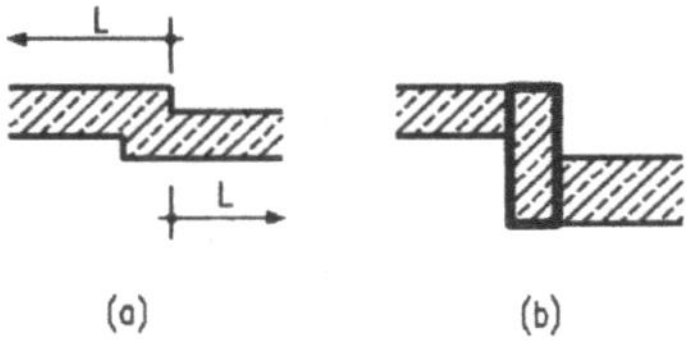

***Bild 7:** (a) Höhenversprung in Decken gleicher Dicke und Tragfunktion; Abrechnung nach Flächenanteilen (b) Höhenversprung in Decke mit statischer Wirkung als Unter-/Überzug*

Wände mit Durchdringungen sind nach den tatsächlichen Bauteilmaßen der Wände abzurechnen, dabei wird im Kreuzungsbereich nur eine Wand durchgängig gerechnet. Bei Wänden ungleicher Dicke wird für die Massenermittlung die dickere Wand als durchgängig angesetzt.

***Bild 8:** Betonwände (a) Trennwandanschluss (b) Gebäudeaußenwände mit unterschiedlichen Dicken*

Die Höhe von Betonwänden, die in Betondecken einbinden, wird zwischen der Oberkante Rohdecke bzw. Fundament im Kellergeschoss bis Unterkante Rohdecke ermittelt.

Bild 9: *Betonwand im Kellergeschoss*

Stürze/Überzüge

Stürze, die in Mauerwerkswände eingebaut sind, werden in Höhe, Breite und Länge nach den tatsächlichen Maßen abgerechnet. Binden Stürze in Deckenränder ein, gilt die Abmessung von Unterkante Sturz bis Unterkante Decke als Bauteilhöhe (a).

Die Höhen von Überzügen sind ab der Oberkante der Decke bis zur Oberkante des Überzugs zu bestimmen (b).

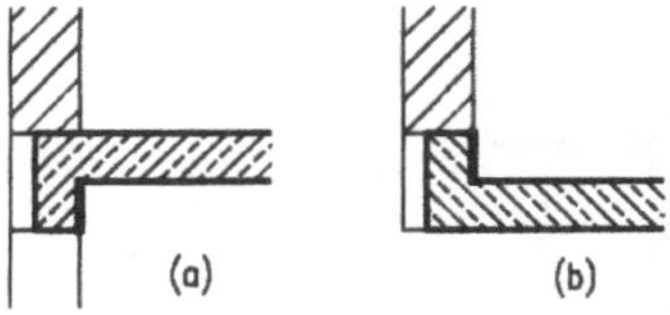

Bild 10: *Bezugsmaß für (a) Sturz (b) Überzug*

Unterzüge/Balken

Unterzüge werden mit den tatsächlichen Maßen abgerechnet, wenn sie durch vorgegebene Fugen gegenüber anderen Betonbauteilen abgegrenzt sind.

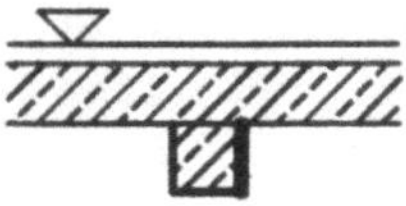

Bild 11: *Bezugsmaß für Deckenunterzug*

An Kreuzungspunkten von Unterzügen und Balken wird immer nur ein Betonbauteil durchgerechnet. Bei ungleicher Höhe ist das höhere Bauteil als durchgängig anzusetzen, bei gleicher Höhe das breitere Bauteil.

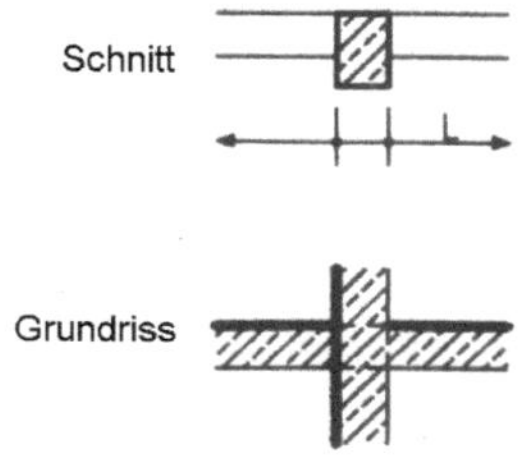

Bild 12: *Bauteile gleicher Breite, unterschiedlicher Höhe*

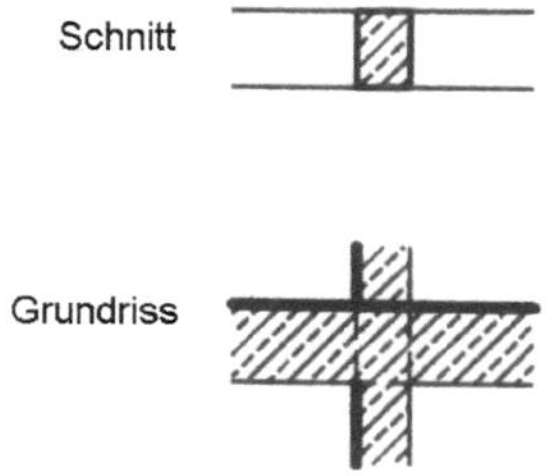

Bild 13: *Bauteile gleicher Höhe, ungleicher Breite*

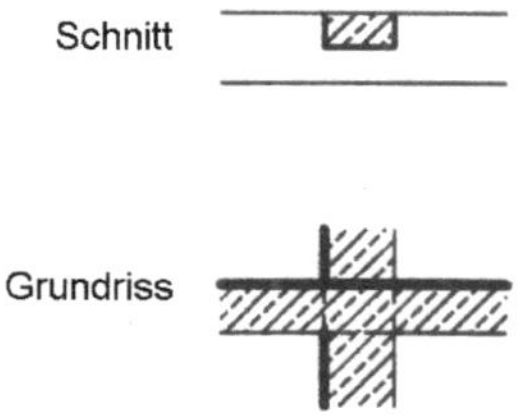

Bild 14: *Bauteile ungleicher Höhe und Breite*

Die Massen von Unterzügen und Balken, die in Betonwände einbinden, werden nur bis zur Wandoberfläche berücksichtigt.

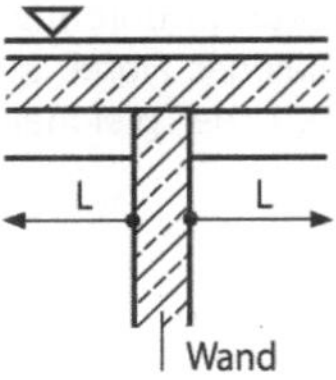

Bild 15: *Einbindung von Betonunterzügen in Betonwände*

Auskragungen

Auskragungen von flächenförmigen oder längenorientierten Bauteilen (z. B. Kragunterzüge) sind bei der Massenermittlung mit ihren Maßen zu den Begrenzungsflächen bzw. zum freien Rand zu berücksichtigen. Eingebaute Dämmstoffschichten, z. B. zur thermischen Trennung, werden gem. ATV Ziffer 5.1.1.6 übermessen (siehe Bild 5).

Stützen, Pfeilervorlagen

Die Höhe von Stützen und Pfeilervorlagen, die in Decken einbinden, wird zwischen der Oberkante Rohdecke bzw. Fundament bis Unterkante Rohdecke ermittelt.

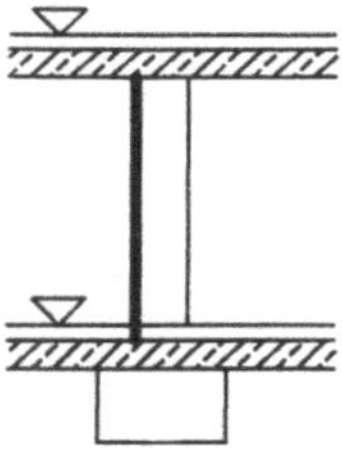

Bild 16: *Stahlbetonstütze/Pfeilervorlage und Stahlbetondecke*

Stützen, die in Unterzüge oder Balken einbinden, werden nur bis zu den Unterkanten der Unterzüge bzw. Balken gemessen, wenn diese breiter als die Stützen sind.

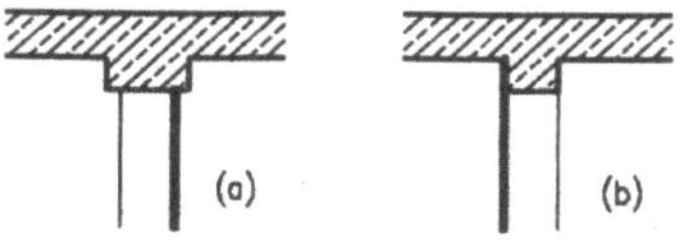

Bild 17: *(a) Schmale Stütze, breiter Unterzug*
(b) Stütze und Unterzug gleicher Breite

Für breite Stützen, die in schmale Unterzüge einbinden, ist in der ATV keine eigene Regelung getroffen. In diesem Fall sollte die Stütze bis zur Unterkante der Rohdecke berechnet werden, der Unterzug bis zur Außenkante der Stütze, analog zu der Regelung bei der Einbindung in Wandflächen.

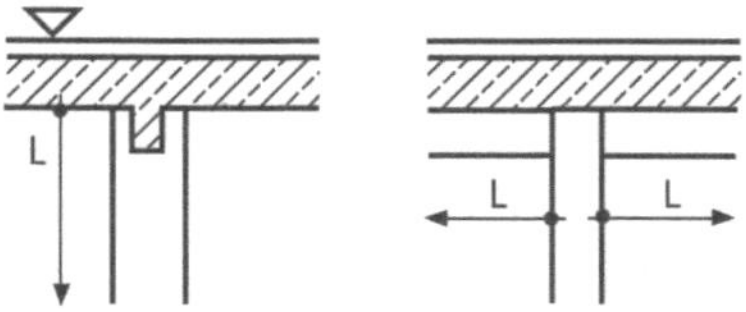

Bild 18: *Anschluss schmaler Unterzug an breite Stütze*

Betonoberflächen

☐ Die Herstellung von besonderen Oberflächen, unabhängig davon, ob diese direkt mit der Erstellung des Betonbauteils oder durch nachträgliche Bearbeitung erzielt werden, ist in Leistungsverzeichnissen zu erwähnen

Durch die Form der Leistungsbeschreibung wird die Abrechnung in einer Hauptposition oder als Zulage bestimmt. Zur Vereinfachung der Leistungsbeschreibung und Beurteilung der Qualität hergestellter Betonoberflächen sind Sichtbetonklassen 1–4 in dem Merkblatt „Sichtbeton" des Deutschen Beton- und Bautechnik-Vereins und des Bundesverbands der Deutschen Zementindustrie definiert.

Bei der Mengenermittlung von strukturierten oder werksteinmäßig bearbeiteten Betonbauteilen sind die Abmessungen der unbearbeiteten Flächen bzw. die Außenkanten einer profilierten Bauteiloberfläche anzuwenden.

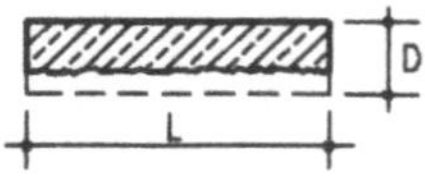

Bild 19: *Stahlbetonwandfläche mit einseitiger Oberflächenstruktur*

Abwicklungsfläche für Wandscheibe = 2 * (L + D) * H

Nach Ziffer 5.1.1.1 zweiter Spiegelstrich sind die besonders bearbeiteten oder strukturierten Flächen mit deren Maßen zu berücksichtigen.

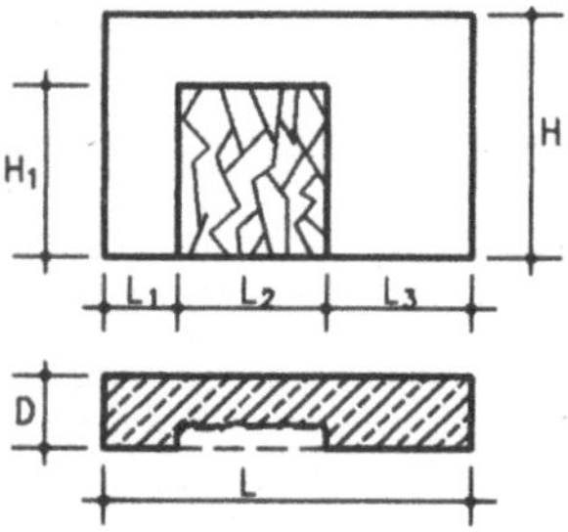

Bild 20: *Teilstrukturierte Wandfläche*

Wandfläche = L * H
Strukturfläche = L_2 * H_1

Fertigteile, konstruktiv, tragend

Fertigteile werden mit den Abmessungen der Einzelelemente abgerechnet, soweit diese in einer gesonderten Position aufgeführt sind. Werden Decken aus Filigrandeckenplatten mit Ortbetonauflage hergestellt, so gilt für die Abmessung der Decke die Gesamtabmessung, also ggf. bis zum äußeren Auflagerrand oder einschließlich einer Deckenrandabstellung mit Dämmstoffen. Für die Fertigteilplatte ist bei separater Abrechnung nur das Maß bis zur inneren Auflagerbegrenzung (z. B. Außenwand-Innenkante) für die Flächenbestimmung heranzuziehen.

Einbauteile, Rollladenkästen, Kamine u. Ä.

In Betonbauteile integrierte Einbauteile, wie z. B. Rollladenkästen, werden von den Massen der Betonbauteile abgezogen, wenn die einfache Ansichtsfläche mehr als 2,5 m^2 beträgt bzw. das Bauteil einen einbindenden Rauminhalt von mehr als 0,5 m^3

aufweist. Die Regelungen gelten auch für Einbauteile, die aus mehreren Einzelteilen zusammengesetzt sind oder erst nach dem Betonieren bzw. Ausschalen eingebaut werden, z. B. umlaufender Wandrücksprung um ein Fenster für den späteren Einbau eines Blendrahmens aus anderen Baustoffen.

Fugen

Fugen in flächenförmigen Bauteilen werden grundsätzlich bei einer Abrechnung nach Flächenmaß übermessen. In Arbeits-, Bewegungs- und Stoßfugen eingearbeitete Bänder oder Bleche werden entsprechend ihrer größten Länge in einer eigenen Abrechnungsposition berücksichtigt.

Nischen, Aussparungen, Schlitze

In Bauteile eingearbeitete Nischen, Schlitze, Kanäle und dergleichen werden bei Abrechnung nach Flächenmaß immer übermessen. Für eine Bestimmung des Raummaßes sind Schlitze und Kanäle mit einem Einzelvolumen von über 0,1 m³ je Meter „Unterbrechungslänge" vom jeweiligen Bauteilvolumen abzuziehen.

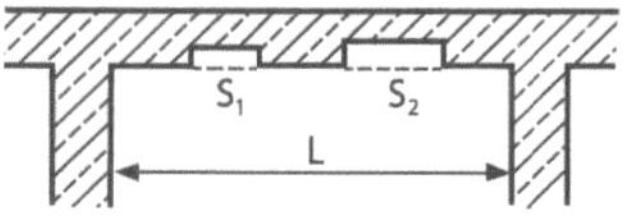

Bild 21: *Installationsschlitze in Stahlbetonwand (Grundriss)*

Raummaß:
Schlitz S_1: 0,10 m * 0,20 m * 1,00 m = 0,02 m³ → kein Abzug
Schlitz S_2: 0,15 m * 0,70 m * 1,00 m = 0,11 m³ → Abzug

Fugenbänder, Fugenbleche

Fugenbänder und Fugenbleche in Arbeits-, Bewegungs- und Stoßfugen werden unabhängig von ihrer Lage im Bauteil mit ihrer größten Länge in die Massenermittlung aufgenommen. Bei der Abrechnung nach Längenmaß werden Formteile und vorgefertigte Knoten und Ecken von Fugenbändern, Fugenblechen und ähnliches übermessen. Vorgefertigte Formteile und Ecken werden gesondert nach Anzahl abgerechnet.

Betonpfähle

Betonpfähle als Fertigteile sind getrennt nach Querschnittsmaßen und jeweils nach Längenmaß abzurechnen.

Die Einzellänge wird bestimmt durch das Maß zwischen der vorgeschriebenen Unterkante des Pfahlfußes oder der Pfahlspitze und der vorgesehenen Höhenlage der Oberseite des Pfahlkopfes. Bei Pfählen aus Ortbeton gilt die nachbearbeitete, geglättete Oberseite als planmäßige Höhenlage für die Längenbestimmung.

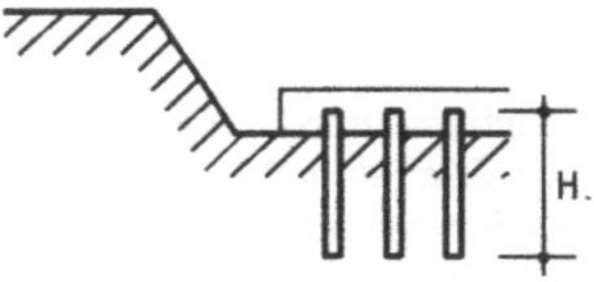

Bild 22: *Pfahlgründung, Pfahllänge mit geglätteter Oberseite und Einbindung in Fundament oder Bodenplatte*

Abhängig von anstehenden Bodenarten, gestörten Schichten oder vorhandenen Hohlräumen im Erdreich können bei Ortbetonpfählen Mehrmengen im Vergleich zu einer berechneten Betonmenge auftreten. Verarbeitete Mehrmengen des Betons bis zu 10 % der ausgeschriebenen und theoretisch ermittelten Betonmenge bleiben bei der Abrechnung unberücksichtigt.

Bewehrung, Profilstahl und sonstige Stahlteile

Die Mengenanteile aus eingebauten Betonstabstählen, Mattenstahl, Profilstählen, Ankerschienen und Spannbetonbewehrungen nebst Zubehör werden nicht von den verbauten Betonmengen abgezogen (ATV Ziffer 5.1.3).

Bild 23: *Betondecke mit Profilstahlunterzug*

In Betonbauteilen einbetonierte Stahlrohre bzw. das vom Rohr und Hohlraum gebildete Gesamtvolumen sind bei einer Einzelgröße über 0,5 m^3 Rauminhalt von den Betonmassen abzuziehen (Beispiel: Rohrleitung in Bodenplatte verlegt).

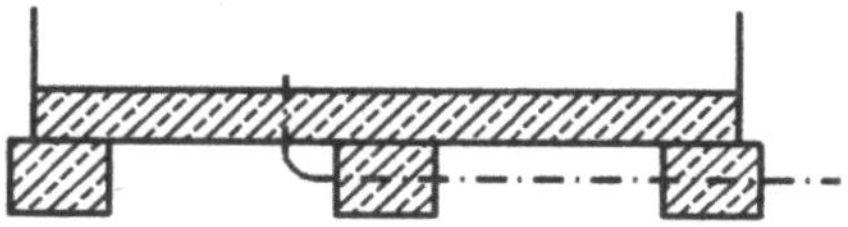

Bild 24: *Rohrleitung durch Streifenfundamente*

Beispiel: Rohr DN 150,
Breite des Streifenfundaments 50 cm → kein Abzug

Bild 25: *Kaimauer aus Spundwandprofilen mit überbetoniertem oberem Abschluss*

Abrechnungsgrundregeln für Schalung ATV Ziffer 5.2 ff.

Grundsätze:

- Nach Ziffer 5.2.1 sind für die Ermittlung von Schalungsflächen deren Abwicklungsmaße zu berücksichtigen.
- Zwischen Wänden und Unterzügen angeordnete Deckenschalungen sind mit den Maßen zwischen den Bauteilen abzurechnen. Freie Randschalungen sind gesondert zu rechnen (Ziffer 5.2.2.1).
- Für die Herstellung von Aussparungen, z. B. Nischen, Hohlräumen, Öffnungen, Schlitzen u. ä. notwendige Schalungen werden bei einer Abrechnung der Schalung nach Flächenmaß mit den abgewickelten Maßen der Betonfläche in die Mengenermittlung aufgenommen (Ziffer 5.2.2.2).

Wände

Schalungen für Wandflächen werden in ihrer Länge und Höhe bis zu den freien Enden oder angrenzenden anderen Bauteilen bestimmt.

A B D E F G K L M N P S T V W Z

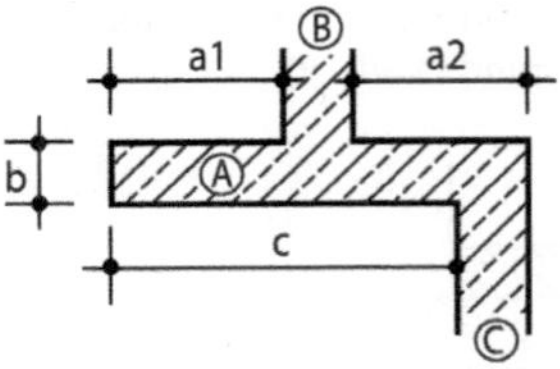

Bild 26: *Schalung für Wandfläche A mit freier Stirnseite*

Fläche = $(a_1 + a_2 + b + c) * H$

Die Einbindung der Wand (B) wird bei einem Flächenmaß der Stirnfläche von < 2,5 m² übermessen, wenn dieser Wandabschnitt gesondert hergestellt wird.

In Wandflächen hergestellte Öffnungen, Nischen und Schlitze werden bis zu einer Einzelgröße von 2,5 m² übermessen.

Für diese u. ä. Unterbrechungen in der Wandebene benötigte Schalungen werden immer separate Flächenermittlungen erforderlich.

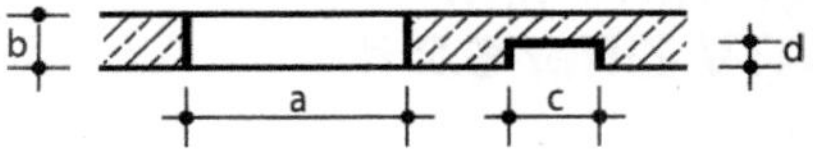

Bild 27: *Fensteröffnung > 2,5 m², Nische*

Schalung Fenster: $b * (2 * a + 2 * H)$

Schalung Nische: $2 * (d * H) + c * H$

Decken

Die Schalungsflächen für Decken werden zwischen angrenzenden Betonbauteilen oder bis zu den freien Deckenrändern gemessen.

Schalungsanteile von freien Deckenrändern sind nach ATV 5.2.2.1 in einer gesonderten Position, nach Längenmaß und mit Bezug auf die jeweilige Bauteildicke abzurechnen.

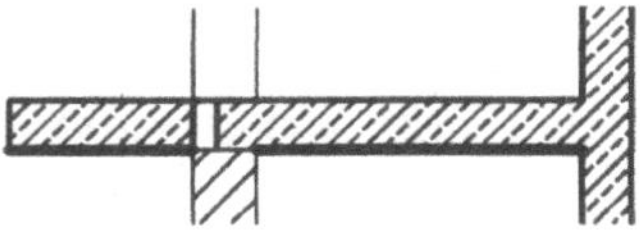

Bild 28: *Stahlbetondecke, auskragend, auf tragender Mauerwerkswand aufliegend und an Betonwand anschließend*

Flächen von Decken mit Unterzügen sind nur bis zu den Rändern des Unterzugs zu berechnen.

Profilierte Deckenunterseiten

Profilierte Deckenunterseiten werden nach Flächenmaß der abgewickelten Schalung abgerechnet.

Alternativ kann abweichend von der Regelung der ATV und zur Vereinfachung der Abrechnung auch nach dem Flächenmaß der Decke abgerechnet werden, wenn in der Leistungsbeschreibung eine entsprechend detaillierte Angabe zur Profilierung enthalten ist.

Aussparungen, Schlitze

Nach ATV Ziffer 5.2.2.2 werden die Schalungen von Aussparungen für Rohrleitungen, Treppenöffnungen und dergleichen unabhängig von der Größe der Öffnung nach Flächenmaß und zur Größe der geschalten Betonfläche hinzugerechnet.

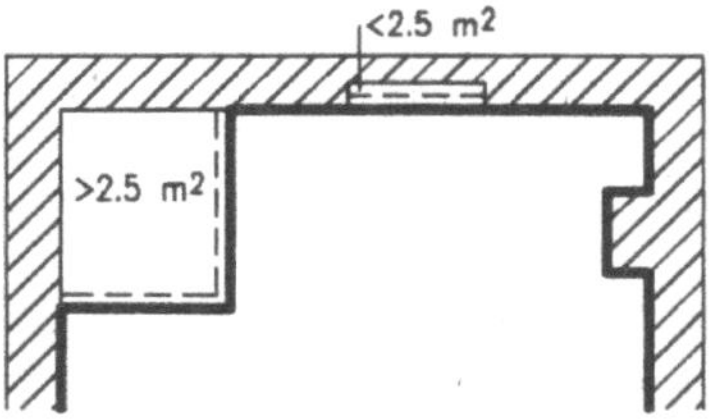

Bild 29: *Fläche der geschalten Deckenfläche, ohne Anteile für Schlitz und Treppenöffnung, Randabstellung für Schlitz und Treppenöffnung in gesonderter Position nach Flächenmaß*

Stützen

Die Flächen für Schalungen von Stützen werden mit der Abwicklungsbreite der Stütze und dem Höhenmaß von Oberkante Rohdecke bis Unterkante Rohdecke abgerechnet.

In Stützen einbindende Bauteile, wie Konsolen oder Unterzüge, werden bis zu einem Flächenmaß von 2,5 m^2 übermessen.

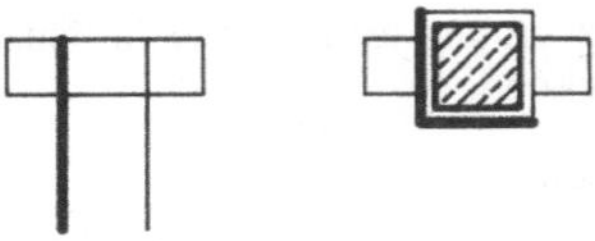

Bild 30: Konsolen an Stützenkopf

Die Schalung für die Konsolen kann separat erfasst werden, sofern diese Bauteile nicht nach Anzahl (Schalung und Beton) abgerechnet werden.

Unterzüge

Schalungsflächen für Unterzüge sind an allen drei Seiten nach den jeweiligen Maßen des Unterzugs zu ermitteln. Der horizontale Flächenanteil der Schalung für den Unterzug wird bei der Berechnung der Deckenfläche nicht berücksichtigt.

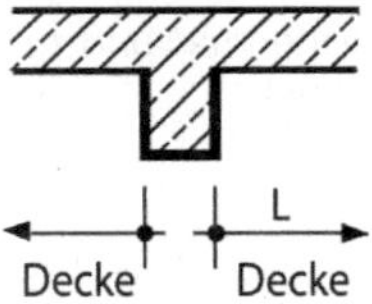

Bild 31: Unterzug mit Schalung

Abrechnungsgrundregeln für Bewehrung ATV Ziffer 5.3 ff.

In Betonbauteilen eingebaute Bewehrung wird nach Masse (Gewicht) abgerechnet.

Für die Abrechnung sind Stahllisten zu erstellen. Diese beinhalten alle Massen für Profilstahl, Stabstahl und Mattenstahl. Dazu gehören auch die Massen für Unterstützungen (Stahlböcke,

Abstandhalter aus Stahl, Gitterträger bei Verbundbauteilen, Verspannungen, Spiralbewehrungen [Tresorbau] und Montageeisen). Bei der Herstellung von Spannbewehrung bleiben die Zubehörteile, wie Hüllrohre, Spannköpfe oder Kupplungsstücke, in der Massenermittlung unberücksichtigt, sie werden als Nebenleistung bei Spannbetonarbeiten nicht gesondert vergütet.

Für die Massenermittlung sind für genormte Stähle die Angaben aus DIN-Normen zu berücksichtigen, bei anderen Stählen oder Stahlteilen die Angaben der Hersteller.

Unberücksichtigt bleiben die Massen von Bindedraht, Verschnitt sowie Abweichungen aus den zulässigen Walztoleranzen bei Profilstahl.

Diese in der Gesamtheit errechnete Masse bildet die Abrechnungsgrundlage.

Besteht nach Angaben in Bewehrungsplänen oder aus anderen Gründen für Betonstahlmatten ein erhöhter Verschnitt, und hat der Auftragnehmer dies nicht zu verantworten, so ist der Anteil, der über dem Grenzwert von 10 % des eingebauten Mattenstahls je Mattentyp liegt, zusätzlich in die Stahllisten aufzunehmen und abzurechnen.

Übermessungsregeln nach ATV DIN 18331

Bei der Ermittlung der abrechnungsfähigen Mengen sind die nachstehend aufgeführten Bauteile bzw. Konstruktionsmerkmale besonders zu beachten. Abhängig von der für die Leistung zutreffenden Abrechnungseinheit und Einzelgröße der „Unterbrechung" sind die Maße und Mengen der genannten Bauteile der jeweiligen Einzelleistung zu übermessen.

		Übermessungsregeln für Beton nach Ziffer 5.1.3.1
Raummaß	(1)	Öffnungen (auch raumhoch), Nischen, Kassetten, Hohlkörper und dergleichen über 0,5 m^3 Einzelgröße
	(1)	Schlitze, Kanäle, Profilierungen und dergleichen bis einschließlich 0,1 m^3 je m Länge
	(1)	Durchdringende oder einbindende Bauteile, Stützen, Einbauteile, Betonfertigteile, Rollladenkästen, Rohre bis einschließlich 0,5 m^3 Einzelgröße
Flächenmaß	(2)	Aussparungen bis einschließlich 2,5 m^2 Einzelgröße
		Fugen
		Eingebaute Dämmstoffschichten
Längenmaß		Formteile
		Vorkonfektionierte Knoten und Ecken von Fugenbändern, Fugenblechen u. Ä.

(1) Für die Ermittlung der Abzugsmaße sind immer die kleinsten Maße der Aussparung zugrunde zu legen.

(2) Zum Beispiel Einzelbalken, Balkenstege bei Plattenbalkendecken, Stützen, Einbauteile, dann, wenn sie durch vorgegebene Betonierfugen oder in anderer Weise baulich abgegrenzt sind. Als ein Bauteil sind dabei auch die aus Einzelteilen zusammengesetzten Bauteile anzusehen.

		Übermessungsregel für Schalung nach ATV DIN 18331 Ziffer 5.1.3.2
Flächenmaß	(1)	Öffnungen (auch raumhoch), Durchdringungen, Einbindungen, Anschlüsse von Bauteilen und dergleichen bis einschließlich 2,5 m^2 Einzelgröße
		Fugen
		Eingebaute Dämmstoffschichten u. Ä.

Schalung für Schnittpunkt Unterzug/Stütze

Beträgt das Querschnittsmaß/die Einbindung der Stütze weniger als 2,5 m^2, wird die Schalung für die Unterseite des Unterzugs auch im Bereich der Stütze durchgerechnet. Die seitlichen Schalungen der Stütze werden nur bis zu der Unterkante des Unterzugs gerechnet.

Sichtbetonklassen

siehe → Anhang Betonarbeiten

Betonerhaltungsarbeiten

Anwendungsbereich

Die Ausführungen von Betonerhaltungsarbeiten sind im Allgemeinen nach den Regeln der ATV „Betonerhaltungsarbeiten" DIN 18349 abzurechnen. Die ATV umfasst Leistungen für die Ausführung von Arbeiten zur Erhaltung, Instandsetzung und Verstärkung von Bauwerken und Bauteilen. Die Regelungen betreffen Betonteile oder Betonbauwerke in bewehrter oder unbewehrter Ausführung, aus Spritzbeton/-mörtel und das Füllen von Rissen und Hohlräumen. Die ATV beinhaltet außerdem auch Vorgaben für Leistungen für das Aufbringen von dazugehörenden Oberflächenschutzsystemen, die nicht als Oberflächenbehandlungen nach der ATV DIN 18363 „Maler- und Lackierarbeiten-Beschichtungen" eingestuft werden.

Checkliste Abrechnungseinheiten nach ATV DIN 18349

In Leistungsverzeichnissen gelten gem. Ziffer 0.5 der ATV die folgenden Abrechnungseinheiten für Arbeiten nach den diversen Herstellungs- und Instandsetzungsrichtlinien und für das Verstärken von Betonbauteilen sowie sonstige Nebenleistungen und Besondere Leistungen für Betonerhaltungsarbeiten.

	Betonerhaltungsarbeiten
□	**Flächenmaß (m^2)** getrennt nach Bauart und Maßen
	Decken, Wände, Fundamente, Bodenplatten, Treppenlaufplatten, Podeste
	Fehlstellen mit örtlicher Begrenzung, Beispiel: Ausbrüche von mehr als 1,0 m^2 Einzelgröße, getrennt nach der jeweils mittleren Bearbeitungstiefe

	Betonerhaltungsarbeiten
	Unter- und Überzüge, Stützen, Balken, Vorlagen, Fenster- und Türstürze mit mehr als 1,6 m Abwicklungslänge
	Bearbeitung von Oberflächen
	Schalungen
	flächige Abdeck- und Schutzmaßnahmen mit Folien, Platten und dergleichen
	Einhausungen
	flächige Verdämmungen
	**Längenmaß (m)** getrennt nach Bauart und Maßen
	Gesimse, Leibungen, Faschen
	Unter- und Überzüge, Stützen, Balken, Vorlagen, Fenster- und Türstürze mit einer Abwicklungslänge bis einschließlich1,6 m
	Fachwerke
	Stufen und Treppenwangen
	Ausbilden von Kanten, Tropfkanten, Abfasungen bei mehr als 1 m Einzellänge
	örtlich begrenzte Fehlstellen, Beispiel: Ausbrüche bei 10 cm Breite und über 1 m Einzellänge, getrennt nach Fehlstellen mit und ohne Bewehrungsstahl sowie nach der mittleren Bearbeitungstiefe
	Schalung für Schlitze, Reprofilierungen, Vouten, Konsolen und dergleichen, über 1 m Einzellänge
	Freilegen von Betonstahl über 1 m Einzellänge, getrennt nach Stahldurchmesser bis 16 mm und über 16 mm
	Korrosionsschutz von Betonstahl über 1 m Einzellänge bei freigelegten längen- und flächenorientierten Fehlstellen, getrennt nach Durchmesser bis einschließlich 16 mm und größere Durchmesser
	Vorbereiten der Betonunterlage für die Verklebung von Verstärkungen, z. B. CFK-Lamellen, längenorientierten Stahllaschen und Schublaschenbügeln aus Stahl

	Betonerhaltungsarbeiten
	Kleben von Verstärkungen und längenorientierten Stahllaschen
	Profilstahl
	Herstellen von Fugen und Fugenfüllungen
	Verfüllen von Rissen, getrennt nach Verfahren, Zweck und Art der Füllstoffe, Rissbreite
	Angleichen der Bauteiloberfläche im Bereich von gefüllten Rissen an die angrenzende Betonstruktur
	Abdichten der Fugen mit Fugenbändern, Injektionsschläuchen, Fugenprofilen, Fugenfüllungen und dergleichen
	Anzahl (Stück) getrennt nach Bauart und Maßen
	Freilegen örtlich begrenzter Fehlstellen, z. B. Ausbrüche über 0,1 m Breite, getrennt nach Fehlstellen mit und ohne Bewehrungsstahl sowie der jeweils größten Tiefe und Einzel-Flächengröße. Für die Stufung der Flächengrößen gilt: bis 0,01 m^2, über 0,01 m^2 bis 0,05 m^2, über 0,05 m^2 bis 0,10 m^2, über 0,10 m^2 bis 0,25 m^2, über 0,25 m^2 bis 0,50 m^2, über 0,50 m^2 bis 0,75 m^2, über 0,75 m^2 bis 1,00 m^2
	örtlich begrenzte Fehlstellen, z. B. Ausbrüche, mit einer Breite bis einschl. 10 cm und mit einer Einzellänge bis max. 50 cm, getrennt nach Stellen mit und ohne Bewehrungsstahl
	örtlich begrenzte Fehlstellen, z. B. Ausbrüche, mit einer Breite bis einschl. 10 cm und mit einer Einzellänge über 50 cm bis einschl. 100 cm, getrennt nach Stellen mit und ohne Bewehrungsstahl
	Vorbereitung von Betonstahl mit einer Einzellänge bis einschl. 50 cm, in freigelegten längen- und flächenorientierten Fehlstellen, getrennt nach Durchmesser bis einschl. 16 mm und über 16 mm
	Vorbereitung von Betonstahl mit einer Einzellänge über 50 cm bis einschl. 100 cm, in freigelegten längen- und flächenorientierten Fehlstellen, getrennt nach Durchmesser bis einschl. 16 mm und über 16 mm

	Betonerhaltungsarbeiten
	Konsolen
	Reprofilierung von Kanten mit und ohne Fase mit einer Einzellänge bis einschl. 50 cm, getrennt nach der Gesamtlänge ihrer Abwicklung
	Reprofilierung von Kanten mit und ohne Fase mit einer Einzellänge über 50 cm bis einschl. 100 cm, getrennt nach der Gesamtlänge ihrer Abwicklung
	Ausbildung von Tropfkanten mi einer Einzellänge bis einschl. 50 cm, getrennt nach der jeweils größten Ausladung
	Ausbildung von Tropfkanten mi einer Einzellänge über 50 cm bis einschl. 100 cm, getrennt nach der jeweils größten Ausladung
	Schalung für Schlitze, Reprofilierungen, Vouten, Konsolen und dergleichen, bis 1 m Einzellänge
	vorgefertigte Formteile bei Fugenbändern und Profilen. Beispiele: Ecken, Knoten
	Kleben von Verstärkungen mit und ohne Verankerung, z. B. Schublaschenbügel aus Stahl
	Abdeckmaßnahmen an Türen, Fenstern, Zwischenwänden, Markisen, Geländern usw.
	Verfüllen von Aussparungen
	Verankerungsdübel
	Schalungen für Aussparungen
	Packer
	Beseitigen von störenden Fremdkörpern, Beispiele: Bindedraht, Nägel, Holz- und Kunststoffteile
	Einhausungen
	Überwachung durch anerkannte Überwachungsstelle, je Überwachungsbericht, getrennt nach Bauwerk, Abschnitt
	Bauwerksuntersuchungen und Prüfungen zur Bestimmung der Bauteileigenschaften und erforderlichen Maßnahmen, Beispiel: Prüfung auf Haftzugfestigkeit

	Betonerhaltungsarbeiten
	Masse (kg) t) getrennt nach Art und ggf. Maßen
	Füllstoffe
	Liefern, Schneiden, Biegen und Verlegen von Bewehrungen und Lagesicherungen
	Einbauteile, Bewehrungsanschlüsse, Dübelleisten, Ankerschienen, Verbindungselemente und dergleichen

Abrechnungsgrundregeln nach ATV DIN 18349, Ziffer 5 „Abrechnung“

Die Ermittlung der abzurechnenden Leistung kann grundsätzlich nach Zeichnung oder auch nach den Ergebnissen eines örtlichen Aufmaßes erfolgen. Für die Abrechnung sind stets die Maße der behandelten Fläche anzusetzen.

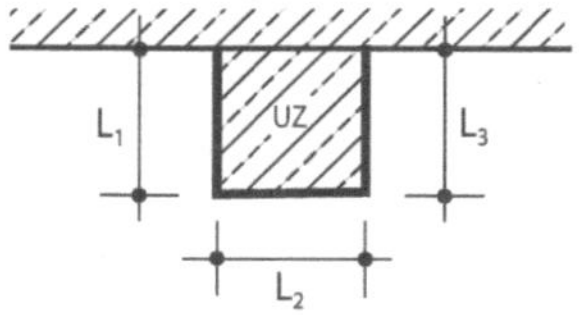

Bild 1: *Unterzug mit dreiseitiger Oberflächenbehandlung; für eine Abwicklungslänge mit L1 + L2 + L3 > 1,6 m erfolgt die Abrechnung nach Flächenmaß*

Die DIN 18349 sieht für die Abrechnung der Arbeiten zur Betonerhaltung allgemeine weitere Regelungen vor. Für Bewehrungsstahl, Fugenabdichtungen und das Füllen von Rissen und Hohlräumen sind besondere Maßgaben zu berücksichtigen.

Flächen, Längen und Bearbeitungstiefe

Für die Bearbeitung des Bewehrungsstahls und das Auftragen des Betonersatzes und des Oberflächenschutzsystems werden bei Flächen ab 1,0 m² die Maße der fertiggestellten Fläche der Abrechnung zugrunde gelegt. Für diese Flächengröße werden zu den Leistungen „Abtrag“ und „Vorbereitung des Betonuntergrundes“ die Maße der behandelten Flächen für die Massenermittlung angesetzt.

Das Freilegen von Bewehrungsstahl, Ausbrüchen und das Wiederherstellen der Oberfläche werden bei längenorientierten Ausbrüchen und Schichten mit einer Länge bis 1,0 m nach dem größten Maß berechnet.

Längenorientierte Ausbrüche und Schichten über 1,0 m Einzellänge und mit einer Breite bis einschließlich 0,10 m sind mit der mittleren Bearbeitungstiefe in die Massenermittlung aufzunehmen.

Ungleichmäßig dicke Ausbrüche und Schichten werden mit dem Maß der mittleren Bearbeitungstiefe berücksichtigt.

Bei Flächen mit einer Größe bis einschließlich 1,0 m² und längenorientierte Ausbrüche und Schichten bis einschließlich 1,00 m Länge ist das Maß der größten Bearbeitungstiefe maßgeblich.

Räume mit Gewölbe

☐ Die Wandhöhe von überwölbten Räumen wird bis zum Gewölbeanschnitt, bei den Schildwänden bis zur „2/3-Linie“ am Gewölbestich ermittelt.

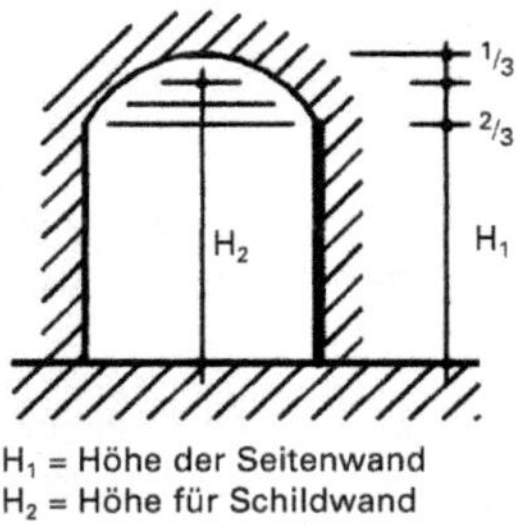

Bild 2: *H1 = Höhe der Seitenwand*
H2 = Höhe für Schildwand
Wandhöhen in überwölbten Räumen, Bezugspunkte der Höhenbestimmung

Die Fläche von gewölbten Decken ist mit den Maßen der abgewickelten Untersicht abzurechnen, wenn die Stichhöhe mehr als 1/6 der Spannweite des Gewölbes beträgt. Für Gewölbedecken mit geringeren Stichhöhen wird die Grundfläche des überwölbten Raums für die Abrechnung der Deckenfläche herangezogen.

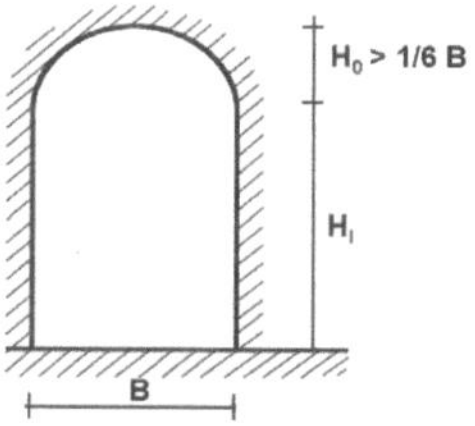

Bild 3: *Gewölbedecke, Abrechnung mit Abwicklungsfläche für Stichmaß h > s /6*

Einzelne Aussparungen, Nischen und Öffnungen in Decken und Wänden werden bei einer Einzelgröße bis einschließlich 2,5 m^2 bei der Ermittlung der Fläche übermessen.

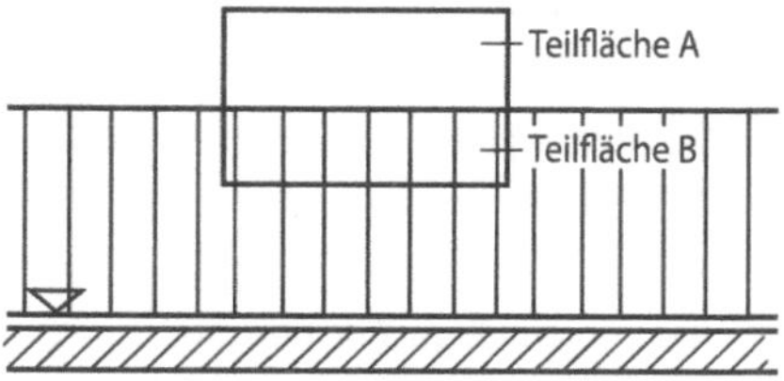

Bild 4: *Behandelte untere Randzone einer Wandfläche und Überschneidung mit einer Wandöffnung. Bei einer Gesamtgröße der Wandöffnung (Teilfläche A + B) bis 2,5 m^2 wird der nicht ausgeführte Flächenanteil (B) von der Gesamtfläche nicht abgezogen.*

Liegen verschiedenartige Aussparungen, z. B. eine Fensteröffnung mit angrenzender Nische, unmittelbar nebeneinander, so sind für die Abrechnung dort vorgenommener Leistungen die Teilflächen jeweils separat nach der Unter- oder Überschreitung der „2,5-m^2-Flächengrenze" zu beurteilen bzw. abzurechnen.

A B D E F G K L M N P S T V W Z

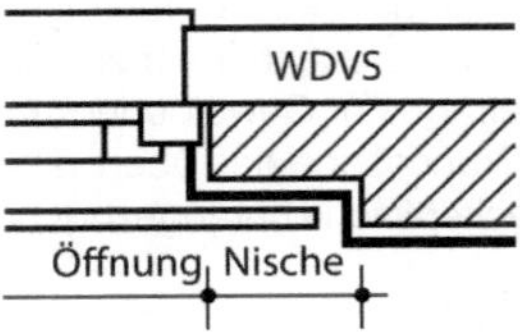

Bild 5: *Behandelte Flächen einer Nische; für die Bestimmung der Fläche der Nische gilt die Fläche in der Ansichtsfläche, ohne die Fläche der Leibung*

Für die Massenermittlung zum Freilegen von Bewehrungsstahl und das Bearbeiten von Ausbrüchen sowie das Wiederherstellen der Oberfläche gelten deren größten Maße für die Abrechnung.

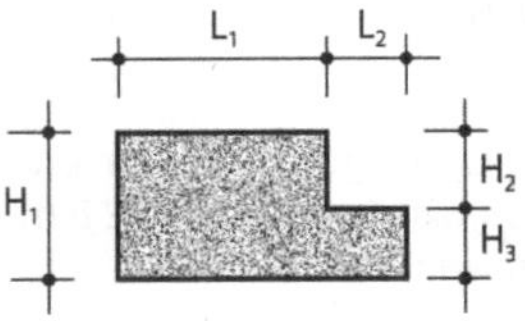

Bild 6: *Bearbeitete Wand- oder Deckenfläche, Gesamtfläche als Summe der Einzelflächen*

Die Bearbeitung von nicht rechteckigen Einzelflächen wird bei einer Abrechnung nach Flächenmaß mit den Maßen des kleinsten umschriebenen Rechtecks berücksichtigt.

Diese Regelung soll für unregelmäßige Flächen ohne rechte Winkel die Bestimmung einer Bezugsfläche erleichtern. Regelmäßige Formen, für die Berechnungsformeln herangezogen werden können (Dreieck, Kreis, Raute, Trapez), sind von dieser Regel ausgenommen.

Im Falle kleiner Flächenabweichungen, wie im Beispielbild 7 dargestellt, kann die in der ATV genannte ergänzende Grundregel zur Vereinfachung der Abrechnung herangezogen werden.

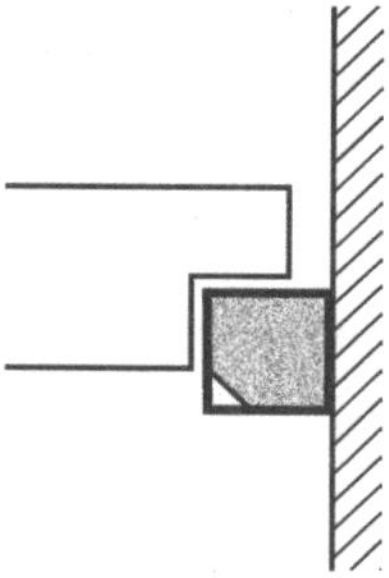

Bild 7: *Bearbeitete Seitenfläche einer Auflagerkonsole*

Die Abrechnung von Schutzabdeckungen für angrenzende Bauteile ist auf der Grundlage der jeweiligen Abwicklungsflächen vorzunehmen.

Stützen, Unterzüge und Balken

An Stützen, die nicht unmittelbar in Deckenflächen, sondern in Unterzüge oder Balken einbinden, werden für die Ermittlung des Flächen- oder Längenmaßes der Stütze die Maße bis zur Unterkante des Unterzugs bzw. des Balkens gerechnet. Die Unterzüge und Balken werden durchgemessen.

Treppenwangen

Arbeiten an den Seitenflächen von Treppenläufen (Treppenwangen) werden mit dem größten Maß der Treppenwange angerechnet.

Reprofilierungen

Wiederherstellung von Kanten (Reprofilierung), z. B. an Stützen oder Balkonkanten, wird nach Längenmaß mit den Maßen der Abwicklung gesondert gerechnet.

Bewehrungsstahl

Bei Korrosionsschutzarbeiten an freigelegtem Bewehrungsstahl sind die Leistungen für die Vorbehandlung und den Korrosionsschutz, unabhängig von der Abrechnungsform nach Längen- oder Flächenmaß, getrennt aufzuführen.

Stahlböcke, Unterstützungskörbe, Steckbügel, Spiralbewehrungen, Verspannungen, Montageeisen, Auswechselungen sind mit ihren Massen zu den Massen für den eingebauten Bewehrungsstahl hinzuzurechnen. Die Mengen aus Walztoleranzen der Profile, Bindedraht und Verschnitt werden nicht berücksichtigt.

Gesondert gerechnet werden auch das Liefern, Schneiden und Einbauen von Bewehrungsstahl mit den errechneten Massen aus den Angaben in DIN-Normen oder dem Profilbuch des Herstellers.

Fugenabdichtungen

Der Einbau von Fugenbändern und Fugenprofilen wird mit der größten Länge des eingebauten Bauprodukts abgerechnet (Abwicklungslänge).

Füllen von Rissen und Hohlräumen

Ein Angleichen von abgedichteten Rissen an die Betonstruktur der angrenzenden Fläche wird nach den Maßen der einzelnen Risslängen abgerechnet.

Flächige Verdämmungen von Rissen werden, bei einer Abrechnung nach Flächenmaß, mit den Abmessungen des kleinsten umschriebenen Rechtecks abgerechnet. Die Regelung gilt nicht für Flächen in Kreis-, Trapez-, Dreieck- oder Rautenform.

A B D E F G K L M N P S T V W Z

Übermessungsregeln nach ATV DIN 18349, Ziffer 5.3

Bei der Ermittlung der abrechnungsfähigen Mengen sind die nachstehend aufgeführten Bauteile bzw. Konstruktionsmerkmale besonders zu beachten. Abhängig von der für die Leistung zutreffenden Abrechnungseinheit und Einzelgröße der „Unterbrechung" sind die Maße und Mengen der genannten Bauteile der jeweiligen Einzelleistung zu übermessen.

	Übermessen werden:
Flächenmaß	Aussparungen bis einschließlich 2,5 m^2 Einzelgröße, z. B. für Öffnungen und Nischen
	Fugen
	Flächen von Bauteilen mit einer Einzelbreite bis einschließlich 30 cm, die eine Unterbrechung inner- halb der zu behandelnden Fläche darstellen, z. B. Stützen, Unterzüge, Vorlagen
Längenmaß	Unterbrechungen bis einschließlich 1 m Einzellänge

A B D E F G K L M N P S T V W Z

Betonwerksteinarbeiten

Anwendungsbereich

Die Ausführungen von Betonwerksteinarbeiten sind im Allgemeinen nach den Regeln der ATV „Betonwerksteinarbeiten" DIN 18333 abzurechnen. Die ATV umfasst Leistungen für das Einbauen, Verlegen und Versetzen von Betonwerksteinen in und an Gebäuden und das Bearbeiten von Betonoberflächen. Ausgenommen von den Regelungen sind Betonbauteile im Sinne der Regelungen nach ATV DIN 18318 für Verkehrswegebauarbeiten – Pflasterdecken und Plattenbeläge in ungebundener Ausführung, Einfassungen. Ebenso ist das Herstellen von Bauteilen aus unbewehrtem und bewehrtem Beton und von Außenwandbekleidungen mit Platten, deren Nenndicke bis zu 30 mm beträgt, nicht durch diese ATV erfasst.

Checkliste Abrechnungseinheiten nach ATV DIN 18333

In Leistungsverzeichnissen gelten gem. Ziffer 0.5 der ATV die folgenden Abrechnungseinheiten für Arbeiten an Treppen, Bekleidungen, das Verlegen von Bodenplatten und sonstigen Bauteil und Werkstücke sowie Nebenleistungen und Besondere Leistungen.

	Betonwerksteinarbeiten
☐	**Flächenmaß (m^2)** getrennt nach Bauart und Maßen für
	Bodenbeläge
	Wandbekleidungen
	Werkstücke
	nachträgliche Oberflächenbearbeitung

	Betonwerksteinarbeiten
	Längenmaß (m) getrennt nach Bauart und Maßen für
	Gesimse, Profilbänder
	Sockel, Kehlen
	abgerundete Kanten
	Treppenstufen und Treppenwangen
	Fensterbänke
	Mauerabdeckplatten
	Einfassungen
	Werkstücke
	Tropfkanten
	Schrägschnitte
	Schließen von Fugen
	bearbeitete Köpfe und Verkröpfungen
	Dämmstoffstreifen, Abschneiden des Dämmstoffstreifens
	Anzahl (Stück) getrennt nach Bauart und Maßen für
	Werkstücke
	Innen- und Außenfensterbänke
	Treppenstufen und Treppenwangen
	Säulen, Pfeiler und Pfeilervorlagen
	Tür- und Fensterumrahmungen
	abgetreppte Sockel je Stufe
	schräge Sockel, z. B. Bischofsmützen
	Aussparungen für Rohrdurchführungen
	Dübel, Geländerpfosten, Bodeneinläufe und dgl.
	Gehrungen

Abrechnungsgrundregeln nach ATV DIN 18333, Ziffer 5 „Abrechnung“

Die Ermittlung der abzurechnenden Leistung kann grundsätzlich nach Zeichnung oder auch nach den Ergebnissen eines örtlichen Aufmaßes erfolgen. Für die Abrechnung sind stets die Maße der hergestellten oder bearbeiteten Bauteile, der Bekleidungen oder Beläge anzusetzen. Die Lage der Bauteile, Beläge oder Bekleidungen, ob im Innen- oder Außenraum bzw. an Fassaden, ist für die Bestimmung der Maßbegrenzung dabei nicht von Bedeutung.

Bauteilmaße

Für die Bestimmung der Einzelmaße ist das jeweils größte, ggf. abgewickelte Bauteilmaß zugrunde zu legen.

Für die Ermittlung der Fläche von nicht rechteckigen Einzelflächen, z. B. Abdeckung auf einem im Grundriss trapezförmigen Schacht innerhalb einer umgebenden Kiesfläche sind die Maße des kleinsten das Bauteil/die Fläche umschreibenden Rechtecks zu berücksichtigen.

Fugen

Fugen in Belägen und Bekleidungen oder in Werkstücken, die aus zusammengesetzten Einzelstücken hergestellt wurden, werden übermessen.

Werden an Werkstücken die Köpfe mitbearbeitet, so ist die entsprechende Länge der Werkstücklänge hinzuzurechnen.

A B D E F G K L M N P S T V W Z

Übermessungsregeln nach ATV DIN 18333, Ziffer 5.3

Bei der Ermittlung der abrechnungsfähigen Mengen sind die nachstehend aufgeführten Bauteile bzw. Konstruktionsmerkmale besonders zu beachten. Abhängig von der für die Leistung zutreffenden Abrechnungseinheit und Einzelgröße der „Unterbrechung" sind die Maße und Mengen der genannten Bauteile der jeweiligen Einzelleistung unberücksichtigt zu lassen bzw. von der Gesamtmenge abzuziehen.

	Übermessen werden:
Flächenmaß	Aussparungen bis einschließlich 0,1 m^2 Einzelgröße, z. B. für Öffnungen in Belägen und Bekleidungen.
Längenmaß	Unterbrechungen bis einschließlich 1 m Einzellänge

A B D E F G K L M N P S T V W Z

Bodenbelagarbeiten

Anwendungsbereich

Die Ausführungen von Bodenbelagarbeiten sind im Allgemeinen nach den Regeln der ATV „Bodenbelagarbeiten" DIN 18365 abzurechnen. Die ATV umfasst Leistungen im Zusammenhang mit der Verlegung von Bodenbelägen in Bahnen und Platten. Leistungen für Bodenbeläge aus Linoleum, Kunststoff, Natur- und Synthesekautschuk, Textilien, Kork und Schichtstoffelemente (z. B. Laminate) werden ebenfalls durch die Regelungen der ATV abgedeckt.

Für Bodenbeläge aus Holzpflaster findet die ATV DIN 18367 „Holzpflasterarbeiten" Anwendung. Parkett-Bodenbeläge werden nach den Regelungen der ATV DIN 18356 „Parkettarbeiten" abgerechnet. Nutzbare Asphaltbeläge sind nach den Abrechungsregeln der ATV DIN 18354 „Gussasphaltarbeiten" zu behandeln. Für Estriche als Verlegeuntergrund gilt die ATV DIN 18353 „Estricharbeiten".

Die Inhalte der DIN 18299 „Allgemeine Regelungen für Bauarbeiten jeder Art" sind stets zusätzlich zu den spezifischen Regelungen zu berücksichtigen. Bei Widersprüchen gelten die gewerkebezogenen Regelungen der DIN 18365 vorrangig.

Checkliste Abrechnungseinheiten nach ATV DIN 18365

In Leistungsverzeichnissen gelten gem. Ziffer 0.5 der ATV die folgenden Abrechnungseinheiten für die Ausführung von Bodenbelagarbeiten und alle damit in direkter Verbindung stehenden Nebenleistungen und Besonderen Leistungen.

	Bodenbelagarbeiten
	Flächenmaß (m^2) getrennt nach Bauart und Maßen
	Vorbehandeln des Untergrunds, z. B. Reinigen, Spachteln, Schleifen
	Unterlagen, Bodenbeläge und Schutzabdeckungen
	Verschweißen und Verfugen
	Längenmaß (m) getrennt nach Bauart und Maßen
	Abschneiden von Abdeckungen und der Überstände von Randdämmstreifen
	Bodenbeläge von Stufen, Schwellen und Nischen
	Schienen, Sockelleisten, Sockelstreifen aus Bodenbelägen
	Friese, Kehlen, Beläge von Kehlen und Markierungslinien
	Verschweißen und Verfugen
	Anarbeiten der Bodenbeläge an aufgehende Bauteile ohne Leistenabdeckung oder an Einbauteile und Einrichtungsgegenstände
	Schließen von Fugen
	Anzahl (Stück) getrennt nach Bauart und Maßen
	Bodenbeläge von Stufen, Schwellen und Nischen
	seitliche Stufenprofile
	Intarsien und Einzelmarkierungen
	Abschluss- und Trennschienen
	vorgefertigte Innen- und Außenecken bei Sockelleisten
	Anpassen von Bodenbelägen, z. B. an Rohrdurchführungen, Elektranten, Bodencontainer, Revisionsöffnungen, Einbauteilen und Einrichtungsgegenständen

Abrechnungsgrundregeln nach ATV DIN 18365, Ziffer 5 „Abrechnung“

Die Ermittlung der abzurechnenden Leistung kann grundsätzlich nach Zeichnung oder auch nach den Ergebnissen eines örtlichen Aufmaßes erfolgen. Die Abrechnung nach Zeichnung setzt die Vorlage einer detaillierten und bemaßten Ausführungszeichnung und deren Übereinstimmung mit der Bauausführung voraus. Für die verschiedenen Bauteile und Konstruktionen sind in der ATV unter Ziffer 5.1 bis 5.3 die zu berücksichtigenden Flächen-, Längen- und Raumbegrenzungen für die Ermittlung der Einzelmaße festgelegt.

Beläge

Für die Ermittlung der Maße von Bodenbelägen, Unterlagen und Schutzabdeckungen sind die Maße der belegten Fläche oder der hergestellten Flächen zu berücksichtigen.

Als Begrenzung sind dabei die Kanten des ungeputzten, ungedämmten oder unbekleideten begrenzenden Bauteils zugrunde zu legen. Vorsatzschalen und Installationsebenen gelten als begrenzende Bauteile, wenn diese durch den Bodenbelag nicht unterschnitten werden.

Für Flächen ohne begrenzende Bauteile sind die Abrechnungsmaße bis zu den Kanten der belegten oder hergestellten Flächen zu ermitteln.

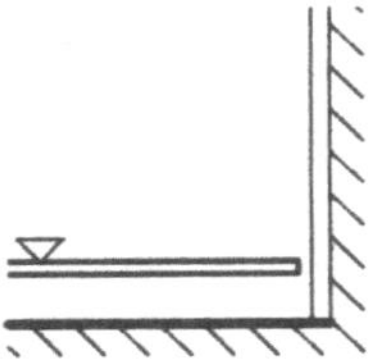

***Bild 1:** Bodenbelag an angrenzendes Bauteil*

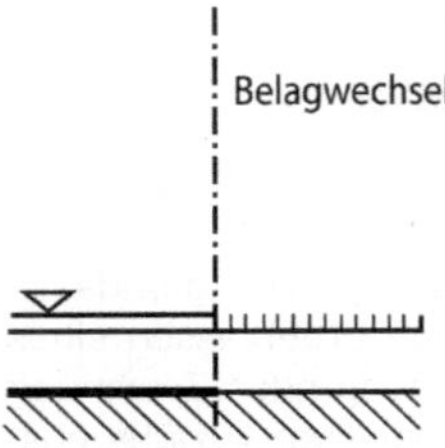

***Bild 2:** Bodenbelag frei endend*

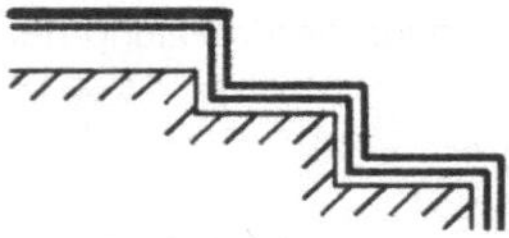

***Bild 3:** Bodenbelag ohne begrenzendes Bauteil*

Beläge auf Stufen

Für Flächen auf Stufen und Schwellen sind die größten Belagabmessungen zugrunde zu legen.

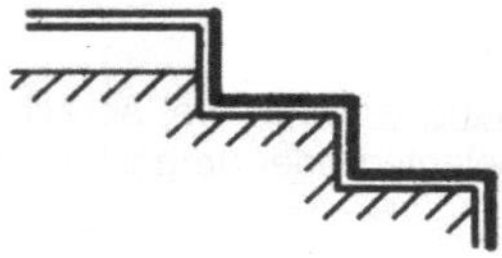

***Bild 4:** Bodenbelag auf Massivstufen*

Sockelleisten

Für die Ermittlung des Längenmaßes ist die größte Bauteillänge zu berücksichtigen. Bei profilierten Sockelleisten sind je nach Montage bei Innenecken die oberen Profilkanten, bei Außenecken die unteren Profilkanten als Längenmaß aufzunehmen.

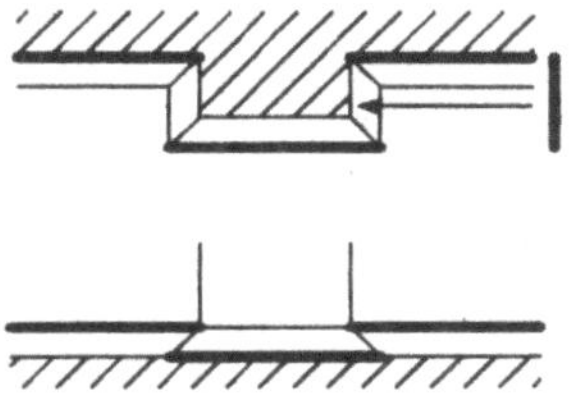

Bild 5: *Längenmaß nach Abwicklungslänge*

Einlegearbeiten und Profile

Bei Bodenflächen mit eingearbeiteten Teilflächen, wie z. B. Intarsien oder Markierungen, sind deren Flächen bei der Mengenermittlung der Bodenbelagfläche zu übermessen. Die Leistungen von Einlegearbeiten werden, getrennt nach Art und Abmessung, als Einzelleistung/Stück aufgenommen und abgerechnet. Eingearbeitete Profile werden ebenfalls übermessen und gesondert nach Längenmaß berechnet.

Übermessungsregeln nach ATV DIN 18365, Ziffer 5.3

Zur Ermittlung der abrechnungsfähigen Mengen sind die nachstehenden aufgeführten Bauteile bzw. Konstruktionsmerkmale besonders zu beachten. Abhängig von der für die Leistung zutreffenden Abrechnungseinheit und Einzelgröße der „Unterbrechung" sind die Maße und Mengen der genannten Bauteile der jeweiligen Einzelleistung zu übermessen.

	Übermessen werden:
Flächenmaß	Aussparungen für Öffnungen, Pfeiler, Pfeilervorlagen, Rohrdurchführungen bis einschließlich 0,1 m² Einzelgröße
	Fugen, in den Belag eingearbeitete Profile, Intarsien und Markierungen
Längenmaß	Unterbrechungen bis einschließlich 1,0 m Einzellänge

A B D E F G K L M N P S T V W Z

Bohrarbeiten

Anwendungsbereich

Die Ausführungen von Bohrarbeiten sind im Allgemeinen nach den Regeln der ATV „Bohrarbeiten" DIN 18301 abzurechnen. Die ATV umfasst Leistungen für Bohrungen jeder Art, Neigung und Tiefe. Bei den Arbeiten werden durch Bohrungen Stoffe gelöst und Bohrgut gefördert. Die Bohrarbeiten können i. V. m. der Erkundung und Untersuchung des Baugrunds und Grundwassers, zur Wassergewinnung und -einleitung, zur Grundwasserabsenkung, zur Entwässerung, zur Entgasung oder zur Gewinnung von Erdwärme ausgeführt sein. Arbeiten für den Einbau von Tragelementen, Ankern, Sonden und Messgeräten werden ebenfalls durch die Regelungen der ATV erfasst. Für die Herstellung von Bohr-, Verdrängungs- und Mikropfählen, Bohrpfahl-, Verbau- und Dichtwänden sowie Injektionsarbeiten sind die Inhalte der ATV ebenfalls anzuwenden. Auch Bohrarbeiten im Zusammenhang mit Kampfmittelräumarbeiten, für Auflockerungen, die Beseitigung von Hindernissen oder zum Bodenaustausch sind Gegenstand der Regelungen der ATV. Außerdem gilt die ATV für das Überbohren, z. B. bei der Erhaltung, der Instandsetzung und dem Rückbau von Brunnen, Grundwassermessstellen und Erdwärmesonden.

Die Inhalte der DIN 18299 „Allgemeine Regelungen für Bauarbeiten jeder Art" sind stets zusätzlich zu den spezifischen Regelungen zu berücksichtigen. Bei Widersprüchen gelten die gewerkebezogenen Regelungen der DIN 18301 vorrangig.

Träger- und Trägerbohlwände, Spundwände, Verankerungen und Schlitzwände gehören zu anderen speziellen Verbauarten, deren Ausführung und Abrechnungsregelungen in den entsprechenden Allgemeinen Technischen Vertragsbedingungen erfasst sind, unterliegen nicht dieser ATV.

Die ATV DIN 18301 gilt nicht für Brunnenbauarbeiten und Erdwärmesonden (ATV DIN 18327), Rohrvortriebsarbeiten, Horizontalspülbohrarbeiten (ATV DIN 18324) und für den Ausbau und das Verfüllen von Bohrungen (ATV DIN 18302 Spezialtiefbauarbeiten).

Längenmaße von **Bohrungen**, mit einem Ansatzpunkt auf Höhe des Arbeitsplanums, werden ab Oberkante Arbeitsplanum (= Aufstellfläche des Bohrgeräts) bis zur vereinbarten Endtiefe ermittelt. Bei der Herstellung von geneigten Bohrungen gilt der jeweilige Bohransatzpunkt als Bezugspunkt für die Bestimmung der Länge der Bohrung.

Die abrechnungsfähige Länge für Bohrungen mit einem Bohransatzpunkt unterhalb des Arbeitsplanums wird bestimmt durch die Lage des Bohransatzpunkts bis zur vereinbarten Endtiefe.

Bei der Herstellung von **Stützverrohrungen** wird die Abrechnungslänge von der Oberfläche des Arbeitsplanums bis zum Bohransatzpunkt zuzüglich der Länge der Eindringtiefe der Verrohrung unter Eigengewicht bestimmt.

Leerverrohrungen sind mit dem Längenmaß vom Arbeitsplanum bis zum Bohransatzpunkt abzurechnen.

Müssen Bohrungen z. B. wegen eines angetroffenen Hindernisses aufgegeben werden, gilt für die Abrechnung das Längenmaß bis zur erreichten Endtiefe. Diese Regelung gilt nur dann, wenn der Auftragnehmer für die Ursache des Bohrabbruchs keine Verantwortung trägt.

Bohrrohre, Bohrgestänge und Bohrwerkzeuge sind zu ziehen. Ist dies nicht möglich, sind die ganz oder teilweise verbleibenden oder beschädigten Teile nach deren Zeitwert zu ersetzen. Dies gilt auch für Untersuchungen angebrachte Messgeräte und Zubehör.

Werden Leistungen nach Zeit abgerechnet, werden angefangene Stunden zu vollen Stunden und angefangene Tage zu vollen Arbeitstagen aufgerundet. Im Falle einer Abrechnung nach Wochen wird jeder angefangene Tag als 1/7 der Woche für die Zeitermittlung angesetzt.

Dachdeckungsarbeiten

Anwendungsbereich

Die Ausführungen von Dachdeckungsarbeiten sind im Allgemeinen nach den Regeln der ATV „Dachdeckungsarbeiten" DIN 18338 abzurechnen. Die ATV umfasst Leistungen zur Herstellung von Dachdeckungen einschließlich der erforderlichen Dichtungs-, Dämmstoff- und Schutzschichten. Die Dachdeckungen können mit Dachziegeln oder Betondachsteinen, Dachschiefer, ebenen Dachplatten und Dachwellplatten aus Faserzement, vorgefertigten Teilen aus Metall oder Bitumenwellplatten hergestellt sein. Auch die Dachdeckungen aus Holzschindeln, Reet, Stroh oder Bitumenschindeln sind durch die ATV geregelt. Dächer mit Abdichtungen können mit Bitumenbahnen oder Kunststoffbahnen ausgeführt sein.

Außerdem sind auch Außenwandbekleidungen mit Schiefer, ebenen und gewellten Faserzementplatten oder aus vorgefertigten Elementen aus Metall nach den Inhalten der ATV abzurechnen.

Die Inhalte der DIN 18299 „Allgemeine Regelungen für Bauarbeiten jeder Art" sind stets zusätzlich zu den spezifischen Regelungen zu berücksichtigen. Bei Widersprüchen gelten die gewerkebezogenen Regelungen der DIN 18338 vorrangig.

Abdichtungen für Dächer, Balkone, Loggien und Laubengänge sind durch die ATV DIN 18338 geregelt. Die Norm gilt auch für die Abdichtung von befahrbaren Verkehrsflächen aus Beton, Innenräume, Behälter und Decken sowie unter Begrünungen. Die für die Abdichtung notwendigen zusätzlichen Schichten, wie z. B. Trennlagen, Dampfsperr- und Schutzschichten, sind ebenfalls durch den Geltungsbereich der Norm abgedeckt. Auch Dämmstoffschichten und Trägerlagen sind durch die Norm erfasst.

Die Abrechnungen für Vorleistungen, wie z. B. das Herstellen von Deckunterlagen aus Latten oder Schalungen, ist nach der ATV 18334 „Zimmer- und Holzbauarbeiten" vorzunehmen.

Dies betrifft auch die Ausführung von Außenwandbekleidungen aus Holzschindeln.

Fassadenkonstruktionen aus anderen Stoffen als die in der DIN 18338 genannten Dachdeckungsstoffen unterliegen den Regelungen der ATV „Vorgehängte hinterlüftete Fassaden" oder der ATV „Metallbauarbeiten".

Dachdeckungen mit am Bau zu fälzenden Metallbauteilen und Metallanschlüsse unterliegen den Bestimmungen der ATV DIN 18339 „Klempnerarbeiten".

Checkliste Abrechnungseinheiten nach ATV DIN 18338

In Leistungsverzeichnissen gelten gem. Ziffer 0.5 der ATV die folgenden Abrechnungseinheiten für die Ausführung von Dachdeckungsarbeiten und alle damit in direkter Verbindung stehenden Nebenleistungen und Besonderen Leistungen.

	Dachdeckungs- und Dachabdichtungsarbeiten
☐	**Flächenmaß (m^2)** getrennt nach Bauart und Maßen
	Dachdeckungen, z. B. mit Verschraubung, Nagelung, Klammerbefestigung
	Dachabdichtungen
	Voranstriche, Trennschichten, Sperrschichten, Dämmstoff- und Schutzschichten, Schutzlagen, regensichere Zusatzmaßnahmen, Kiesschüttungen, Plattenbeläge, Schichten für Begrünungen
	Außenwandbekleidungen
	Bekleidete Rückflächen von Nischen

	Dachdeckungs- und Dachabdichtungsarbeiten
	Längenmaß (m) getrennt nach Bauart und Maßen
	Deckungen von Firsten, Graten, Kehlen, Ortgängen und dergleichen
	Deckungen von Brandwänden
	Profile, Abdeckungen, Kanten, An- und Abschlüsse, z. B. an Lichtkuppeln, Dachflächenfenster, Dachaufbauten
	Bohlen
	Bekleidungen von Leibungen
	Laufroste
	Schneefanggitter und dergleichen
	Anzahl (Stück) getrennt nach Bauart und Maßen
	Anschlüsse an Öffnungen und Durchdringungen, z. B. Abläufe, Rohre, Schornsteine
	Gaubenpfosten und Gauben
	Lichtkuppeln, Dachflächenfenster, Lichtplatten, Glasformstücke und dergleichen
	Anschlagpunkte, Sicherheitsdachhaken, Trittstufen, Stützen, Lüfter und dergleichen
	Einzelformziegel und -stücke, z. B. Lüfterziegel, Eckziegel

Abrechnungsgrundregeln nach ATV DIN 18338, Ziffer 5 „Abrechnung“

Die Ermittlung der abzurechnenden Leistung kann grundsätzlich nach Zeichnung oder auch nach den Ergebnissen eines örtlichen Aufmaßes erfolgen. Die Abrechnung nach Zeichnung (Nennmaße) setzt die Vorlage einer detaillierten und bemaßten Ausführungszeichnung und deren Übereinstimmung mit der tatsächlichen Bauausführung voraus. Für die verschiedenen Bauteile und Konstruktionen sind in der ATV unter Ziffer 5 die

A B D E F G K L M N P S T V W Z

zu berücksichtigenden Flächen-, Längen- und Raumbegrenzungen für die Ermittlung der Einzelmaße festgelegt.

Zur Bestimmung der Massen der abrechnungsfähigen Leistungen sind die Maße der gedeckten, abgedichteten, bekleideten, belegten und behandelten Fläche zugrunde zu legen. Für Bauteile und Fugen sind deren Maße anzusetzen.

Flächen von Dachdeckungen

Für Dachdeckungen und Unterdächer n auf Flächen mit begrenzenden Bauteilen, z. B. durch Attiken und Wände, sind die Maße der belegten bzw. abgedichteten Fläche bei Unterdächern zu berücksichtigen.

Dabei sind die Kanten des ungeputzten, ungedämmten oder unbekleideten begrenzenden Bauteils als Begrenzung anzunehmen. Grenzen Dachflächen z. B. an Kehlen oder Grate aneinander, so gilt die Schnittlinie der Dachflächen als Maßbegrenzung.

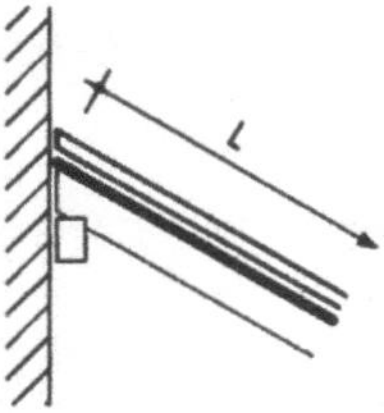

Bild 1: *Steildach-Wandanschluss*

Für Flächen **ohne begrenzende Bauteile** sind die Maße der Dachdeckungen, Bekleidung, Trenn-, Sperr, und Dämmschichten in die Massenermittlung aufzunehmen.

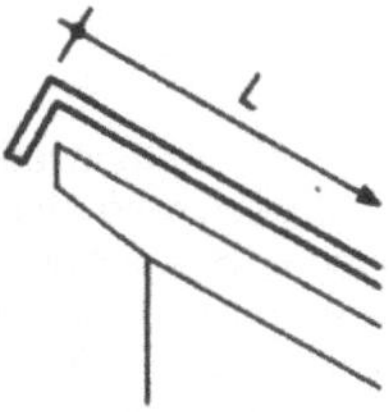

Bild 2: *Pultdachabschluss*

Voranstriche, Trennschichten, Sperrschichten, Schutzschichten

Zur Ermittlung der Flächen von Trennschichten, Sperrschichten und Schutzschichten sind entsprechend die Regelungen für Dachdeckungen anzuwenden.

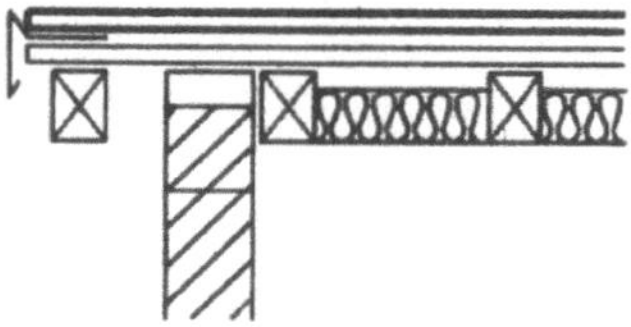

Bild 3: *Trennlage auf Holzschalung*

Dämmschichten

Werden im Rahmen von Dachdeckungsarbeiten in der Unterkonstruktion Dämmschichten ausgeführt, sind Bohlen, Sparren u. Ä. bei der Flächenermittlung zu übermessen. Im Übrigen gelten die Regelungen zur Mengenermittlung für Deckungen.

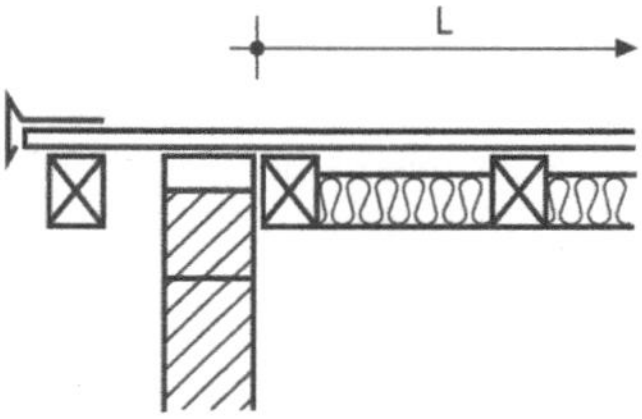

Bild 4: *Wärmedämmung zwischen Sparren*

First, Grat, Kehle

Formziegel, Funktionsbetondachsteine oder sonstige Formstücke sind zur Herstellung von Firsten, Graten und Kehlen bei der Ermittlung der abzurechnenden Dachfläche zu übermessen. Für die Flächenbegrenzung der Dachfläche ist stets bis Mitte des „Sonderbauteils" am Schnittpunkt der Dachebenen zu messen.

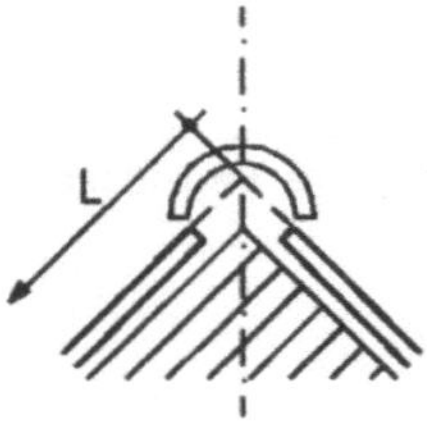

Bild 5: *Steildachfirst*

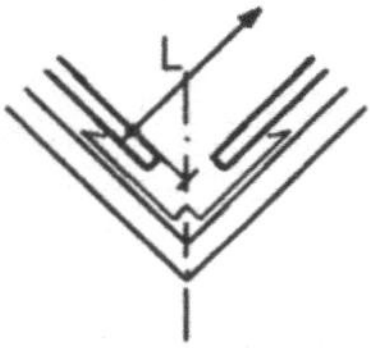

Bild 6: *Steildachkehle*

Die Längenermittlung von Firsten, Graten, Kehlen, Ortgängen etc. ist nach der einfachen Länge, gemessen in der Mittelachse des Bauteils, vorzunehmen.

Fugen

Wird die Herstellung von Fugen als Einzelleistungen abgerechnet, so ist die Länge der Fuge in der Mittelache zu ermitteln.

Bekleidete Leibungen und Rückflächen von Nischen

Bekleidete Leibungen und Rückflächen von Nischen sind immer mit ihren Längen- bzw. Flächenmaßen gesondert zu berechnen.

Abrechnung nach Flächenmaß

In die Dachfläche integrierte Einzelbauteile wie Lüfterziegel, Antennendurchgangsziegel, Glasformstücke und dergleichen werden bei Abrechnungen nach Flächenmaß übermessen und als Einzelleistung gesondert abgerechnet.

Abrechnung nach Längenmaß

Die Leistungen, die nach Längenmaß abgerechnet werden, sind mit der größten Bauteillänge für die Mengenermittlung anzusetzen.

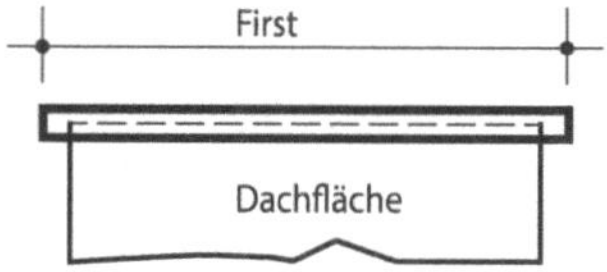

Bild 7: *First am Steildach, Satteldach*

Die Längenermittlung von Firsten, Graten, Kehlen, Ortgängen etc. ist nach der einfachen Länge, gemessen in der Mittelachse des Bauteils, vorzunehmen.

Außenwandbekleidungen

Bekleidungen auf Flächen ohne begrenzende Bauteile werden nach den Maßen der Bekleidung abgerechnet. Bei Bekleidungen von Bauteilen mit Außen- und Innenecken wird die Ermittlung der Länge in der Mittelachse vorgenommen.

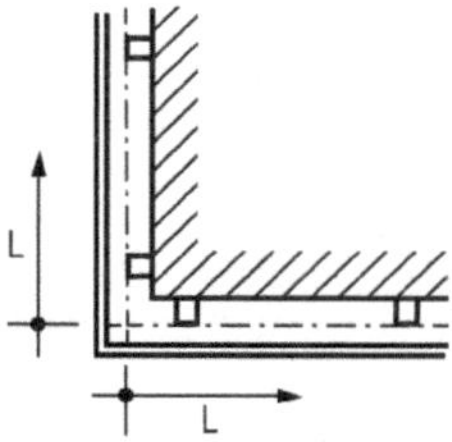

Bild 8: *Bekleidung an einer Bauteilaußenecke*

Aussparungen

Aussparungen ≤ 2,5 m^2 Einzelgröße werden bei der Flächenermittlung der Dachabdichtung, Dachdeckung bzw. der Außenwandbekleidung übermessen. Liegen Aussparungen anteilig in Flächen, die getrennt abgerechnet werden, sind die entsprechenden Flächenanteile einzeln zu bestimmen und für die Beurteilung nach der Übermessungs- bzw. Abzugsregel heranzuziehen. Bei verschiedenartigen, zusammenhängenden Aussparungen gilt als maßgebliche Flächengröße die jeweilige Einzelgröße zur Beurteilung nach der Abzugs- und Übermessungsregel.

Werden die Flächen nicht übermessen, sind die Einzelflächenanteile in den jeweiligen Leistungspositionen gesondert in Abzug zu bringen.

Ergänzung – Besondere Leistungen

Zur vollständigen Leistung von durchschnittlichen Dachdeckungsarbeiten gehören i. d. R. auch:

- Herstellen von Anschlüssen an Bau- und Einbauteilen
- Bekleidung von Gaubenpfosten
- Liefern und Einbauen von Zubehörteilen z. B. Schneefanggitter, Lüfter

Darüber hinaus können weitere Besondere Leistungen erforderlich sein, die sich aus den besonderen Anforderungen oder Gegebenheiten der Baustelle, den Vorleistungen anderer Gewerke oder den Wetterverhältnissen ergeben.

Übermessungsregeln nach ATV DIN 18338, Ziffer 5.3

Bei der Ermittlung der abrechnungsfähigen Mengen sind die nachstehend aufgeführten Bauteile bzw. Konstruktionsmerkmale besonders zu beachten. Abhängig von der für die Leistung zutreffenden Abrechnungseinheit und Einzelgröße der „Unterbrechung" sind die Maße und Mengen der genannten Bauteile und der jeweiligen Einzelleistung unberücksichtigt zu lassen bzw. von der Gesamtmenge abzuziehen.

	Übermessen werden:
Flächenmaß	Aussparungen bis einschließlich 2,5 m^2 Einzelgröße in der Dachdeckung bzw. Außenwandbekleidung, z. B. für Schornsteine, Fenster, Oberlichter, Gauben
	Fugen
Längenmaß	Unterbrechungen bis einschließlich 1,0 m Einzellänge
	Fugen

Dämm- und Brandschutzarbeiten an technischen Anlagen

Anwendungsbereich

Die Ausführungen von Dämm- und Brandschutzarbeiten an technischen Anlagen sind im Allgemeinen nach den Regeln der ATV „Dämm- und Brandschutzarbeiten an technischen Anlagen" DIN 18421 abzurechnen. Die ATV umfasst Leistungen für die Ausführung von Arbeiten an Produktions- und Verteilungsanlagen der Industrie und der technischen Gebäudeausrüstung. Außerdem sind Dämm- und Brandschutzarbeiten in Kühl- und Klimaräumen, Brandschutzarbeiten an Elektro- und Entrauchungsanlagen sowie Brandschutzarbeiten für Abschottungen bei Decken- und Wanddurchführungen nach den Regelungen der ATV abzurechnen.

Dämmarbeiten und Maßnahmen zur Herstellung oder Verbesserung des Brandwiderstands von Bauteilen in Gebäuden und Bauwerken sind nicht Gegenstand der Regelungen nach DIN 18412.

Checkliste Abrechnungseinheiten nach ATV DIN 18421

In Leistungsverzeichnissen gelten gem. Ziffer 0.5 der ATV die folgenden Abrechnungseinheiten für Dämmarbeiten nach DIN 4140 „Dämmarbeiten an betriebstechnischen Anlagen in der Industrie und in der technischen Gebäudeausrüstung - Ausführung von Wärme- und Kältedämmungen" und Brandschutzkonstruktionen entsprechend ihrer Zulassungsbestimmungen.

Dämm- und Brandschutzarbeiten an technischen Anlagen

	Dämm- und Brandschutzarbeiten
	Raummaß (m^3) getrennt nach Bauart und Maßen
	Schaum-, Schütt-, Stopf- und Brandschutzdämmungen beim Einbau in Schlitzen, Schächten und Rohrdurchführungskanälen und in Hohlräumen von Apparaten, Kolonnen, Behältern und Tanks
	Flächenmaß (m^2) getrennt nach Bauart und Maßen
	Dämmstoffschichten und Ummantelungen an ebenen Flächen, geraden Luftleitungen, Bogen und sonstigen Formstücken an Luftleitungen, an Kolonnen, an Apparaten, Behältern, Tanks, Sammlern und Verteilern
	Kappen und Hauben mit einer Oberfläche über 1 m^2
	Abschirmungen von Heiz- und Kühlzonen für Begleitheizungen und Begleitkühlungen oder für Kompensatoren
	Brandschutzabschottungen mit einer Fläche über 1 m^2
	Längenmaß (m) getrennt nach Durchmesser, Umfang oder Querschnittsform
	Dämmstoffschichten und Ummantelungen an Rohrleitungen und Abhängungen
	Abschirmungen von Heiz- und Kühlzonen für Begleitheizungen und Begleitkühlungen oder für Kompensatoren
	Brandschutzsysteme an Leitungen und Kanälen
	Füllung der Fugenräume zwischen Durchdringungen, Einbauten und dergleichen an angrenzende Öffnungsleibungen, Beispiel: Fugen zwischen Brandschutzklappe und Leibung
	Aufdoppelungen für Flansche von Luftleitungen

	Dämm- und Brandschutzarbeiten
	Anzahl (Stück) getrennt nach
	Durchmessern, Längen, Umfängen, Bogenradien oder Bogenwinkeln oder anderen den Leistungsaufwand beeinflussende Faktoren, Beispiele: besondere Querschnittsformen von Anschlüssen oder Durchdringungen, unter verschiedenen Winkeln abgehende Stutzen für Aufdoppelungen für Flansche an Luftleitungen, Abflachungen, Aufdoppelungen bei Halterungen, Ausschnitte, Blenden, Rosetten, Deckel, Einsätze, Bogen, Endstellenausbildungen von Ummantelungen und Bekleidungen, Hauben und Kappen (Oberfläche bis einschlich 1 m²), Hosenstücke, Knicke, Konusse konische Bogen, Kreisringe, Pass- und Übergangstücke, Regenabweiser, Stutzen, Manteleinschnürungen, Tragkonstruktionen, Trennungen der Ummantelung von Brandschutzbekleidungen, Anschlüsse an angrenzende Bauteile, Einzelstrecken bis 2 m Länge, Einzelflächen bis 5 m², Brandschutzelemente, Brandschutzmanschetten je Wand- und Deckenseite.

Abrechnungsgrundregeln nach ATV DIN 18421, Ziffer 5 „Abrechnung“

Die Ermittlung der abzurechnenden Leistung kann grundsätzlich nach Zeichnung oder auch nach den Ergebnissen eines örtlichen Aufmaßes erfolgen. Für die Abrechnung sind stets die Maße der Dämm- und Brandschutzstoffe bzw. die Maße der erstellten Bauteile zu berücksichtigen. Dies gilt für

- Dämmstoffschichten
- Brandschutzbeschichtungen
- Dämmungen mit Ummantelungen (Maße der Ummantelung)
- Ummantelungen
- Kappen und Hauben
- Brandschutzbekleidungen
- Abschirmungen von Heiz- und Kühlzonen, für Begleitheizungen und Begleitkühlungen oder für Kompensatoren

Die Ermittlung der Länge ist an dem Bauteil nach der dort größten ausgeführten Länge in Achsrichtung vorzunehmen:

Bauteil	Maßbezug
Rohrleitung, runder Kanal	an der größten Außenlinie von Bogen
eckiger Kanal	an der größten Außenkante des Kanals
Konus	an der größten Außenkante der Mantellinie
Fugenfüllungen	an der Leibungskante des angrenzenden Bauteils

In Rohren oder Leitungen eingebaute Flansch- und Schraubverbindungen werden übermessen. Die Bauteillänge an Flanschen als Endstellen (Blindflansche) wird bis zur Mitte der Flanschenpaare gemessen.

Bauteile, die in den Leitungsverlauf eingeschweißt sind, bleiben mit dem Maß des Bauteils zwischen den hergestellten Anschluss-Schweißstellen bei der Ermittlung der Leitungslänge unberücksichtigt.

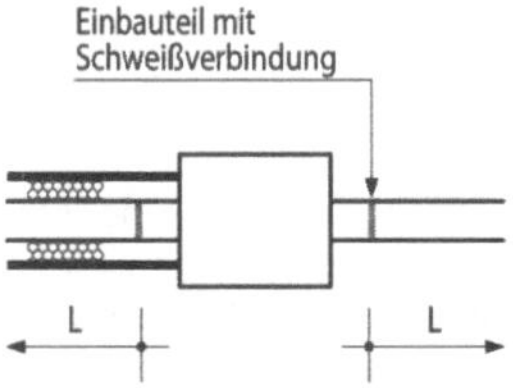

Bild 1: *Leitung mit eingeschweißtem Einbauteil*

Bei Dämmstoffschichten, Ummantelungen und Brandschutzbekleidungen werden die Längen von Sonderbauteilen wie Abflachungen, Ausschnitte, Bogen, Konusse etc. übermessen und nach Anzahl (Stück) getrennt nach Bauart und Maßen gesondert gerechnet.

Für eine Abrechnung nach Längenmaß bei konischen Rohren ist deren halbe Länge jeweils den Maßen der Dämmstoffdicken oder Ummantelungen der anschließenden Rohre zuzurechnen.

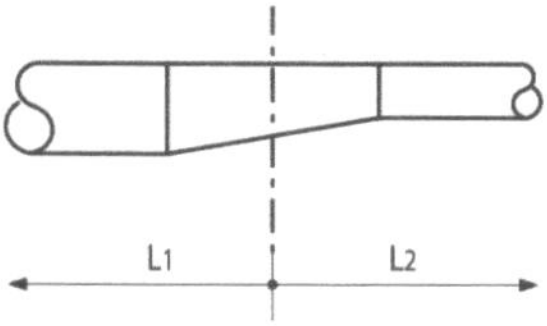

Bild 2: *Konus in Leitungsverlauf eingebaut*

An ebenen Flächen, Kanälen, Kanalbogen und sonstigen Formstücken an Kanälen angebrachte Außendämmungen werden mit den Maßen der größten Oberfläche der Dämmung oder Ummantelung abgerechnet.

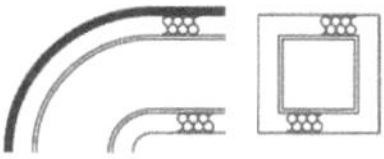

Bild 3: *Rechteckkanal, liegend, Kanalbogen, mit Außendämmung*

Bei der Herstellung von Innendämmungen sind die Maße der Fläche vor dem Aufbringen der Dämmstoffe zugrunde zu legen.

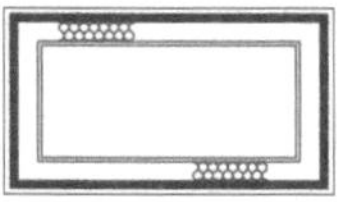

Bild 4: *Rechteckkanal mit Innendämmung*

Die vorgenannten Regeln gelten auch für Brandschutzbekleidungen.

Für die Ermittlung der Fläche von Dämmstoffschichten, Ummantelungen und Brandschutzbekleidungen an Kanälen sind die Maße der äußeren Oberfläche in die Berechnung einzubeziehen. An Kanalbogen und sonstigen Formstücken an Kanälen wird die Oberfläche aus den Maßen des größten Umfangs und der größten Länge ermittelt.

Brandabschottungen

Brandabschottungen mit einer Einzelfläche unter 1 m^2 sind gegliedert nach Maßgruppen abzurechnen. Die ATV sieht dazu folgende Flächengliederung vor:

$\leq$ 0,010 m^2

> 0,010 m^2 $\leq$ 0,025 m^2

> 0,025 m^2 $\leq$ 0,05 m^2

> 0,050 m^2 $\leq$ 0,075 m^2

> 0,075 m^2 $\leq$ 0,10 m^2

> 0,10 m^2 $\leq$ 0,25 m^2

> 0,25 m^2 $\leq$ 0,50 m^2

> 0,50 m^2 $\leq$ 0,75 m^2

> 0,75 m^2 < 1,00 m^2

Kappen

Die Herstellung von Flaschenkappen umfasst zwei Ausschnitte als Grundleistung. Drei Ausschnitte sind für Armaturenkappen in der Grundleistung enthalten. Alle darüber hinausgehenden Anzahlen von Ausschnitte werden separat abgerechnet.

Die ATV 18421 enthält zwei Tabellen zur Berechnung und Regelung von Abrechnungsgrößen.

Werden Formteile mit definierten Bauformen (Tabelle 2 der ATV, Werte einschließlich Dämmungen) mit einer ermittelten Oberfläche unter 1 m^2 ohne Dämmung hergestellt und verbaut, sind diese Teile mit der Größe 1 m abzurechnen.

Dies gilt auch für Formteile der definierten Abrechnungsgruppen F1 bis F5 der Tabelle 1 der ATV.

Abrechnungsgruppen nach Tabelle 1 der ATV für eckige Luftleitungen und deren Formstücke ohne Dämmungen

Abrechnungsgruppen		Größte Kantenlänge des Querschnitts ohne Dämmung
für Formteile	**für Luftleitungen**	
F1	L 1	bis 500 mm
F2	L 2	über 500 bis 1.000 mm
F3	L 3	über 1.000 bis 1.500 mm
F4	L 4	über 1.500 bis 2.000 mm
F5	L 5	über 2.000 mm

Berechnungsregeln

Für die Ermittlung der Flächen kreisrunder Stirnseiten von zylindrischen Bauteilen gelten, abhängig von der räumlichen Form der Stirnseite, die folgenden Berechnungsformeln:

Form der Stirnseite	Formel
ebene Fläche Trichterform (h: $d_a \leq 1{:}10$)	$A = 0{,}0796\ U^2$ $A = 0{,}082\ U^2$
flachgewölbte Fläche in Kalottenform, mit da ≤ 10 m da > 10 m	 $A = 0{,}082\ U^2$ $A = 0{,}0796\ U^2 + 3{,}14\ h^2$
hochgewölbte Fläche in Halbkugelform	$A = 0{,}1591\ U^2$
hochgewölbte Fläche in Zeppelinform	$A = 0{,}109\ U^2$

A = Fläche der Stirnseite in m^2

d_a = äußerer Durchmesser der Stirnseite in m a

U = äußerer Umfang der Stirnseite in m

h = Höhe des Trichters oder der Kalotte in m

Übermessungsregeln nach ATV DIN 18421, Ziffer 5.3

Bei der Ermittlung der abrechnungsfähigen Mengen sind die nachstehend aufgeführten Bauteile bzw. Konstruktionsmerkmale besonders zu beachten. Abhängig von der für die Leistung zutreffenden Abrechnungseinheit und Einzelgröße der „Unterbrechung" sind die Maße und Mengen der genannten Bauteile der jeweiligen Einzelleistung unberücksichtigt zu lassen bzw. von der Gesamtmenge abzuziehen.

	Übermessen werden:
Flächenmaß	Aussparungen und Ausschnitte bis einschließlich 0,5 m^2 Einzelfläche soweit diese nicht erst bei oder nach der Montage ausgearbeitet wurden
	Flansche bei raumlufttechnischen Luftleitungen
	Durchdringungen bei Brandabschottungen
Längenmaß	Flansch-, Schraub- und Schweißverbindungen
	Unterbrechungen in Dämmstoffschichten, Ummantelungen und Brandschutzbekleidungen durch Wände, Decken und andere konstruktive Bauteile bis einschließlich 30 cm Einzelbreite
	Unterbrechungen in Dämmstoffschichten, Ummantelungen und Brandschutzbekleidungen durch Einbauten (Ventile, Pumpen etc.) mit Einzellängen bis einschließlich 30 cm
Raummaß	Volumen von Rohren mit äußerem Durchmesser bis einschließlich 12 cm
	sonstige Leitungen mit einer Querschnittsfläche bis einschließlich 125 cm^2
	Durchdringungen in Brandschutzabschottungen

Drän- und Versickerarbeiten

Anwendungsbereich

Die Ausführungen von Drän- und Versickerarbeiten sind im Allgemeinen nach den Regeln der ATV „Drän- und Versickerarbeiten" DIN 18308 abzurechnen. Die ATV umfasst Leistungen im Zusammenhang mit der Dränung mit und ohne Rohre. Außerdem werden Versickeranlagen mit und ohne Wasserrückhaltung einschließlich des Einbaus der dazu benötigten und eingebauten sickerfähigen und filterstabilen Stoffe und Bauteile behandelt.

Vertikale Tiefendränage und Versickerungsanlagen (Brunnen) sind nicht Gegenstand dieser ATV-Regelungen.

Die Inhalte der DIN 18299 „Allgemeine Regelungen für Bauarbeiten jeder Art" sind stets zusätzlich zu den spezifischen Regelungen zu berücksichtigen. Bei Widersprüchen gelten die gewerkebezogenen Regelungen der DIN 18308 vorrangig.

Die Herstellung von geschlossenen Entwässerungskanälen und die Entwässerung von Verkehrsflächen unterliegen nicht den Regelungen dieser ATV.

Checkliste Abrechnungseinheiten nach ATV DIN 18308

In Leistungsverzeichnissen gelten gem. Ziffer 0.5 der ATV die folgenden Abrechnungseinheiten für die Ausführung von Dränarbeiten und alle damit in direkter Verbindung stehenden Nebenleistungen und Besonderen Leistungen.

	Drän- und Versickerarbeiten
	Raummaß (m^3) getrennt nach Bauart, Stoffen, Maßen und Tiefenlage
	Speicher- und Sickerelemente
	Dränpackungen
	Flächenmaß (m^2) getrennt nach Bauart, Stoffen, Maßen und Tiefenlage
	Geokunststoffe und Geotextilien
	Filter- und Dränschichten
	Längenmaß (m) getrennt nach Bauart, Stoffen, Maßen und Tiefenlage
	Kanäle und Leitungen
	rohrlose Dränungen
	Anzahl (Stück) getrennt nach Bauart, Stoffen, Maßen und Tiefenlage
	Schächte
	Formstücke

Abrechnungsgrundregeln nach ATV DIN 18308, Ziffer 5 „Abrechnung“

Die zuverlässige Ermittlung der abzurechnenden Leistung kann i. d. R. nur durch ein örtliches Aufmaß erfolgen.

Dränleitungen

Das Aufmaß der Rohrleitungen ist getrennt für die eingebauten Rohrquerschnitte (Nennweiten) und Funktionen (Sammelleitung, Saugleitung) vorzunehmen.

Für die Ermittlung der Längenmaße von Dränleitungen sind die jeweiligen Einzellängen zu addieren. Im Anschlussbereich von Saugleitung zu Sammelleitung ist die tatsächliche Länge im

Bereich der Krümmung, gemessen in der Rohrmittelachse, zu berücksichtigen.

Formstücke (Abzweige, Bögen) werden übermessen und gesondert gerechnet.

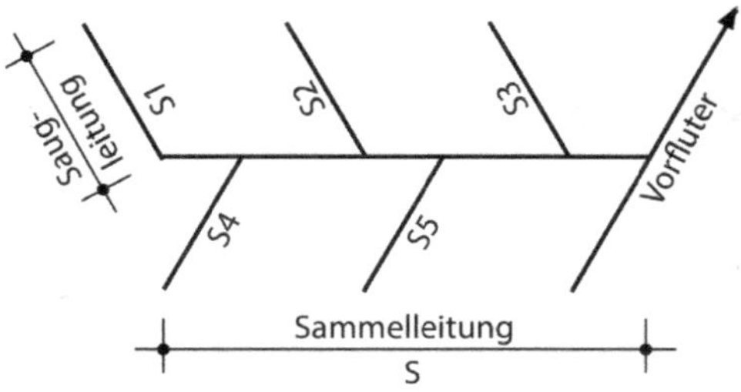

***Bild 1:** Flächendränage*

Beispielabrechnung:

Saugleitung:	NW 80, Tondränrohr: 5 * S1+S2+S3+S4+S5
Sammelleitung:	NW 80, Tondränrohr: 1 * S

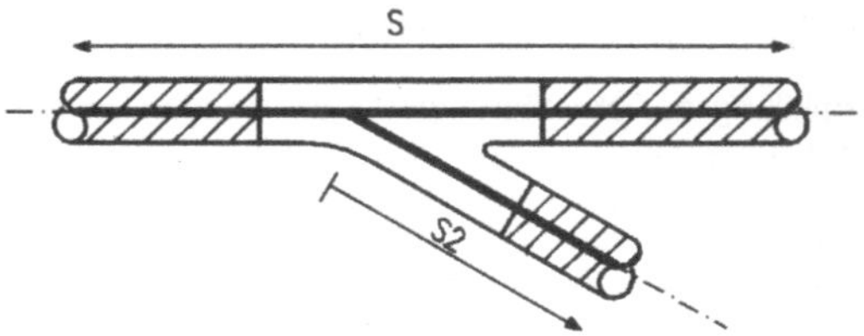

***Bild 2:** Anschlusspunkt*

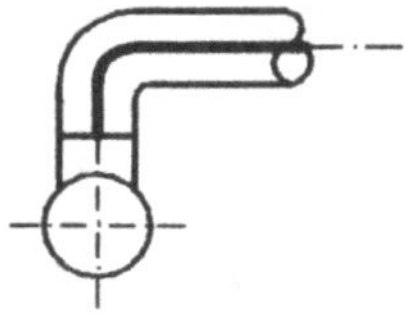

***Bild 3:** Anschlusspunkt Saugleitung an Sammelleitung mit einem Hakenrohr*

SS	Spülschacht:	≥ DN 300
KS	Kontrollschacht:	≥ DN 100
ÜS	Übergabeschacht:	≥ DN 1000

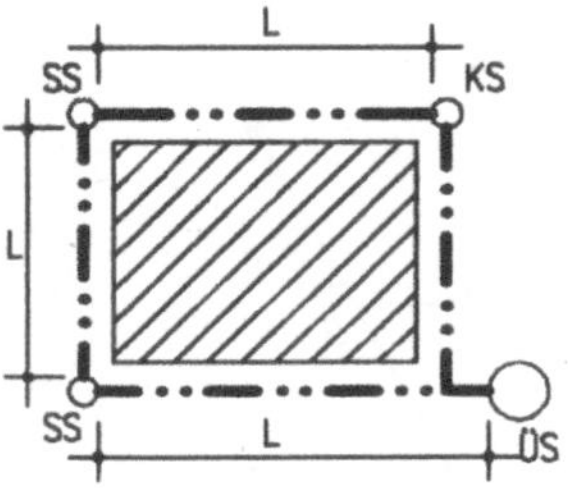

***Bild 4:** Anschlusspunkt Dränrohranschlüsse an Schächte*

Einrichtungen zur Unterhaltung von Dränanlagen sind als Besondere Leistungen abzurechnen. Die lichten Durchmesser von Spül- oder Kontrollschächten sind mit einer Schachtweite von ≤ 1 m für die Berechnung der Leitungslänge zu übermessen.

Übermessungsregeln nach ATV DIN 18308, Ziffer 5.3

Bei der Ermittlung der abrechnungsfähigen Mengen sind die nachstehend aufgeführten Bauteile bzw. Konstruktionsmerkmale besonders zu beachten. Abhängig von der für die Leistung zutreffenden Abrechnungseinheit und Einzelgröße der „Unterbrechung" sind die Maße und Mengen der genannten Bauteile der jeweiligen Einzelleistung zu übermessen.

	Übermessen werden:
Raummaß	Rohre und Bauteile mit einer mittleren Querschnittsfläche bis einschließlich 0,1 m²
Flächenmaß	Aussparungen bis einschließlich 1 m² Einzelgröße, z. B. durch Einbauten
Längenmaß	Schächte mit einer Nennweite bis einschließlich 1 m

Entwässerungskanalarbeiten

Anwendungsbereich

Die Ausführungen von Entwässerungskanalarbeiten sind im Allgemeinen nach den Regeln der ATV „Entwässerungskanalarbeiten" DIN 18306 abzurechnen. Diese gilt für die Herstellung von geschlossenen Entwässerungskanälen, von Grundleitungen der Grundstücksentwässerung im Erdreich, auch unter Gebäuden, einschließlich der dazugehörigen Schächte. Dichte Vorflutleitungen von Dränungen mit Rohren über Nennweite 200 unterliegen ebenfalls diesen Regelungen. Für die im Zusammenhang mit der Durchführung von Entwässerungskanalarbeiten stehenden anderen Arbeiten, wie Verbau-, Erd- und Rohrvortriebsarbeiten, gelten die Vorgaben der entsprechenden Allgemeinen Technischen Vertragsbedingungen. Arbeiten für Entwässerungsleitungen innerhalb von Gebäuden werden nach der ATV DIN 18381 „Gas-, Wasser- und Abwasserinstallationsarbeiten innerhalb von Gebäuden" abgerechnet.

Die Inhalte der DIN 18299 „Allgemeine Regelungen für Bauarbeiten jeder Art" sind stets zusätzlich zu den spezifischen Regelungen zu berücksichtigen. Bei Widersprüchen gelten die gewerkebezogenen Regelungen der DIN 18306 vorrangig.

Die Regelungen gelten für die gebräuchlichsten genormten Stoffe und Bauteile gem. den Anforderungen der DIN EN 1610 „Verlegung und Prüfung von Abwasserleitungen und -kanälen".

Checkliste Abrechnungseinheiten nach ATV DIN 18306

In Leistungsverzeichnissen gelten gem. Ziffer 0.5 der ATV die folgenden Abrechnungseinheiten für die Ausführung von Leitungen aus vorgefertigten Rohren, Verbindungsstücken, Formstücken und sonstigen industriell hergestellten Fertigteilen oder Bauteilen, die am Ort aus Mauerwerk bzw. Beton hergestellt werden.

	Entwässerungskanalarbeiten
	Raummaß (m^3)
	Schächte, nach Raummaß der Wandungen
	Leitungszone
	Flächenmaß (m^2)
	Schutz- und Dichtungsanstriche, Beschichtungen
	Sohlschalen, Platten
	Leitungszone
	Längenmaß (m)
	Entwässerungskanäle und -leitungen
	Schächte
	Sohlschalen, Platten
	Leitungszone
	Anzahl (Stück)
	Formstücke, z. B. Abzweige, angeformte Schachtaufsätze, Krümmer
	Fertigteile, wie Schachtunterteile, Schachtringe, Übergangsringe und Platten, Schachthälse usw., Einzelteile, wie Schachtabdeckungen, Schmutzfänger, Steighilfen
	Schächte
	erweiterte Leitungszone bei Leitungsverbindungen

Abrechnungsgrundregeln nach ATV DIN 18306, Ziffer 5 „Abrechnung“

Leitungszone

Die Breite von Leitungszonen in Baugruben sind nach den Mindestbreiten für betretbare Arbeitsräume gem. DIN 4124 „Baugruben und Gräben – Böschungen, Verbau, Arbeitsraumbreiten“ zu bestimmen.

Beim Einbau von Anlagenteilen gelten die Außenmaße des Bauköpers als Bezugsgrenze zuzüglich der Mindestbreiten für betretbare Arbeitsräume. Die Maße von Verbaukonstruktionen gehören zur Breite der Leitungszone. Verbaukonstruktionen aus Stahlspundwänden werden dabei bis zur Mittelachse berücksichtigt.

In Leitungszonen eingebaute Mengen sind im fertigen Zustand zu ermitteln.

Grabensohle

Die abrechnungsfähigen Massen von Gräben sind in Bezug auf die Grabenbreite mit den Mindestmaßen nach DIN EN 1610 zu bestimmen. Die Maße für Verbau- und Schalungskonstruktionen sind zusätzlich zu berücksichtigen. Für Verbaukonstruktionen aus Stahlspundwänden gilt die Mittelachse als äußere Grabenbegrenzung.

Einbauten in Leitungszone

Werden Leistungen für die Leitungszone nach Flächenmaß abgerechnet, werden Einbauten und Durchdringungen bis einschl. 1 m^3 Einzelgröße übermessen.

Entwässerungsleitungen

Zur Bestimmung der Leistungen sind die Maße sämtlicher Anlagenteile des Entwässerungssystems zu berücksichtigen.

Für die Mengenermittlung können Näherungsverfahren angewendet werden.

Die Ermittlung der Länge von Entwässerungskanälen und -leitungen ist in der Rohrmittelachse vorzunehmen.

Formstücke, wie z. B. Abzweige, Bögen, Reduzierstücke, Übergangstücke, werden bei der Längenermittlung übermessen. Sie werden als Besondere Leistung gem. Abschnitt 4.2.4 zusätzlich zur Rohrleitungslänge, gesondert in einer Abrechnung nach Anzahl, getrennt nach Nennweite, Material etc., vergütet.

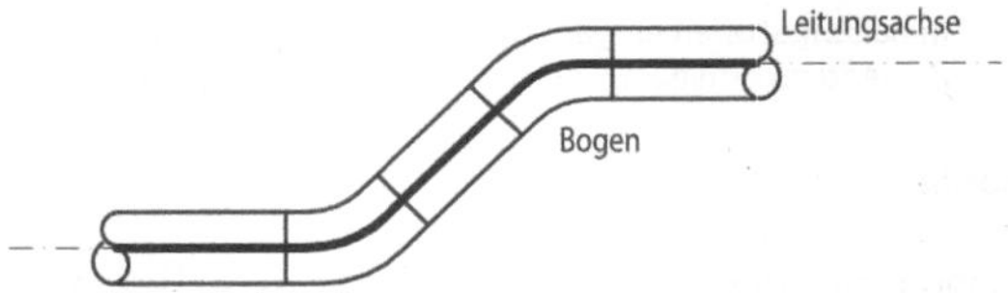

***Bild 1:** Leitungslänge einschließlich Formstücke*

Abzweigende Kanäle werden ab dem Schnittpunkt der Mittelachse der anschließenden Leitungen bis zu deren Enden gemessen.

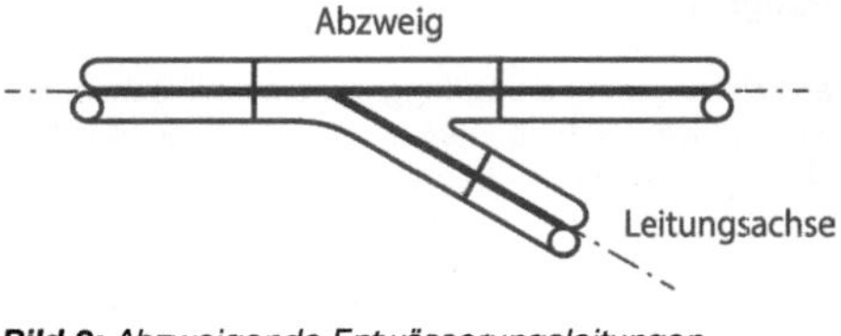

***Bild 2:** Abzweigende Entwässerungsleitungen*

Sind im Verlauf von Entwässerungskanälen und -leitungen aus vorgefertigten Rohren Schächte eingebaut, so bleibt das Maß des lichten Schachtdurchmessers bei der Ermittlung der Kanallänge unberücksichtigt.

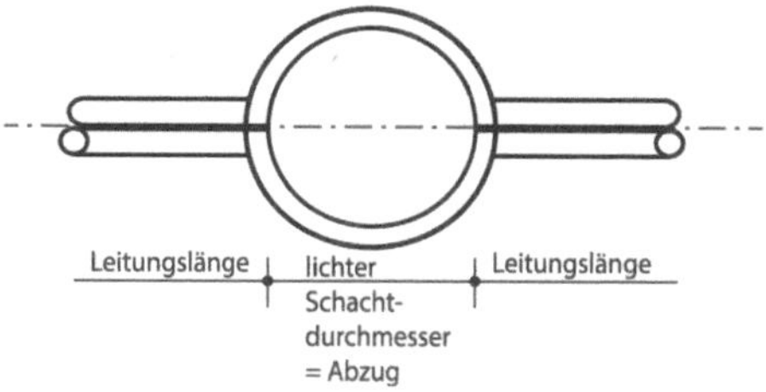

***Bild 3:** Entwässerungsleitung mit eingebautem Fertigteilschacht*

In Entwässerungskanälen und -leitungen aus vorgefertigten Rohren mit eingebauten Teilstücken mit Schachtaufsätzen wird die Abmessung dieser Bauteile bei der Ermittlung der Kanallänge nicht abgezogen. Dies gilt auch für Abmessungen von Schächten, die am Ort gemauert oder aus Beton hergestellt sind.

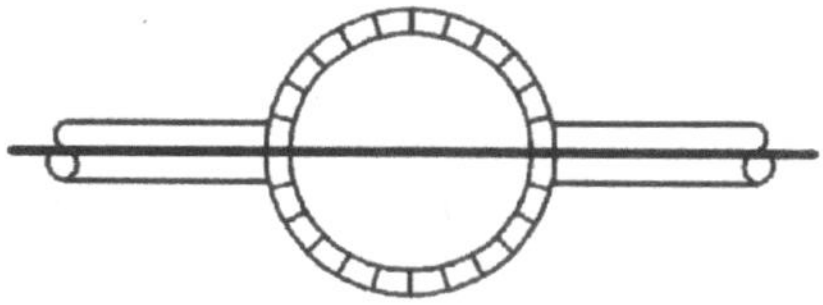

***Bild 4:** Entwässerungsleitung mit gemauertem Schacht*

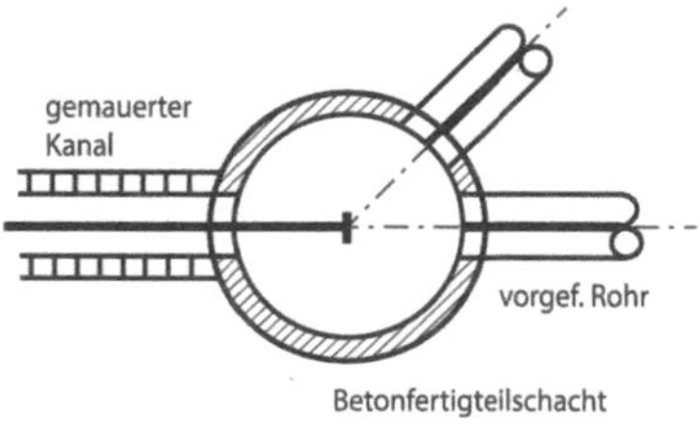

***Bild 5:** Gemauerter Kanal und Schachtanschlüsse*

Schächte

Bei Schächten für Revisionszwecke, Be- und Entlüftung und dergleichen erfolgt die Ermittlung der Schachttiefe von der Auflagerfläche der Schachtabdeckung bis zum tiefsten Punkt der Rinnensohle.

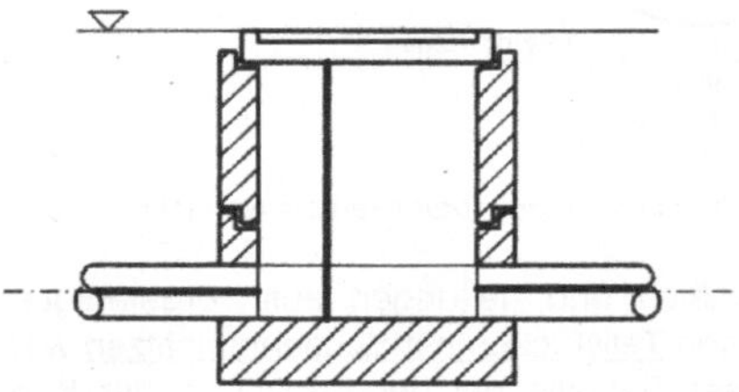

Bild 6: *Schachttiefe*

Böschungswinkel

Zur Bestimmung der Maße von Böschungsräumen sind im allgemeinen Böschungswinkel von 45° anzusetzen. Für Böschungen in feinkörnigen Böden mit mindestens steifer Konsistenz gilt ein Böschungswinkel von 60°, für Gräben in Fels von 80°. Die vorgenannten Winkel sind nur anzuwenden, wenn sonst keine Vorgaben, z. B. in Standsicherheitsnachweisen oder in Leistungsverzeichnissen, bestehen.

Erdarbeiten

Anwendungsbereich

Das Lösen, Laden, Fördern, Einbauen und Verdichten von Boden und Fels ist nach ATV „Erdarbeiten“ DIN 18300 abzurechnen. Dies gilt auch für das Lösen von Boden und Fels im Grundwasser und Uferbereich unter Wasser, wenn diese Arbeiten im Zusammenhang mit den entsprechenden Arbeiten an Land ausgeführt werden.

Das Aufbereiten und Behandeln von Boden und Fels für erdbautechnische Verwendungen sowie erdbautechnische Arbeiten mit Recyclingbaustoffen, industriellen Nebenprodukten und sonstigen Stoffen sind ebenfalls nach den Allgemeinen Technischen Vertragsbedingungen der DIN 18300 zu behandeln.

Soweit im Zusammenhang mit der Verlegung von Entwässerungskanälen, Entwässerungsleitungen, von Druckrohrleitungen außerhalb von Gebäuden und Kabelleitungen auch Erdarbeiten ausgeführt werden, gelten die Regelungen der DIN 18300 ergänzend zu den spezifischen Regelungen.

Bohrarbeiten, Dränarbeiten, Nassbaggerarbeiten, Untertagebauarbeiten, Rohrvortriebsarbeiten und Bodenarbeiten nach DIN 18320 „Landschaftsbauarbeiten“ werden durch die Regelungen der DIN 18300 nicht berührt. Es gelten jeweils die entsprechenden Regelungen der ATV zu den Einzelgewerken.

Neben den gewerkespezifischen Regelungen zu Erdarbeiten gelten grundsätzlich die Inhalte der DIN 18299 „Allgemeine Regelungen für Bauarbeiten jeder Art“. Im Falle von Widersprüchen zu Einzelaspekten gelten die Inhalte der ATV DIN 18300 vorrangig.

Checkliste Abrechnungseinheiten nach ATV DIN 18300

	Erdarbeiten
	Raummaß (m³)
	Lösen, Laden, Fördern und Einbau, gestaffelt nach Förderweglängen über 50 m
	Herstellen von Montage- und Ziehgruben, Kopflöchern, Suchschlitzen und Schürfen
	Steinpackungen, Steinwürfe, Bodenlieferungen und dergleichen
	Lösen, Laden und Fördern von Bauwerksresten, größeren Blöcken u. Ä.
	Verdichten
	Beseitigen von Hindernissen (Mauerreste, Baumstümpfe)
	Beseitigen einzelner Bäume, Steine und dergleichen
	Flächenmaß (m²)
	Lösen, Laden, Fördern und Einbau, gestaffelt nach Förderweglängen über 50 m
	Steinpackungen, Steinwürfe, Bodenlieferungen und dergleichen
	Verdichten
	Reinigen
	Herstellen und Wiederherstellen der planmäßigen Höhenlage, Neigung und Ebenheit

	Erdarbeiten
	Anzahl (Stück)
	Lösen, Laden und Fördern von Bauwerksresten, größeren Blöcken u. Ä.
	Herstellen von Montage- und Ziehgruben, Kopflöchern, Suchschlitzen und Schürfen
	Gewicht (t)
	Lösen, Laden, Fördern und Einbauen
	Steinpackungen, Steinwürfe, Bodenlieferungen und dergleichen
	Lösen, Laden und Fördern von Bauwerksresten, größeren Blöcken u. Ä.

Abrechnungsgrundregeln nach ATV DIN 18300, Ziffer 5 „Abrechnung“

Im Allgemeinen sind nach Ziffer 5.2.1 für die Mengenermittlung von Erdbauwerken die üblichen Näherungsverfahren zulässig.

Die mathematische Berechnung des Volumens für Baugruben als Prismatoid wird bestimmt durch

- die Grundflächen an der Baugrubensohle,
- die Grundfläche an der Geländeoberfläche,
- die Baugrubentiefe und
- die Böschungswinkel (Beachte: ggf. an verschiedenen Seiten unterschiedlich).

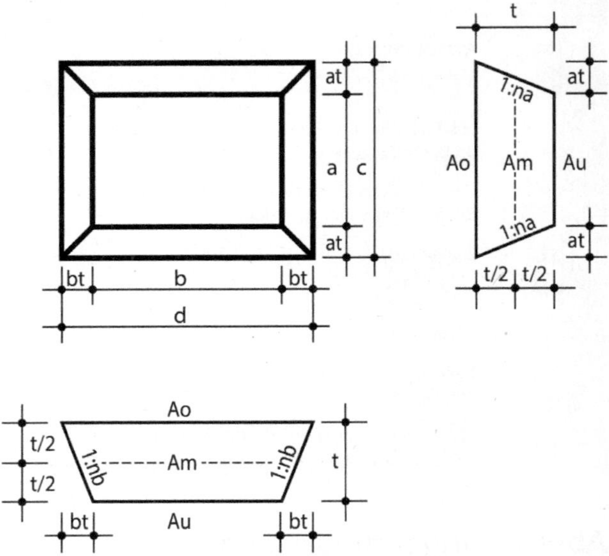

Bild 1: *Rauminhalt einer einfachen Baugrube*

Mathematische Formel

> **Praxistipp**
>
> $V = a * b * t^2 (a * nb + b * na) + 4/3 * t^3 * na * nb$

Zur Vereinfachung der Abrechnung können für eine näherungsweise Ermittlung des Volumens alternative Berechnungsansätze mit gering voneinander abweichenden Genauigkeiten angewendet werden.

Simpson'sche Formel

> **Praxistipp**
>
> $V = t / 6 * (A_u + 4 * A_m + A_o)$

Beachte: A_m entspricht der Fläche in der Mitte des Abstands von A_u und A_o, nicht jedoch dem Mittelwert der Flächen von A_u und A_o.

Näherungsformel

Praxistipp

$V = t * [(A_o + A_u) / 2]$

Beachte: Mittelwert aus der Flächensumme von A_u und A_o entspricht nicht dem Wert der mittleren Fläche A_m.

Nach der Näherungsformel ergeben sich immer größere Massen als nach der Berechnung über die Anwendung der mathematischen Formel (exakte berechnete Masse + ΔV). Die Mehrmenge kann ermittelt werden über die Regel:

Praxistipp

$\Delta V = 2/3 * t^3 * na * nb$

Die Abweichung basiert auf den Einflussgrößen der Böschungswinkel (1:na und 1:nb) und der Tiefe der Baugrube. Im Allgemeinen steigt die Fehlerquote bei tiefen Baugruben, ebenso bei flachen Böschungen. Der prozentuale Fehler (abweichendes (Mehr-)Volumen zu dem exakt berechneten Volumen) ist dann besonders groß, wenn für die Ermittlung des Verfüllvolumens der Arbeitsräume die Differenz aus tatsächlichem Aushub und Volumen des Baukörpers ermittelt wird (siehe ATV DIN 18330 Ziffer 5.3 Übermessungsregel).

Für unregelmäßige Baugrubenformen ist die Ermittlung des Gesamtvolumens der Baugrube durch die Berechnung von Teilvolumen zu vereinfachen.

Soweit in Bauzeichnungen außer den Maßen für Baukörper auch die entsprechenden Arbeitsräume und Böschungswinkel dargestellt sind, kann die Mengenermittlung auch mit elektronischen Berechnungsprogrammen erfolgen.

Werden einzelne Aushubmengen nach Gewicht abgerechnet, sind die entsprechenden Mengen durch Wiegen oder bei Schiffsladungen durch Schiffseiche festzustellen. Für die Abrechnung sollten entsprechende Bestätigungen geeichter Messeinrichtungen (amtliche Wiegescheine) als Nachweisdokumente zur Verfügung stehen.

Nach VOB DIN 18300 Ziffer 4.1.4 sind für das Fördern von Boden und Fels Weglängen bis einschließlich 50 m als Nebenleistung in der Vergütung in der Grundposition enthalten. Auch bei freier Wahl des Förderwegs durch den Unternehmer ist bei der Ermittlung der Längen von Förderwegen stets von der kürzesten zumutbaren Entfernung zwischen den Schwerpunkten der Auftrags- und der Abtragskörper auszugehen.

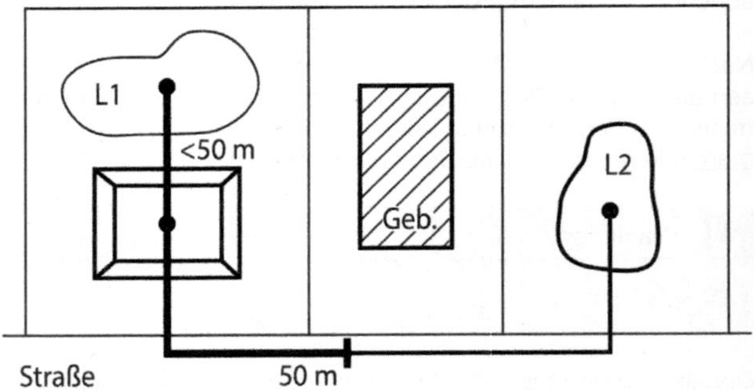

***Bild 2:** Förderweg*

Förderweglänge bis einschließlich 50 m als Nebenleistung in Grundposition enthalten, Förderweglänge über 50 m nach getrennter Abrechnung enthalten.

Die Länge des Förderwegs ist die Summe einzelner, kürzester, zumutbarer Wegstrecken zwischen den Schwerpunkten der Abtrags- und Auftragskörper.

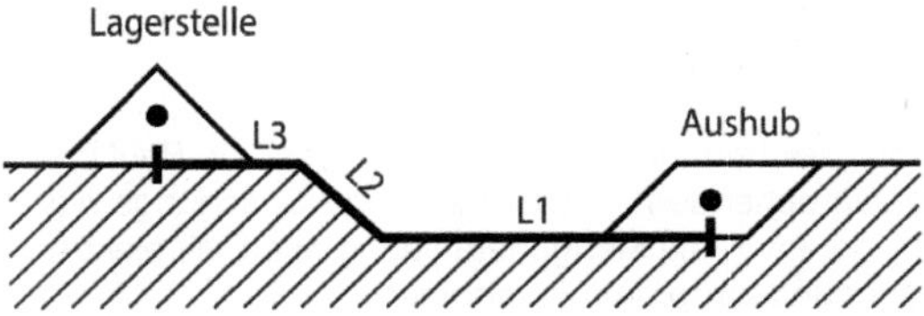

***Bild 3:** Förderweg*

Baugruben

Soweit in Bauzeichnungen oder Leistungsverzeichnissen keine abweichenden Festlegungen getroffen wurden, ergeben sich die Maße der Baugrubensohle aus den Außenmaßen des Baukörpers unter Berücksichtigung der Mindestbreiten von betretbaren Arbeitsräumen gem. DIN 4124 „Baugruben und Gräben" und den erforderlichen Maßen für Schalungs- und Verbaukonstruktionen.

Die Mindestbreite des Arbeitsraumes in geböschten Baugruben beträgt 50 cm, in verbauten Baugruben 60 cm. Als Maßbezug gelten in allen Fällen die Außenkanten

- von der Außenkante des Bauwerks bis zur unteren Böschungskante (Böschungsfuß),
- von der Außenkante einer Schalungskonstruktion für Wände bis zur unteren Böschungskante oder bis zu senkrechten Erdwänden, jedoch nur dann, wenn keine Behinderung durch Gurte vorliegt,
- zwischen der Außenkante eines Bauwerks einschließlich, aller herzustellenden Abdichtungs- und Schutzschichten und den Außenkanten der Bauteile des Verbaus der Baugrube (z. B. Holzbalken, Stahlträger, Ankerköpfe von Rückverankerungen).

Für die Ermittlung der Baugrubenabmessungen an der Sohle sind die vorgenannten waagerechten Mindestabstände für die Arbeitsräume den äußeren Bauwerksmaßen bzw. den äußeren Fundamentkanten hinzuzurechnen.

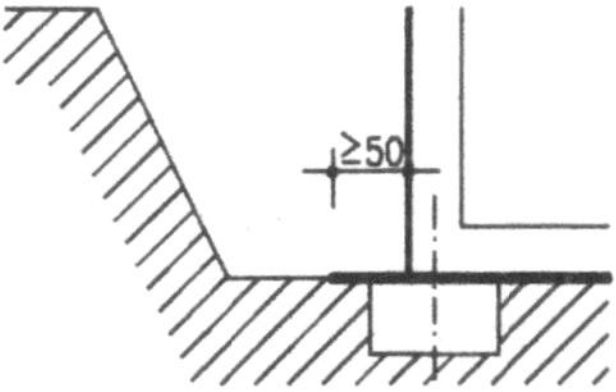

***Bild 4:** Baugrube ohne Schalungen*

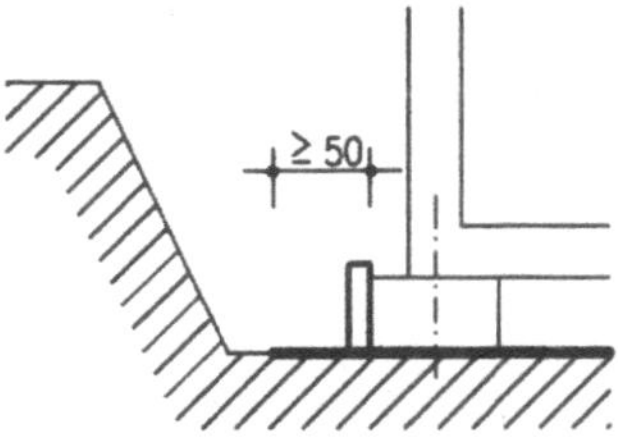

***Bild 5:** Baugrube mit von außen geschaltem Fundament*

Abweichend zu dieser Regelung besteht für Fundamente und Bodenplatten, die von innen her eingeschalt bzw. von oben ausgeschalt werden und bei denen eine Verfüllung des Arbeitsraums von oben möglich ist, keine Forderung zur Schaffung eines Arbeitsraums. Ein Arbeitsraum ist nur dann erforderlich, wenn das Ausschalen nur von der Seite möglich ist. In diesem Fall beträgt die erforderliche Arbeitsraumbreite 50 cm (Fundamentaußenkante bis untere Böschungskante). Für das Verfüllen und Verdichten des Bodens zwischen Fundament und Böschungskante genügt eine Arbeitsraumbreite von 30 cm. In der Praxis werden diese Mindestabmessungen oftmals durch den Einbau von Dränageleitungen und Sickerschichten überschritten. Für die Bestimmung der Abmessungen der Baugrubensohle sind diese Abmessungen zusätzlich zu berücksichtigen.

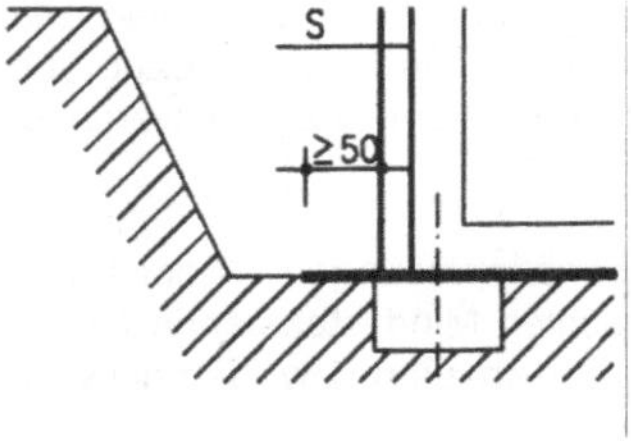

***Bild 6:** Baugrube mit Wandschalung (S)*

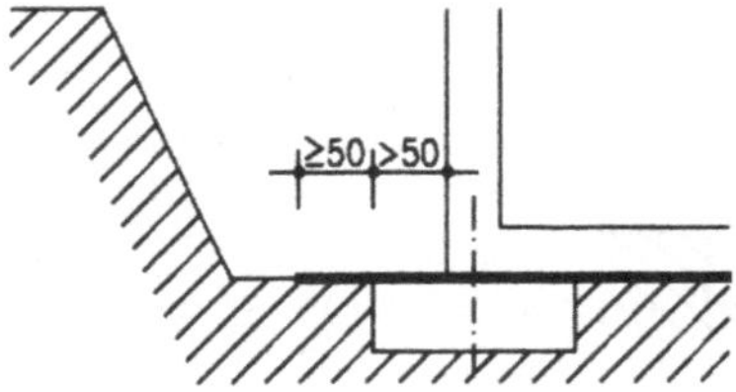

***Bild 7:** Baugrube mit Fundamentüberstand > 50 cm*

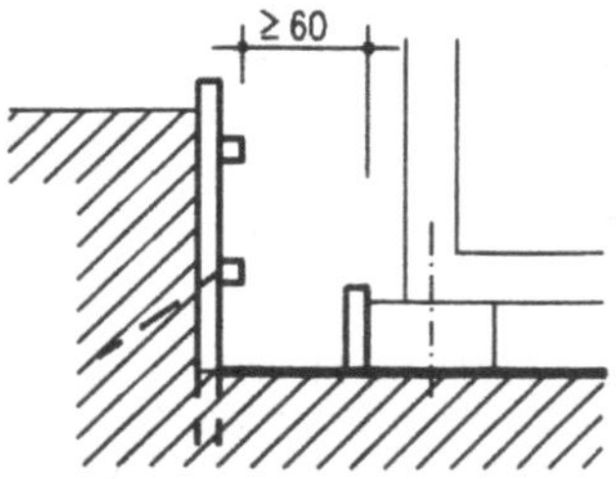

Bild 8: *Baugrube mit Fundamentschalungen und Verbau*

Für die Bestimmung der Arbeitsraumbreite ist die Außenkante der Verbaueinrichtung zur Luftseite maßgebend. Hierbei handelt es sich um die Außenkanten von horizontalen Trägern oder Ankerköpfen von Rückverankerungen ins Erdreich.

Werden runde Baukörper innerhalb von rechteckigen Baugruben errichtet, so ist ein lichter Abstand von mindestens 0,50 m an der engsten Stelle der Baugrubensohle ausreichend und wird bei der Ermittlung der Abmessung der Baugrubensohle berücksichtigt. Bei Einbauten in verbaute Baugruben sind die Dicken der Verbaukonstruktion dem Baugrubenaushub hinzuzurechnen. Die Regelung gilt sinngemäß auch für den Einbau eckiger Baukörper in runde Baugruben mit und ohne Verbau.

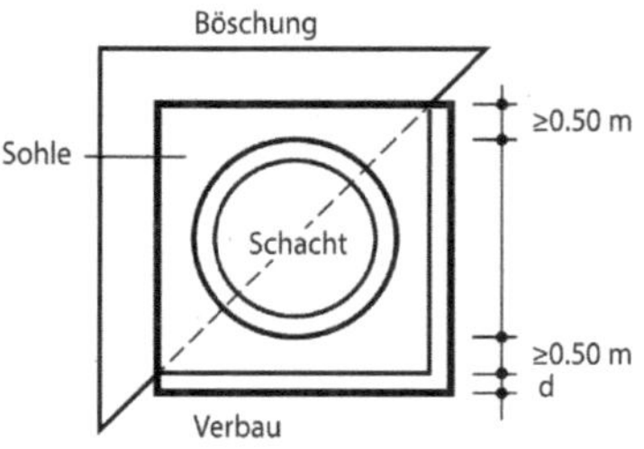

Bild 9: *Einbauten in Baugruben, mit Böschung bzw. mit Verbau*

Gräben

Im Zusammenhang mit den Mindestbreiten von Grabensohlen wird unterschieden nach

- geböschten Gräben,
- unverbauten Gräben,
- verbauten Gräben,
- Gräben für Leitungen und Kanäle, die nicht betreten werden,
- Gräben für Leitungen und Kanäle, die betreten werden, aber nicht als Arbeitsraum genutzt werden (z. B. Kabelgräben),
- Gräben für Leitungen und Kanäle, die betreten und in denen ein Arbeitsraum benötigt wird (z. B. Verlegegräben für Entwässerungsleitungen oder Gasversorgung im Anschluss- und Verbindungsbereich).

Im Allgemeinen sind die Breiten von Grabensohlen von Gräben für Abwasserleitungen und -kanäle mit den Mindestbreiten nach DIN EN 1610 herzustellen. Für andere Leitungsgräben gelten die Anforderungen aus der DIN 4124 sowie für Druckrohrleitungen nach der ATV DIN 18307.

Die Abmessungen von Schalungs- und Verbaukonstruktionen sind ggf. zusätzlich zu der Mindestgrabenbreite aufzunehmen (→ Tabellen im Anhang).

Unverbaute Gräben

Bei unverbauten Gräben mit senkrechten Wänden oder abgeböschten Kanten ist in mindestens steifen, bindigen Böden eine Gesamttiefe **bis 1,75 m** ab Geländeoberkante zulässig. Die Grabenbreite (b) entspricht dem lichten Abstand der Erdwände, gemessen in Höhe der Rohrschaftunterkante.

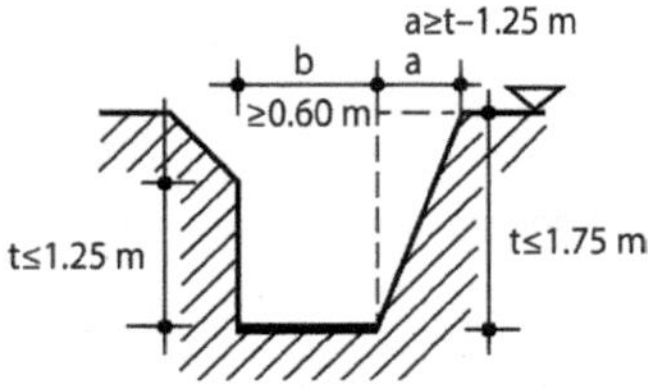

Bild 10: *Grabenaushub bis 1,75 m Tiefe*

Die Ermittlung der Mindestgrabenbreite ist der DIN 4124 aus der entsprechenden Tabelle für Gräben ohne Arbeitsraum zu entnehmen (Achtung: gilt nicht für Abwasserleitungen).

Unverbaute, **über 1,75 m tiefe Gräben** sind ab Sohlenfußpunkt abzuböschen, an der Geländeoberfläche ist beidseitig ein unbelasteter Schutzstreifen von 60 cm herzustellen. Der auszuführende Böschungswinkel ß ist nach der anstehenden Bodenart zu bestimmen.

Die Grabenbreite (b) richtet sich nach den Abmessungen der einzubauenden Kanäle und Leitungen bzw. den erforderlichen Arbeiten im Arbeitsraum. Die Grabenbreite bei geböschten Gräben wird an der Unterkante des Rohrschaftdurchmessers oder an der Unterkannte einer ggf. eingebauten Bettungsschicht (Bettungstypen für Abwasserleitungen nach DIN EN 1610) ermittelt.

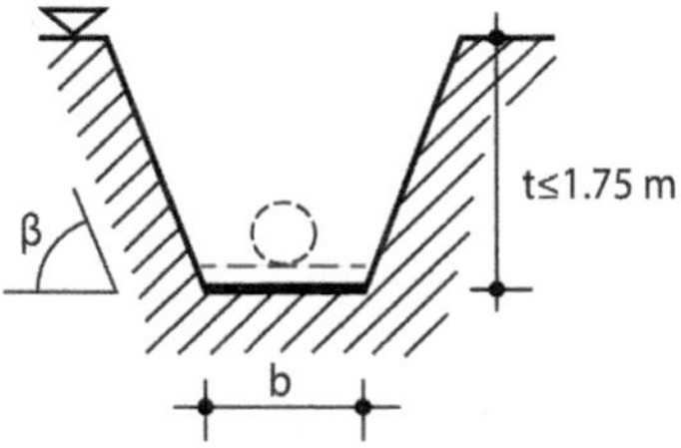

Bild 11: *Grabenaushub bis 1,75 m Tiefe*

Mindestgrabenbreite für Grabentiefe ≥ 1,00 m bis ≤ 1,75 m = 0,80 m nach Tabelle 2 der DIN EN 1610. In Abhängigkeit vom Rohrdurchmesser (50 cm) ergibt sich eine Mindestgrabenbreite von 0,50 m + 0,40 m = 0,90 m, für einen Böschungswinkel ≤ 60°.

Bei getrennter Ermittlung nach Grabentiefe und Leitungsquerschnitt bzw. Grabentyp ist immer der größte errechnete Wert als Mindestgrabenbreite anzusetzen.

Gräben mit mehreren Leitungen

Liegen in Leitungsgräben mehr als eine Abwasserleitung, so sind nach DIN EN 1610 für den Zwischenraum von Leitungen mit einem Querschnitt bis einschließlich 700 mm 0,35 m, für Leitungen größer 700 mm Querschnitt 0,5 m zusätzlich zu der Mindestgrabenbreite zu berücksichtigen.

Gräben mit mehreren sonstigen Leitungen und Kanälen sind in Abhängigkeit von der Erfordernis eines Arbeitsraums zum Verlegen oder Prüfen von Leitungen nach DIN 4124, Ziffer 9.2.8 und Tabelle 6, zu dimensionieren.

Mindestgrabenbreite b für Gräben mit			
zwei Leitungen			**mehr als zwei Leitungen**
Leitung A (a)	Leitung B (b)	betretbarer Zwischenraum (c)	(d)
2 * 0,5 * b	2 * 0,5 * OD	0,5 * b abhängig vom größeren Leitungsdurchmesser	OD * Anzahl der Leitungen, ggf. unterschiedliche OD beachten
Breite = (a) + (b) + (c)			Breite = (a) + (b) + (c) + (d)
b = Mindestgrabenbreite OD = Leitungsdurchmesser			

Teilweise gesicherte Gräben nach DIN 4124, Tabelle 7

Für teilweise gesicherte Gräben mit senkrechten Wänden bis 1,75 m Tiefe und einem Maß von maximal 1,25 m zwischen der Grabensohle und der Unterkante der Sicherung beträgt die lichte Mindestbreite 60 cm, gemessen zwischen den Erdwänden. Für Abwasserkanäle und -leitungen nach DIN 1610, Tabelle 2 beträgt die lichte Mindestgrabenbreite 0,80 m.

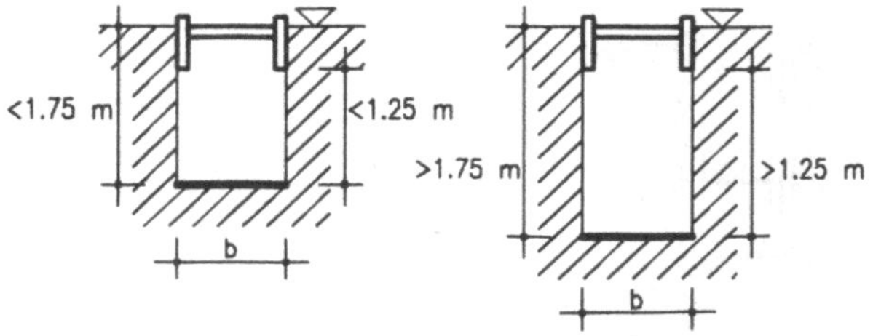

Bild 12: *Teilweise gesicherter Graben*

Für **verbaute Gräben** gelten festgelegte Mindestgrabenbreiten in Abhängigkeit von der Nennweite des Rohrdurchmessers und der Grabentiefe. Die Mindestgrabenbreiten sind zu ermitteln

- für Gräben mittels Herstellung durch Grabenverbaugeräte als lichter Abstand zwischen den Platten,
- bei waagerechtem Verbau als lichter Abstand zwischen den Holzbohlen,
- bei senkrechtem Verbau als lichter Abstand der Holzbohlen oder Kanaldielen,
- bei Spundwandverbau als lichter Abstand der baugrubenseitigen Bohlenrücken,
- bei Trägerbohlwänden als lichter Abstand der Verbohlung.

Die Angaben in den DIN-Normen betreffen die lichten Arbeitsraumbreiten zwischen den flächigen Verbauteilen aus Holzbohlen oder Kanaldielen. Für Holzbohlen oder Kanaldielen beträgt die jeweilige Mindestdicke 5 cm.

Gräben mit waagerechtem Verbau

Für die abrechnungsfähige Grabenbreite gilt das Maß der Soll-Grabenbreite nach DIN zuzüglich der jeweiligen Dicke der beidseitigen Verbaukonstruktion.

Bei waagerechtem Verbau und einem Abstand der Brusthölzer in Grabenlängsrichtung von weniger als 1,50 m gilt die Soll-Mindestgrabenbreite nach DIN für den lichten Abstand zwischen den Brusthölzern.

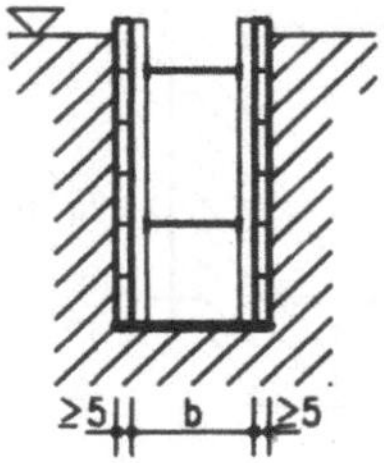

Bild 13: *Waagerecht mit Bohlen verbauter Graben*

Beispiel: Leitung nach DIN EN 1610

Durchmesser des Rohrschafts: DN 500
Grabentiefe: 1,40 m
lichte Grabenbreite nach Tiefe: 0,80 m
lichte Grabenbreite nach Nennweite: 0,50 + 0,70 m = 1,20 m
Grabenbreite für Abrechnung: 1,20 m zuzüglich Bohlendicken

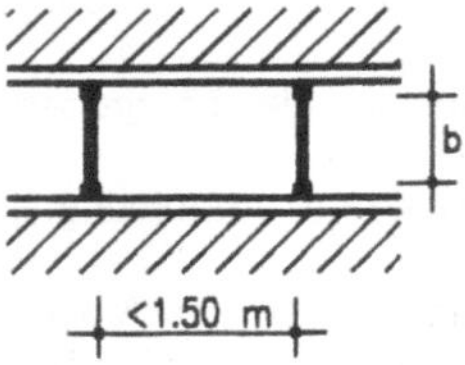

Bild 14: *Brusthölzer < 1,50 m Längsabstand*

Gräben mit senkrechtem Verbau

Für die abrechnungsfähige Grabenbreite gilt das Maß der Soll-Grabenbreite nach DIN zuzüglich der jeweiligen Dicke der beidseitigen Verbaukonstruktion.

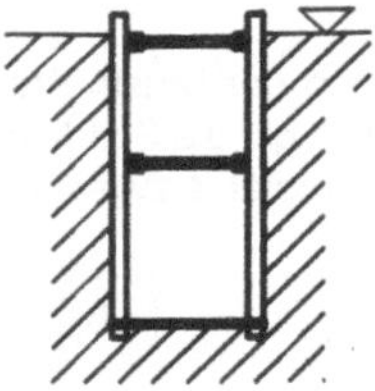

Bild 15: *Senkrechter Verbau mit Kanaldielen*

Besonderheit:
Für einen Rohrschaftdurchmesser von ≥ 30 cm und einem lichten Abstand von der Oberkante des Rohr bis zur untersten Steife von ≤ 50 cm oder für Rohrschaftdurchmesser von ≥ 60 cm und einem lichten Abstand von der Grabensohle bis zur Unterkante der untersten Steife von < 1,75 m gilt die in der Tabelle angegebene Breite für den lichten Abstand zwischen den Gurtträgern.

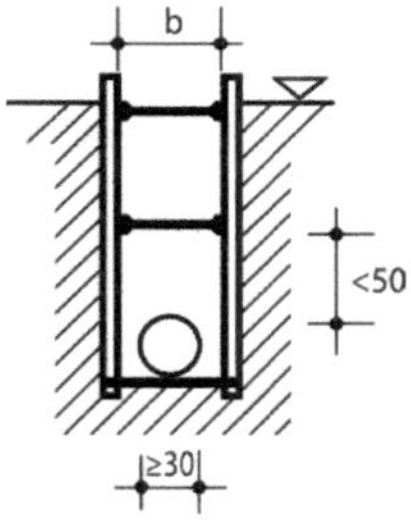

Bild 16: *Senkrechter Verbau für Rohrleitung ≥ 30 cm und lichter Abstand ≤ 50 cm zur Steife*

Stufengraben

In Stufengräben mit einem gestaffelten Verbau sind die vorgenannten Regelungen immer auf die jeweilige Staffel anzuwenden.

Böschungswinkel

Für abgeböschte Baugruben und Gräben sind in Ziffer 5.2.5 der ATV auf die Bodenklassen abgestimmte Böschungswinkel für die Ermittlung des Böschungsraums festgelegt, soweit keine anderen Vorgaben bestehen oder ein Standsicherheitsnachweis erforderlich ist:

- 45° im Allgemeinen
- 60° bei feinkörnigen Böden mit mindestens steifer Konsistenz
- 80° für Fels

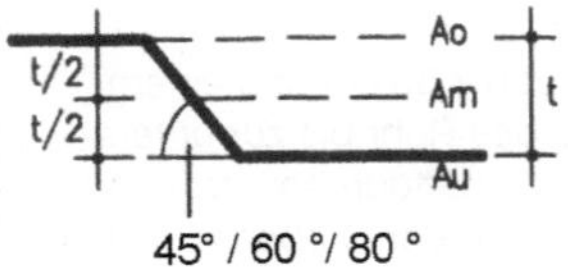

***Bild 17:** Böschungswinkel*

Bermen

Sind in Arbeitsräumen erforderliche Bermen ausgeführt, so sind diese bei der Ermittlung des Böschungsraums zu berücksichtigen.

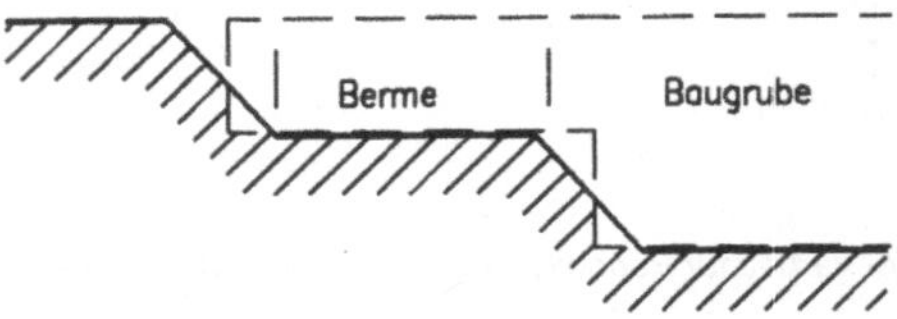

***Bild 18:** Bermen*

Wenn aufgrund von besonderen Bodenverhältnissen oder Baustellenbedingungen ein Standsicherheitsnachweis zu führen ist, dann ist der Böschungsraum nach den dort festgelegten Böschungswinkeln zu ermitteln.

Abtrag und Aushub nach ATV DIN 18300, Ziffer 5.2.2 und 5.2.6

Die Massen sind an der Entnahmestelle nach den theoretischen Abmessungen der Baugrube bzw. Breiten der Gräben nach Raummaß oder Fläche zu ermitteln. Die Maße der Baugrubensohle werden bestimmt aus den äußeren Abmessungen des Baukörpers zuzüglich der Mindestbreiten betretbarer Arbeitsräume sowie der Baubreiten von erforderlichen Schalungskonstruktionen.

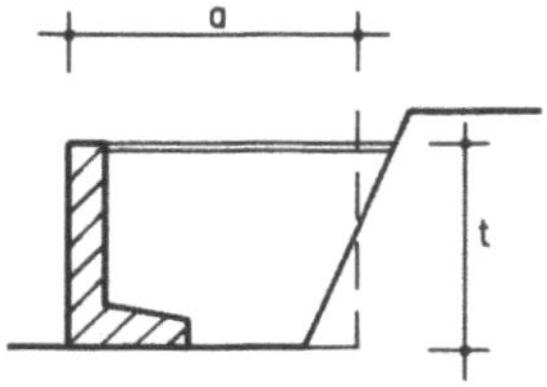

Bild 19: *Baugrube ohne Oberboden*

Erfordert die Erstellung einer Baugrube den Einbau eines Verbaus, sind dessen Maße für die Ermittlung der Erdmassen zusätzlich zu berücksichtigen. Für Verbaukonstruktionen mit Stahl-Spundwänden wird für das Außenmaß des Verbaus die Mittelachse der Spundwand in der Berechnung angesetzt.

Bei einer Geländeprofilierung oder der Herstellung von Straßenbauprofilen erfolgt die Ermittlung der Abtragsmasse auf der Grundlage von jeweils zwei geeignet gewählten Querschnittsflächen [Q] und den dort jeweils vorgegebenen Böschungswinkeln. Die Masse [V] wird ermittelt nach der Formel:

$V = \{(Q_1 + Q_1) / 2\} * L$ „Abstand der Querschnittsflächen“

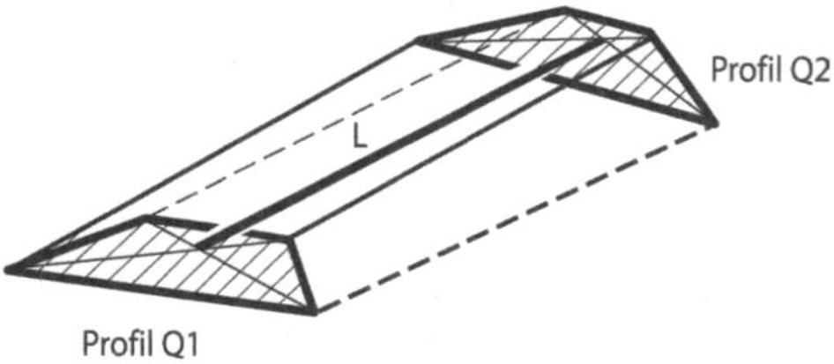

Bild 20: *Querschnittsprofil*

Können die Querschnittsprofile nicht in paralleler Lage zueinander festgelegt werden (Beispiel: Straßenbauprofile mit gekrümmtem Straßenverlauf), so gilt als Abstand die tatsächliche Länge zwischen den jeweiligen Flächenschwerpunkten. Bei Straßenprofilen entspricht dies nicht in jedem Fall auch der Fahrbahnachse.

Einbau und Verdichten nach ATV DIN 18300, Ziffer 5.2.3

Die Mengen für den Einbau von Boden sind im fertigen Zustand im Auftrag zu ermitteln. Die Raummaße von in das Volumen einbindenden Baukörpern werden bis zu einer Einzelgröße von 1 m^3 übermessen. Raummaße von Leitungen, Sickerkörpern und Steinpackungen werden übermessen, wenn deren äußerer Querschnitt maximal 1 m^3 je Einzelobjekt beträgt. Dies gilt auch für Sickerpackungen und Steinpackungen.

Bodentransport

siehe → Anhang Erdarbeiten

DIN 4124 „Baugruben und Gräben"

siehe → Anhang Erdarbeiten

DIN EN 1610 „Verlegung und Prüfung von Abwasserleitungen"

siehe → Anhang Erdarbeiten

Umrechnungstabelle Neigung (Grad/Prozent)

siehe → Anhang Erdarbeiten

Estricharbeiten

Anwendungsbereich

Die Ausführungen von Estricharbeiten sind im Allgemeinen nach den Regeln der ATV „Estricharbeiten“ DIN 18353 abzurechnen. Die ATV umfasst Leistungen im Zusammenhang mit der Herstellung von Estrichen aus Estrichmörteln (nasse Bauweise).

Die Estrichflächen können als Zement-, Calciumsulfat- oder Magnesiaestriche nach DIN 18560 „Estriche im Bauwesen“ in schwimmender Verlegung oder als Verbundkonstruktionen hergestellt sein. Kunstharzestriche und Terrazzoböden unterliegen ebenfalls den Abrechnungsregeln dieser ATV.

Asphaltestriche im Heißeinbau werden nach der ATV DIN 18354 „Gussasphaltarbeiten“, Fertigteilestriche und Trockenunterböden nach der ATV DIN 18340 „Trockenbauarbeiten“ abgerechnet.

Die Inhalte der DIN 18299 „Allgemeine Regelungen für Bauarbeiten jeder Art“ sind stets zusätzlich zu den spezifischen Regelungen zu berücksichtigen. Bei Widersprüchen gelten die gewerkebezogenen Regelungen der DIN 18353 vorrangig.

Checkliste Abrechnungseinheiten nach ATV DIN 18353

In Leistungsverzeichnissen gelten gem. Ziffer 0.5 der ATV die folgenden Abrechnungseinheiten für die Ausführung von Estricharbeiten und alle damit in direkter Verbindung stehenden Nebenleistungen und Besonderen Leistungen.

	Estricharbeiten
□	**Flächenmaß (m²)** getrennt nach Bauart und Maßen für
	Vorbehandlungen des Untergrunds
	Haftbrücken
	Ausgleichsschichten, Auffüllungen des Untergrunds
	Sperr-, Trenn-, Schutz- und Gleitschichten, Folien
	Dämmstoffschichten
	Estrich, Terrazzoböden, Nutz- und Schutzschichten
	Stahl- und Faserbewehrung
	Oberflächenbehandlungen, Oberflächenbearbeitungen, Oberflächenschutz
↙↗	**Längenmaß (m)** getrennt nach Bauart und Maßen für
	Randdämmstreifen, Abschneiden des Überstands von Randdämmstreifen
	Leisten, Schienen, Profile
	Sockel, Kanten, Kehlen
	Ausbilden und Schließen von Fugen
	Anpassen an Durchdringungen über 0,1 m² Einzelgröße
卌	**Anzahl (Stück)** getrennt nach Bauart und Maßen für
	Estriche auf Stufen und Schwellen
	Schienen, Profile, Rahmen
	Intarsien, Einlegearbeiten
	Schließen von Aussparungen
	Anpassen an Aussparungen bis einschließlich 0,1 m² Einzelgröße

Abrechnungsgrundregeln nach ATV DIN 18353, Ziffer 5 „Abrechnung“

Die Ermittlung der abzurechnenden Leistung kann grundsätzlich nach Zeichnung oder auch nach den Ergebnissen eines örtlichen Aufmaßes erfolgen. Die Abrechnung nach Zeichnung (Nennmaße) setzt die Vorlage einer detaillierten und bemaßten Ausführungszeichnung und deren Übereinstimmung mit der Bauleistung voraus.

Estriche, Dämmungen, Oberflächenbehandlungen

Für die Ermittlung der Flächen von

- Estrichen,
- Nutz- und Schutzschichten aus Kunstharz,
- Terrazzoböden,
- Trennschichten,
- Dämmstoffschichten und
- Oberflächenbehandlungen

sind die Maße der hergestellten Flächen in die Mengenermittlung aufzunehmen. Fugen in diesen Flächen werden übermessen.

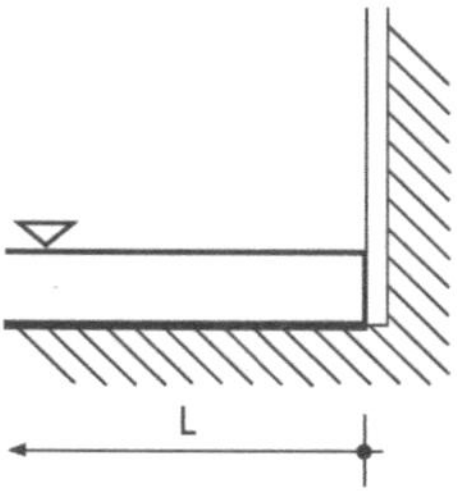

Bild 1: *Estrich an angrenzendes Bauteil*

Werden Estriche auf Flächen mit begrenzenden Bauteilen ausgeführt, gelten die Maße bis zu den unverputzten Bauteilen. Vorsatzschalen sind in diesem Sinn als begrenzendes Bauteil einzustufen, sofern keine Unterschneidung der Vorsatzschale besteht.

Es sind die größten Maße der Berechnung zugrunde zu legen.

Ausgleichsschichten

Schichten zum Ausgleich von Höhenunterschieden, Zwischenräumen, auf Decken verlegten Rohrleitungen und größeren als nach der DIN 18202 zulässigen Ebenheitsabweichungen in der Rohkonstruktion sind nach DIN 18560 auszuführen.

Neben der Ausführung von gebundenen Trockenschüttungen haben sich in der Praxis dazu auch Schichten aus fließfähigem Leichtausgleichsmörtel bewährt. Bei einer Abrechnung von fließfähigen Leichtmörtelschichten kann alternativ zur Abrechnung nach Flächenmaß, welches eine differenzierte Leistungsbeschreibung bezüglich der Höhendifferenzen erfordert, auch nach den Mengen des gelieferten bzw. gepumpten Materials abgerechnet werden.

Anschlag-, Stoß- und Trennschienen

Der Einbau von Anschlag-, Stoß- und Trennschienen, Mattenrahmen u. Ä. ist nach Längenmaß mit der größten Bauteillänge oder nach Anzahl abzurechnen.

Für das Herstellen von Kanten an Aussparungen und für das nachträgliche Herstellen von Anschlüssen an angrenzende Bauteile, soweit dies vom Auftragnehmer nicht zu vertreten ist, sind ebenfalls die entsprechenden Längenmaße zu berücksichtigen. Bei der Ermittlung des Längenmaßes ist die größte Bauteillänge festzustellen.

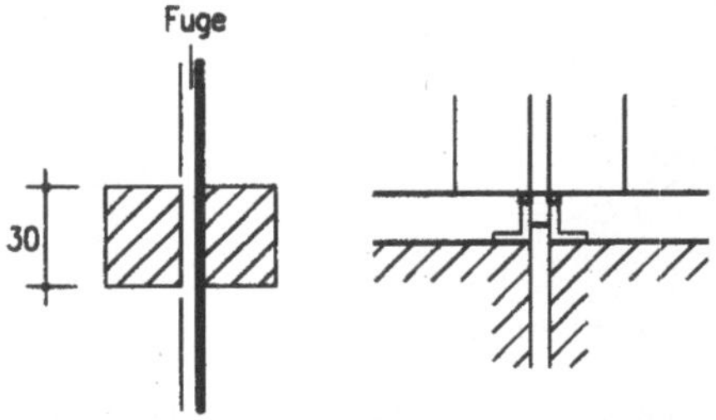

Bild 2: *Estrichtrennprofil über Bauwerksfuge*

Fugen

Das Ausbilden, Verfüllen, Schließen und Abdecken von Fugen mit Fugenmassen oder Fugenprofilen stellt eine Besondere Leistung dar. Die Abrechnung erfolgt entsprechend der Mengenermittlung nach Längenmaß mit der größten Abwicklungslänge oder der Summe aus Einzellängen.

Aussparungen

Für das Anarbeiten und Anpassen an Aussparungen mit einer Grundfläche von mehr als 0,1 m² sind die Maße der Abwicklung nach den größten Bauteillängen zu ermitteln.

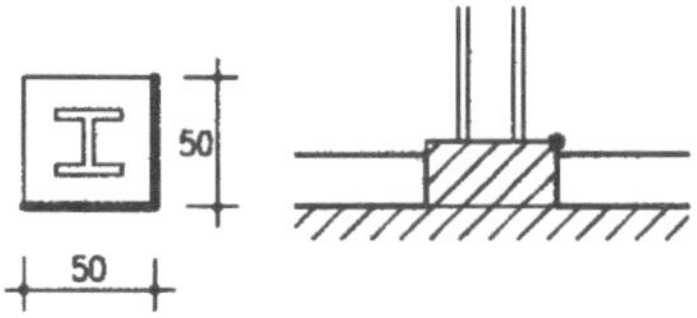

Bild 3: *Stahlstütze mit Einzelfundament*
*0,50 m * 0,50 m = 0,25 m²*
*→ Abwicklungslänge: 4 * 0,50 m = 2,00 m*

Die Fläche des Einzelfundaments ist in der Flächenermittlung des Estrichs in Abzug zu bringen.

Übermessungsregeln nach ATV DIN 18353, Ziffer 5.3

Bei der Ermittlung der abrechnungsfähigen Mengen sind die nachstehend aufgeführten Bauteile bzw. Konstruktionsmerkmale besonders zu beachten. Abhängig von der für die Leistung zutreffenden Abrechnungseinheit und Einzelgröße der „Unterbrechung" sind die Maße und Mengen der genannten Bauteile der jeweiligen Einzelleistung zu übermessen.

	Übermessen werden:
Flächenmaß	Aussparungen bis einschließlich 0,1 m^2 Einzelgröße
	Fugen
	Unterbrechungen mit einer Breite bis 30 cm (z. B. Kabel- oder Lüftungskanäle)
Längenmaß	Unterbrechungen bis einschließlich 1,0 m Einzellänge
	Fugen

A B D E F G K L M N P S T V W Z

Fliesen- und Plattenarbeiten

Anwendungsbereich

Die Ausführungen von Fliesen- und Plattenarbeiten sind im Allgemeinen nach den Regeln der ATV „Fliesen- und Plattenarbeiten" DIN 18352 abzurechnen. Die ATV umfasst Leistungen im Zusammenhang mit der Verlegung und dem Ansetzen von Fliesen, Platten und Mosaik. Dies betrifft auch Fliesen und Mosaik aus Natursteinen, Natursteinriemchen sowie Solnhofer Platten.

Das Verlegen und Ansetzen von Platten aus Naturwerkstein oder Betonwerkstein unterliegt den Regelungen der ATV DIN 18332 „Naturwerksteinarbeiten" bzw. DIN 18333 „Betonwerksteinarbeiten".

Die Inhalte der DIN 18299 „Allgemeine Regelungen für Bauarbeiten jeder Art" sind stets zusätzlich zu den spezifischen Regelungen zu berücksichtigen. Bei Widersprüchen gelten die gewerkebezogenen Regelungen der DIN 18352 vorrangig.

Checkliste Abrechnungseinheiten nach ATV DIN 18352

In Leistungsverzeichnissen gelten gem. Ziffer 0.5 der ATV die folgenden Abrechnungseinheiten für die Ausführung von Fliesen- und Plattenarbeiten und alle damit in direkter Verbindung stehenden Nebenleistungen und Besonderen Leistungen.

	Fliesen- und Plattenarbeiten
	Flächenmaß (m^2) getrennt nach Bauart und Maßen
	Vorbehandlung des Untergrunds
	Ausgleichsschichten
	Trennschichten
	Abdichtungen
	Dämmstoffschichten
	Unterböden
	Decken-, Wand- und Bodenbeläge
	Oberflächenbehandlungen der Beläge
	Bewehrungen, Trag- und Unterkonstruktionen
	Verlegung im Gefälle
	Längenmaß (m) getrennt nach Bauart und Maßen
	Stufen und Schwellen
	Sockel und Kehlen
	Leibungen
	Gehrungen an Fliesen- und Plattenkanten
	Schrägschnitte
	Profile und Leisten aus Formstücken, Bordüren
	Rinnen und Roste
	Schienen
	Beckenköpfe und Ablaufrinnen
	Dichtbänder
	Abschneiden von Randdämmstreifen
	Anschließen der Abdichtung an Rinnen
	Ausbilden und Schließen von Bewegungsfugen

	Fliesen- und Plattenarbeiten
	**Anzahl (Stück)** getrennt nach Bauart und Maßen
	Stufen und Schwellen
	freie Stufenköpfe, Unteransichten
	Zwickel bei abgestuften Begrenzungen der Beläge, z. B. über Treppen
	Bekleidungen besonderer Bauteile, z. B. Fundamentsockel, Säulen, Pfeiler
	Verkleidung von Wannen und Duschtassen mit Hartschaumelementen
	Anpassen der Beläge, z. B. an Waschtische, Spülbecken, Wannen, Duschtassen, Duschrinnen und Bodenabläufe
	Wannenuntertritte, schräge Wannenschützen
	Anpassen der Beläge an Aussparungen im Belag wie Öffnungen, Fundamentsockel, Rohrdurchführungen und dergleichen von > 0,1 m^2 Einzelgröße
	Einbauen von Einbauteilen und Schienen
	Formteile, Zierplatten
	Einsetzen von Schaltern, Steckdosen, Sinkkastenaufsätzen und dergleichen
	Herstellen von Aussparungen in Wand- und Bodenbelägen für Installationen und Einbauteile
	elastische Fugenfüllung an Installationsdurchgängen, Bodenentwässerungen und dergleichen
	Dichtecken, Dichtmanschetten
	Rohrdurchführungen
	Innen- und Außenecken von Abdichtungen
	Erstellen von Rohrkästen
	Türzargen
	Gehrungen

A B D E F G K L M N P S T V W Z

Abrechnungsgrundregeln nach ATV DIN 18352, Ziffer 5 „Abrechnung“

Die Ermittlung der abzurechnenden Leistung kann grundsätzlich nach Zeichnung oder auch nach den Ergebnissen eines örtlichen Aufmaßes erfolgen. Die Abrechnung nach Zeichnung setzt die Vorlage einer detaillierten und bemaßten Ausführungszeichnung und deren Übereinstimmung mit der Bauausführung voraus. Für die verschiedenen Bauteile und Konstruktionen sind in der ATV die zu berücksichtigenden Flächen-, Längen- und Raumbegrenzungen für die Ermittlung der Einzelmaße festgelegt.

Abrechnung nach Flächenmaß

Die Leistungen für Fliesen- und Plattenarbeiten sind im Einzelnen für Innenwandbekleidungen, Deckenbekleidungen, Bodenbeläge, Ausgleichsschichten, Trennschichten, Dämmschichten, Unterböden, Oberflächenbehandlungen, Bewehrungen, Trag- und Unterkonstruktionen nach Flächenmaß zu ermitteln.

Für die Flächen mit **begrenzenden Bauteilen** sind die Maße der zu belegenden oder zu bekleidenden Fläche zu berücksichtigen. Als Begrenzung sind dabei die Kanten des ungeputzten, ungedämmten oder unbekleideten begrenzenden Bauteils zugrunde zu legen.

Hinweis: Bei der Ermittlung der Bezugskanten ist die Verlegemethode (Verlegung im Dick- oder Dünnbettmörtel) mit den entsprechenden Schichtdicken zu beachten. An freien Bauteilenden, z. B. bei Wandscheiben oder Stützen, führt dies je nach Verlegemethode zu unterschiedlichen Bauteillängen.

Die Bodenflächen im Bereich von Türen oder raumhohen Durchgängen werden zur Bodenfläche des angrenzenden Raumes gerechnet, sofern dort keine andere Verlegart ausgeführt wurde.

Schließen Bodenbeläge an Kehlsockel, Kehlleisten oder ausgerundeten Ecken als Sockel an, ist für das Flächenmaß das Maß bis zum unbekleideten senkrechten Wandbauteil anzusetzen. Die gilt auch für Flächen, die ohne Formstücke an Wänden direkt anschließen.

Alle Flächenberechnungen sind auf der Grundlage der Anwendung einfacher geometrischer Formen, z. B. Dreieck, Rechteck, Trapez, Raute oder Kreis, vorzunehmen. Ist dies nicht möglich, ist für die betreffende Fläche das kleinste umschriebene Rechteck als Flächenmaß zugrunde zu legen.

Flächen von Aussparungen die verschiedenartige, getrennt zu berechnenden Boden- und Wandbelägen einbinden, sind mit den jeweiligen Einzelflächen zu ermitteln und im Anschluss nach der Abzugs- und Übermessungsregel zu beurteilen.

Flächen mit begrenzenden Bauteilen

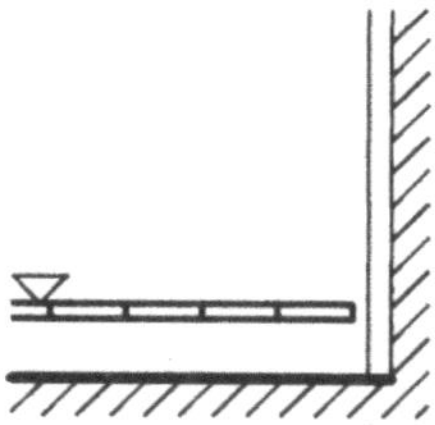

Bild 1: *Bodenfliesen, Wandanschluss*

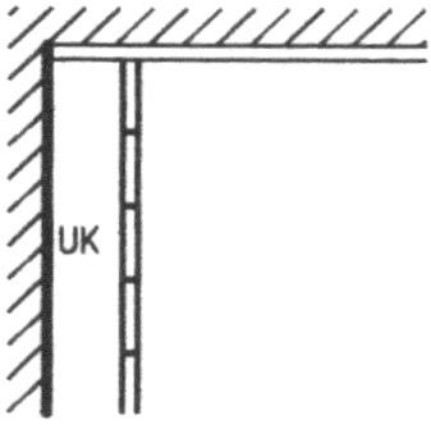

Bild 2: *Wandfliesen, auf Unterkonstruktion (UK), Anschluss an geputzte Deckenfläche*

Die bekleideten Flächen von Nischen sind mit ihren Maßen gesondert zu berechnen.

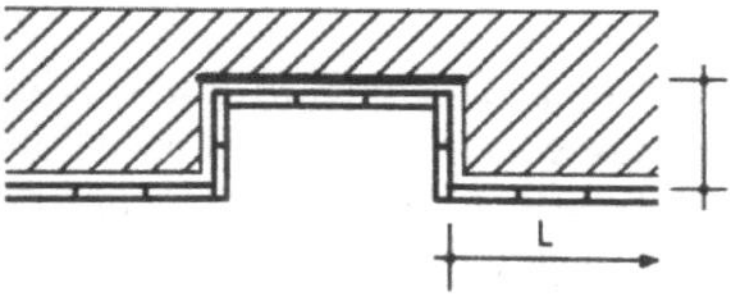

Bild 3: *Nische mit verputzter Leibung und Rückfläche*

Für Flächen **ohne begrenzende Bauteile** sind für die Abrechnung die Maße bis zu den Kanten der zu belegenden bzw. zu bekleidenden Flächen zu ermitteln.

Flächen ohne begrenzende Bauteile

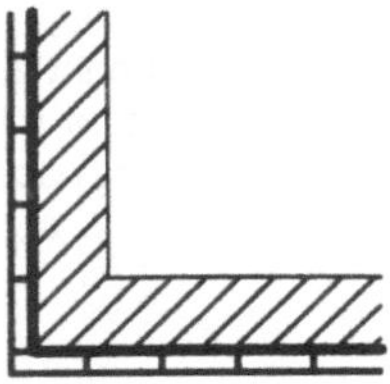

Bild 4: *Außenecke, Fliesenverlegung im Dickbett oder Dünnbett auf Putz*

Bild 5: *Außenecke, Fliesenverlegung im Dickbett oder Dünnbett auf Unterkonstruktion (z. B. Wandvorsatzschale)*

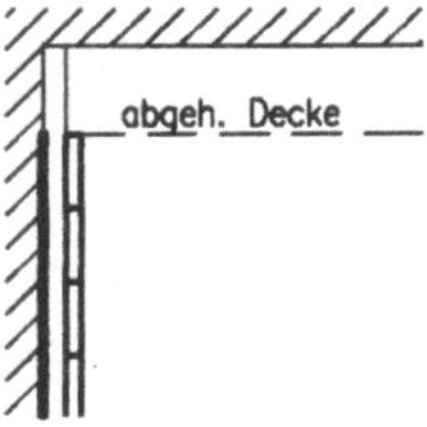

Bild 6: *Belagende in der Fläche, z. B. Fliesenbelag bis an abgehängte Decke*

Schließen Wandbeläge an **Stehsockel, Kehlsockel,** Kehlleisten oder ausgerundeten Ecken als Sockel an, so wird die Fläche der Wandbekleidung ab der Oberseite des Sockels oder ab der Oberfläche des Bodenbelags bemessen.

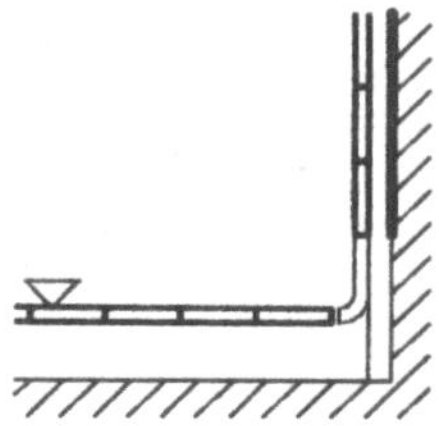

Bild 7: *Wandbekleidung an Sockel*

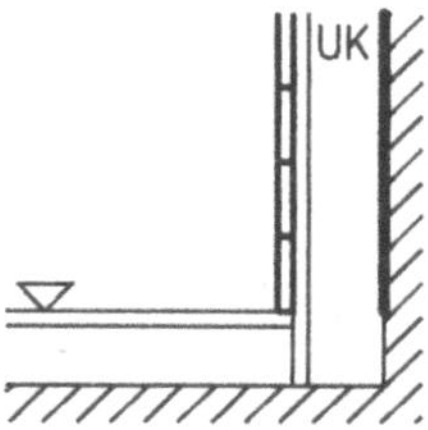

Bild 8: *Wandbekleidung an Bodenbelag, unabhängig von der Art bzw. dem Material des Bodenbelags*

In Fliesenflächen eingearbeitete Zierplatten, Formstücke, Schienen u. Ä., werden bei der Flächenermittlung übermessen und nach ATV Ziffer 0.5.2 gesondert nach Anzahl oder Längenmaß abgerechnet.

Stützen/Wandvorlagen

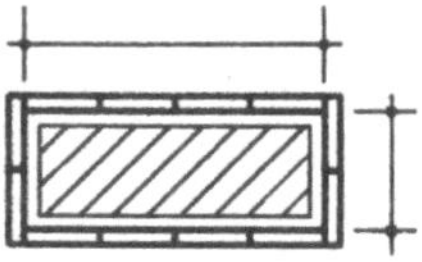

Bild 9: *Verlegung auf verputzter Stütze, abgerechnet wird die belegte Fläche*

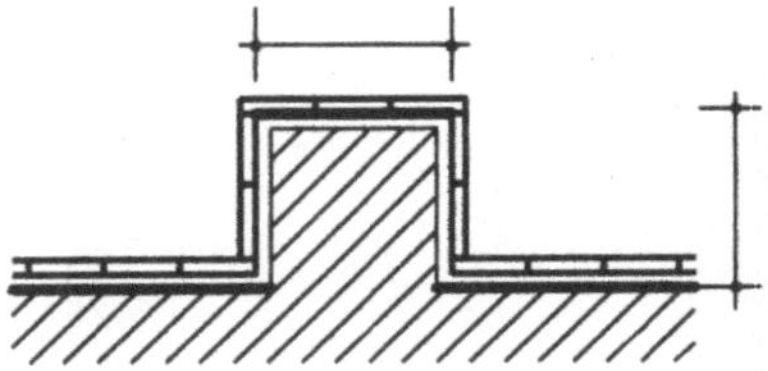

Bild 10: *Verlegung auf verputzter Wandvorlage*

Frontseite mit freien Enden: Es wird die belegte Fläche abgerechnet.

Seitenfläche (einseitig begrenztes Bauteil): Es wird nach den Maßen der Rohbaukante bzw. der Kante der Putzfläche abgerechnet.

Teilbekleidungen aus Schichten

Bestehen Wandbekleidungen aus Fliesen und Platten nicht in der gesamten Raumhöhe und aus einzelnen Schichten, von denen eine Schicht nicht die volle, jedoch mehr als die halbe Schichthöhe hat, wird diese Schicht mit der vollen Höhe für die Abrechnung berücksichtigt.

Sind in der Leistungsbeschreibung oder in Bauzeichnungen für den Vertrag für Bekleidungen Höhemaße benannt, gelten diese Maße zur Flächenberechnung.

Fassadenbekleidungen

☐ Der Mengenermittlung bei Fassadenflächen sind die Maße an den Außenflächen der fertiggestellten oder herzustellenden Bekleidung zugrunde zu legen.

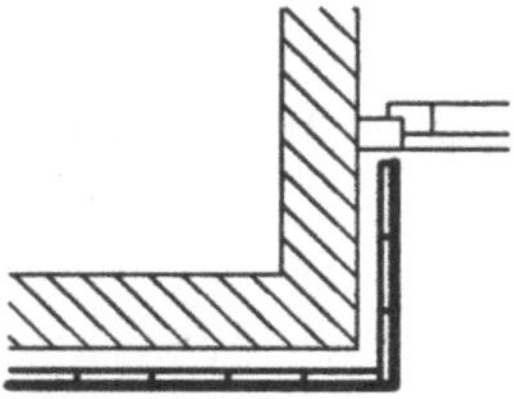

Bild 11: *Fassadenfläche mit Rücksprung*

Fliesentrennwände, Zellwandsteine

Die Flächen von Wandbelägen, mit Einbindung von Fliesentrennwänden oder Zellwandsteinen, werden unabhängig von der „Unterbrechung" durch Formstücke o. Ä. über die gesamte Wandbekleidungsfläche ermittelt. Die Flächenermittlung für die Trennwandfläche erfolgt bis zur Oberfläche der Wandbekleidung.

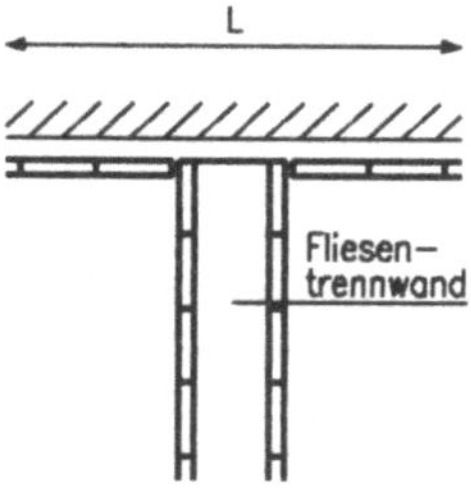

***Bild 12:** Anschluss einer vorgefertigten Trennwand*

An Kreuzungen von Fliesentrennwänden wird nur eine Wandfläche durchgemessen, die andere Wandflächenbegrenzung ist auf der Bekleidungsoberfläche der durchbindenden Trennwand anzusetzen.

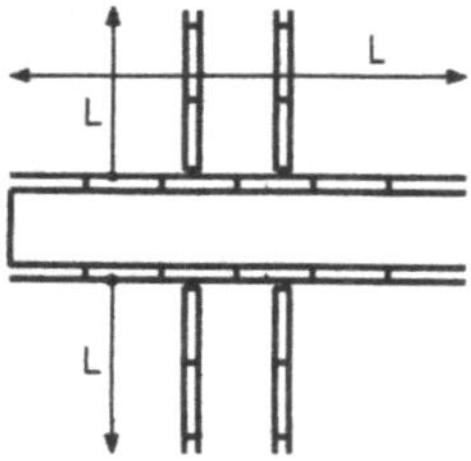

***Bild 13:** Kreuzung von Fliesentrennwänden mit Leichtbetonkern*

Längenmaß

Für Leistungen, die nach Längenmaß abzurechnen sind, ist die jeweils größte Bauteillänge zu ermitteln.

Bei der Abrechnung nach Längenmaß für Leibungen sind diese mit ihren Maßen gesondert zu rechnen.

Für Sockel, Kehlen, Gehrungen an Fliesen- und Plattenkanten, Schrägschnitten, Profilen, Leisten, usw. sind die größten Belag- bzw. Bauteilabmessungen bei einer Abrechnung nach Längenmaß zugrunde zu legen.

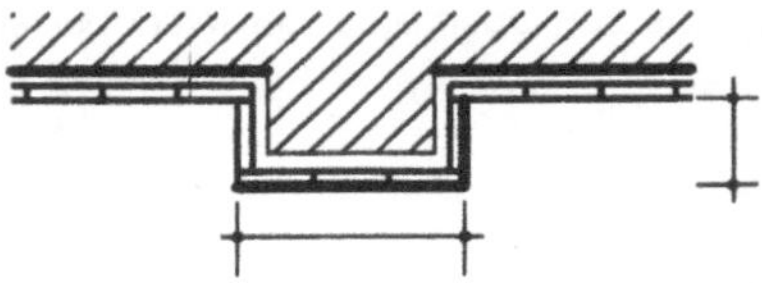

***Bild 14:** Flacher Stehsockel an Wandvorlage*

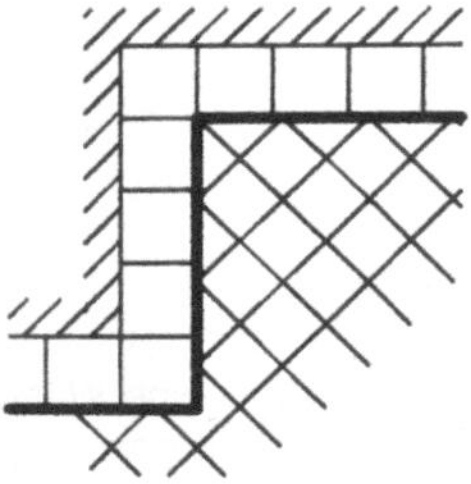

***Bild 15:** Schrägschnitte bei Diagonalverlegung an Randfries*

Einbauteile, Formstücke u. Ä.

In die Wandbekleidung oder den Belag eingearbeitete Zierplatten und Formteile, Profilleisten u. Ä. werden bei der Ermittlung der Fläche für die Abrechnung übermessen. Die Einbauteile sind nach Ziffer 0.5.3 als Einzelleistungen nach Anzahl oder Längenmaß auszuschreiben und abzurechnen.

Bei der Abrechnung nach Längenmaß sind die jeweils größten Maße des entsprechenden Bauteils zu berücksichtigen.

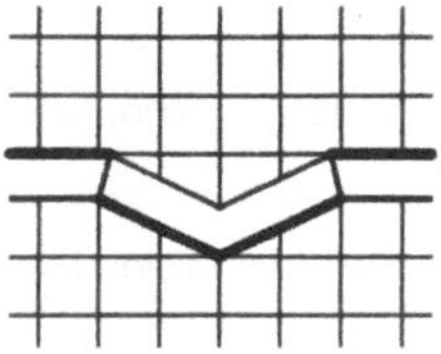

***Bild 16:** Formfliese in Wandbelag*

Übermessungsregeln nach ATV DIN 18352, Ziffer 5.3

Bei der Ermittlung der abrechnungsfähigen Mengen sind die nachstehend aufgeführten Bauteile bzw. Konstruktionsmerkmale besonders zu beachten. Abhängig von der für die Leistung zutreffenden Abrechnungseinheit und Einzelgröße der „Unterbrechung" sind die Maße und Mengen der genannten Bauteile der jeweiligen Einzelleistung unberücksichtigt zu lassen bzw. von der Gesamtmenge abzuziehen.

	Übermessen werden:
Flächenmaß	Aussparungen z. B. für Öffnungen bis einschließlich 0,1 m^2 Einzelgröße
	In den Belag eingesetzte bzw. verlegte Bordüren, Profilleisten, Zierplatten und Formteile
Längenmaß	Unterbrechungen bis einschließlich 1,0 m Einzellänge

Gerüstarbeiten

Anwendungsbereich

Die Ausführungen von Gerüstarbeiten sind im Allgemeinen nach den Regeln der ATV „Gerüstarbeiten" DIN 18451 abzurechnen. Die ATV umfasst Leistungen im Zusammenhang mit dem Auf-, Um- und Abbauen von Gerüsten, die als Baubehelf für die Ausführung von Bauarbeiten jeder Art benötigt werden. Die ATV regelt auch die Bestimmungen zur Gebrauchsüberlassung der Gerüste. Zu den Gerüstarbeiten werden i. S. d. ATV die Leistungen für Fassadengerüste, Hängegerüste, Schutzgerüste einschließlich Fanggerüsten, Dachfanggerüste und Schutzdächer und Arbeitsbühnen sowie Traggerüste gezählt.

Die Inhalte der DIN 18299 „Allgemeine Regelungen für Bauarbeiten jeder Art" sind stets zusätzlich zu den spezifischen Regelungen zu berücksichtigen. Bei Widersprüchen gelten die gewerkebezogenen Regelungen der DIN 18451 vorrangig.

Checkliste Abrechnungseinheiten nach ATV DIN 18451

In Leistungsverzeichnissen gelten gem. Ziffer 0.5 der ATV die folgenden Abrechnungseinheiten für die Ausführung von Gerüstarbeiten und alle damit in direkter Verbindung stehenden Nebenleistungen und Besonderen Leistungen.

	Gerüstarbeiten
	**Raummaß (m^3)** getrennt nach Bauart, Verwendungszweck und Belastungen
	Standgerüste mit flächenorientierten Gerüstlagen (Raumgerüste)
	Traggerüste

A B D E F G K L M N P S T V W Z

	Gerüstarbeiten
	Flächenmaß (m^2) getrennt nach Bauart, Verwendungszweck
	Standgerüste mit längenorientierten Gerüstlagen (Fassadengerüste), getrennt nach Last- und Breitenklassen
	Einrüstung von besonders geformten Bauwerken und Bauteilen
	Hängegerüste, Hänge- und Kletterbühnen
	Auflagegerüste für Wetterschutzdächer
	Traggerüste
	Gerüstbekleidungen
	Längenmaß (m) getrennt nach Bauart und Verwendungszweck
	Schutzgerüste (z. B. Fangerüste, Dachfanggerüste), Schutzdächer, Fußgängertunnel
	Hängegerüste
	Traggerüste
	Laufstege
	Gerüsttreppen und Treppentürme (Höhenmaß)
	Überbrückungen
	Innengeländer, Seitenschutz
	Gerüstverbreiterungen
	Leistungen zur Lastumleitung (horizontale, vertikale oder diagonale Abstützungen)
	Anzahl (Stück) getrennt nach Bauart und Verwendungszweck
	Standgerüste mit längenorientierten Gerüstlagen (Fassadengerüste), getrennt nach Last- und Breitenklassen

	Gerüstarbeiten
	Standgerüste mit flächenorientierten Gerüstlagen (Raumgerüste), getrennt nach Belastungen
	Schutzgerüste
	fahrbare Gerüste
	Hängegerüste, Hänge- und Kletterbühnen
	Auflagergerüste für Wetterschutzdächer, Wetterschutzdächer
	Gerüsttreppen, Treppentürme, Leitergänge
	Traggerüste, Stütztürme
	Überbrückungen
	Gerüstsonderkonstruktionen, z. B. für turmartige Bauwerke, in Aufzugsschächten, für Abdeckungen, Umwehrungen, Einrüstung von besonders geformten Bauwerken und Bauteilen
	Dauergerüstanker
	Gerüstverbreiterungen ohne Belag, z. B. Konsolen
	besondere Verankerungselemente, Sondergerüstanker
	Leistungen zur Lastumleitung
	**Zeit (m^2Wo, m^3Wo, mWo, StWo)**
	Über die Grundstandzeit hinausgehende Gebrauchsüberlassungen sind mit einer Zeiteinheit zu versehen, z. B. m^2 Wo

Abrechnungsgrundregeln nach ATV DIN 18451, Ziffer 5 „Abrechnung“

Die Ermittlung der abzurechnenden Leistung kann gem. DIN 18299 grundsätzlich nach Zeichnung oder auch nach den Ergebnissen eines örtlichen Aufmaßes erfolgen. Die Abrechnung nach Zeichnung setzt die Vorlage einer detaillierten und bemaßten Ausführungszeichnung voraus.

Die Ermittlung der Leistungen für Gerüste kann außer nach Aufmaß oder Zeichnung auch einem digitalen Modell festgestellt werden. Maßgebend sind die technisch erforderlichen Maße (Längen und Höhen) an den Außenseiten der Gerüstkonstruktion.

In diesem Sinn gelten auch die Lägen und Höhen, die durch technische Baubestimmungen, technische Regeln und Vorschriften und aus Vorgaben aus bautechnischen Nachweisen für Statik, Brand- und Schallschutz herzustellen sind.

Die Arbeiten für Auf-, Um- und Abbau sowie die Gebrauchsüberlassung werden stets getrennt berechnet.

Es ist außerdem nach der Gerüstart und dem vereinbarten Verwendungszweck abzurechnen.

Für Gerüstergänzungen sind gesonderte Abrechnungen zu führen.

Die Höhe des Gerüsts wird von dessen Standfläche aus gemessen. Die Standfläche wird durch die Ebene definiert, die zur Abtragung der Lasten des Gerüsts in den Baugrund, in das Bauwerk oder in andere Baukonstruktionen genutzt wird.

Öffnungen in eingerüsteten Flächen, z. B. Fenster und Türen, Durchfahrten sowie überbrückte Bauteile, Anbauten etc., werden bei der Bestimmung des Flächenmaßes übermessen.

In den Abrechnungen ist zwischen Volleinrüstungen und Teileinrüstungen zu unterscheiden. Für Teileinrüstungen gelten besondere Bestimmungen zu Grundabmessungen, Mindestgerüstflächen und einem Aufbau in Abschnitten.

Für Gerüste, die in ihrer Höhenentwicklung in einzelnen Abschnitten auf- bzw. abgebaut werden, ist bei der Flächenermittlung zu der Höhe von Standfläche bis zur obersten Gerüstbelagfläche je Abschnitt eine Höhe von 2,0 m zuzuschlagen. Die oberste Höhenbegrenzung wird auch dann durch die höchste Stelle der eingerüsteten Fläche bestimmt.

Fassadengerüste

Für die Abrechnung von längenorientierten Standgerüsten (Fassadengerüste) nach Flächenmaß gelten für die Bestimmung von Länge und Höhe die folgenden Ansätze:

Die Längenermittlung in an der größten horizontalen Abwicklung an der Gerüstaußenseite, mindestens mit dem Maß 2,5 m, vorzunehmen. Das Längenmaß ergibt sich aus der Breitenklasse des Gerüsts und/oder auch aus dem horizontalen Abstand des Gerüsts zum Bauwerk.

Die Höhe wird von der Standfläche bis zur obersten Belagsfläche, zuzüglich 2 m, gemessen.

Abschnittsweiser Auf- und Abbau von Gerüsten

Die Berechnung der Gerüsthöhe erfolgt je Abschnitt von der Standfläche bis zur obersten Belagsebene, zuzüglich 2 m und abzüglich des Höhenmaßes des zuvor berechneten Abschnitts.

Gerüste, die in Längsrichtung abschnittsweise auf- und abgebaut werden, sind nach den allgemeinen Grundregeln für Längen- und Höhenmaß, je Abschnitt, zu berechnen.

Einfeldrige Gerüste

Einfeldrige Gerüste oder Gerüste für kleine Flächen, die nach Flächenmaß abgerechnet werden, sind mit einer Mindestbreite von 2,50 m anzusetzen. Die maßgebliche Höhe ist mit dem Maß von der Standfläche bis zur obersten Belagsfläche, zuzüglich 2 m, zu berücksichtigen.

Gerüstverbreiterungen/Gerüstergänzungen

Die Länge von Gerüstverbreiterungen durch Konsolen für Gesimse, auskragende Bauteile o. Ä. wird nach ATV Ziffer 5.2.7.12 an den Außenkanten der freien Belagsfläche der Gerüstverbreiterung in der größten Abwicklung ermittelt.

Gerüstverbreiterungen sind im Leistungsverzeichnis als eigenständige Leistungen mit Angabe des Maßes der Verbreiterung vorzusehen. Gerüstverbreiterungen werden nach Längenmaß zusätzlich zum Standgerüst abgerechnet.

A B D E F G K L M N P S T V W Z

Die Verbreiterungen von Gerüsten durch Gerüstfelder, z. B. für Dachüberstände, Nischen, Balkone, können nach Längen- oder Flächenmaß abgerechnet werden. Erfolgt die Abrechnung nach Längenmaß, ist die technisch erforderliche Länge des Gerüstfelds maßgebend.

Bei einer Abrechnung nach Flächenmaß ist die Länge das Maß der technisch erforderlichen Länge und die Höhe das Maß von der Standfläche bis zur obersten Belagsfläche zuzüglich 2 m.

Schutzgerüste/Schutzeinrichtungen

Schutzgerüste nach DIN 4420 dienen im Allgemeinen als Absturzsicherung bei Arbeiten auf Dächern. Für andere Personen dienen sie als Schutzdach gegen herabfallende Gegenstände oder Geräte.

Für die Ermittlung der Flächen von Schutzgerüsten als Standgerüste gelten die vorgenannten Regelungen für Arbeitsgerüste.

Fanggerüste, Dachfanggerüste

Fanggerüste, zusätzlicher Seitenschutz, Fußgängertunnel und dgl., sind nach ihrem Längenmaß abzurechnen. Das Längenmaß wird bestimmt durch die technisch erforderliche Länge der Einrichtung.

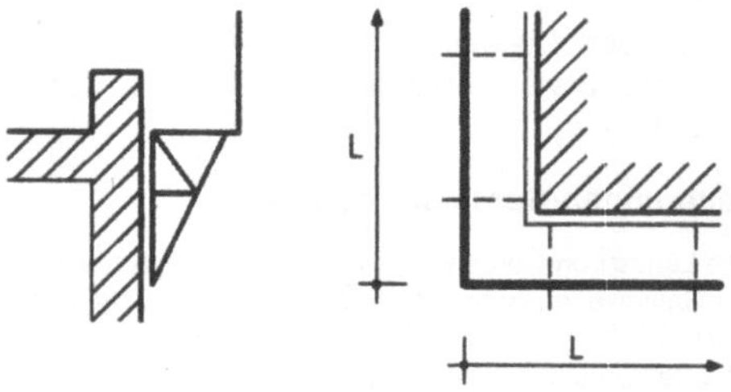

Bild 1: *Konsolgerüst als Fanggerüst*

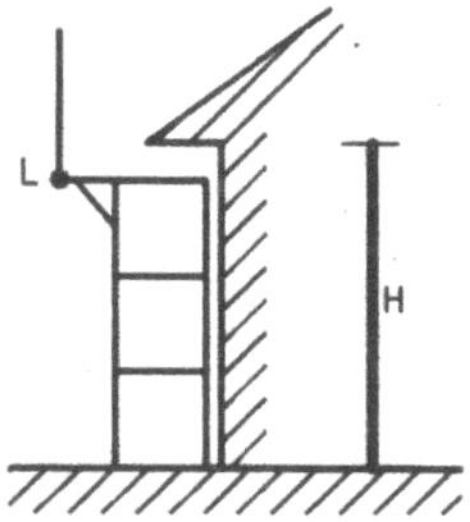

***Bild 2:** Schutzgerüst mit Auslegerkonsole und Dachfanggerüst*

Bauteile für Lastumleitungen

Die Längenmaße der Lastumleitungen durch Gitterträger, horizontale, vertikale oder diagonale Abstützungen werden bestimmt nach der Länge der Abstände der Lasteinleitungspunkte.

Raumgerüste

Raumgerüste als **Arbeits- oder Schutzgerüste,** z. B. für die Bearbeitung von Deckenflächen in Innenräumen oder Unterseiten von auskragenden Bauwerksinnenteilen, sind nach den Maßen für die größte Länge und Breite in der größten horizontalen Abwicklung der Längen abzurechnen.

Für die Gerüsthöhe ist die Höhe von der Standfläche bis zur obersten Gerüstlage zuzüglich 2 m anzusetzen.

Für Teileinrüstungen mit freien Belagskanten ist die Bestimmung der Grundfläche des Raumgerüsts nach den Längen- und Breitenmaßen des erforderlichen Belags für die auszuführenden Arbeiten oder nach den systembedingten Maßen vorzunehmen.

Traggerüste

Die Längen- und Breitenmaße werden in der größten horizontalen Abwicklung an den Gerüstaußenseiten ermittelt. Schalungsflächen gelten allgemein als Belagsflächen.

Bei frei stehenden oder nicht durch Bauteile begrenzten Raumgerüsten ist die Belagskante für die Ermittlung des Rauminhalts maßgebend. Die Lage der Belagskante muss für die Ausführung der Arbeiten notwendig oder durch das Gerüstsystem bedingt sein.

Die Ermittlung der Höhe von Raumgerüsten ist von der Standfläche bis zur Oberseite der Trägerlage des Gerüsts vorzunehmen und für die Volumenbestimmung anzusetzen.

Werden durch Raumgerüste Schalungsflächen für Decken o. Ä. hergestellt, gelten diese Schalungsflächen als entsprechende Belagskante zur Volumenbestimmung des Raumgerüsts.

Traggerüste für Brücken

Traggerüste für die Errichtung von Brücken, z. B. als Schalungsgerüst oder zur Unterstützung während der Montage von Fertigteilen, werden in der Längsrichtung zwischen den Brückenwiderlagern bemessen. Für evtl. Stützen oder Pfeiler sind keine Abzüge vorzunehmen.

Für die Ermittlung der Gerüstbreite wird der Abstand der Außenkanten des Brückenkörpers/ Überbaus in der Berechnung angesetzt. Die Gerüsthöhe wird zwischen der Standfläche und der Oberkante der Trägerlage bemessen.

Hängegerüste

Für das Flächenmaß längenorientierter Gerüstlagen gilt:

Die Höhe des Hängegerüsts wird – für eine Abrechnung längenorientierter Gerüstlagen nach Flächenmaß – bestimmt durch das Maß von der Oberseite der untersten Belagsfläche bis zu den oberen Lasteinleitungspunkten, mindestens bis zur obersten Belagsfläche zuzüglich 2 m. Die Gerüstlängen werden an den Außenseiten des Gerüsts ermittelt.

Für das Flächenmaß flächenorientierter Gerüstlagen gilt:

Das Flächenmaß des Belags wird bestimmt durch die technisch erforderlichen Breiten und Längen oder aufgrund der Bauweise des Gerüstsystems.

Hänge- und Kletterbühnen

Die Flächenmaße von Hänge- und Kletterbühnen sind für die Längenermittlung mit dem Baumaß der technisch erforderlichen Länge, mindestens mit 2,5 m Länge, zu berücksichtigen. Das Höhenmaß wird von der Oberseite der untersten Bühnenlage bis zur obersten Lage, zuzüglich 2 m, berechnet.

Gerüsttreppen und Treppentürme

Das Höhenmaß eines Treppenturms oder einer Gerüsttreppe wird bestimmt von der Standfläche als unterer Bezugsebene bis zum obersten Austritt zuzüglich 2 m.

Besonders geformte Bauwerke/Bauteile

Für besonders geformte Bauteile, wie Pfeiler, Kirchturmspitzen u. Ä., zu deren Bearbeitung oder auszuführenden Arbeiten Gerüste benötigt werden, sind diese nach Flächenmaß abzurechnen. Zur Bestimmung des Flächenmaßes gilt für die Länge das Maß der größten horizontalen Abwicklung des eingerüsteten Bauteils, für die Höhe das Maß von der Standfläche bis zur höchsten Stelle der eingerüsteten Fläche, zuzüglich 2 m über der obersten Belagsfläche.

Überbrückungen und Auskragungen

In Gerüste eingebaute Überbrückungen und Auskragungen werden nach Längenmaß abgerechnet.

Für die Abrechnung ist die technisch erforderliche Länge zwischen den äußeren Lasteinleitungspunkten maßgeblich.

Wetterschutzdächer, Auflagergerüste

Die Flächen von Wetterschutzdächern und die dazu erforderlichen Auflagergerüste werden getrennt abgerechnet. Auflagergerüste werden ebenfalls mit den Flächenanteilen der jeweiligen Ansichtsflächen berücksichtigt. Die jeweilige Längenermittlung erfolgt nach den Maßen an den Gerüstaußenseiten. Die Höhe der Gerüste wird von der Oberseite der Standfläche bis zur Oberseite der Auflager für das Wetterschutzdach gemessen.

Für die Ermittlung der Fläche des Wetterschutzdachs sind die Maße der Dachfläche zu berücksichtigen.

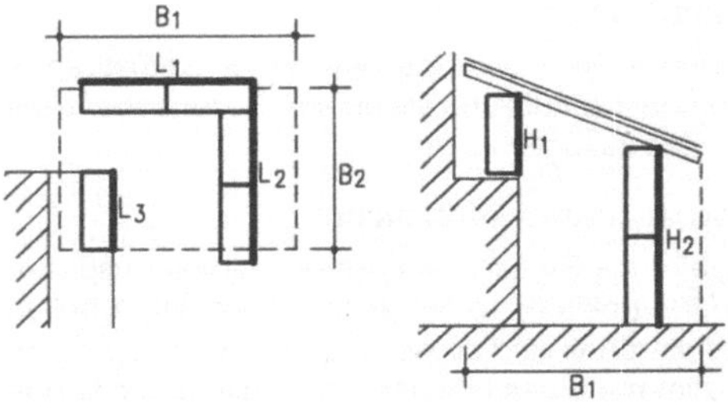

Bild 3: *Wetterschutzdach (Grundriss und Schnitt)*

Gerüstbekleidungen

Werden zur Begrenzung oder Vermeidung von Schmutzemissionen oder zur Herstellung eines Wetterschutzes Gerüstbekleidungen angebracht, ist die Fläche der tatsächlich ausgeführten Gerüstbekleidung als Abrechnungsgröße anzunehmen.

Gebrauchsüberlassung

Der Beginn und die voraussichtliche Dauer einer Gebrauchsüberlassung von Gerüsten sind im Allgemeinen in Leistungsverzeichnissen zu beschreiben.

Der Beginn einer Gebrauchsüberlassung ist vertraglich zu vereinbaren.

Erfolgt eine frühere, teilweise oder vollständige Nutzung des Gerüsts als vertraglich vereinbart, wird ab dem ersten Tag der tatsächlichen Nutzung abgerechnet, auch bei einer abschnittsweisen Gebrauchsüberlassung. Nach ATV Ziffer 5.4.3.3 erfolgt die Abrechnung der Einsatzzeit von Gerüsten (ausgenommen Traggerüste) nach der Anzahl der angefangenen Wochen. Für andere Zeiteinheiten, z. B. Monate, erfolgt die Abrechnung pro Quadratmeter je Monat der Gebrauchsüberlassung.

Der Auftraggeber ist verpflichtet, dem Auftragnehmer das Ende der Nutzungsdauer durch Freigabe zum Abbau anzuzeigen. Die Nutzungsdauer endet mit dem angezeigten Freigabetermin, frühestens jedoch drei Werktage (Samstag = Werktag) nach dem Eingang der Freigabe beim Auftragnehmer.

A
B
D
E
F
G
K
L
M
N
P
S
T
V
W
Z

Bei Traggerüsten ist die Vorhaltezeit (= Bereitstellung zum geplanten Termin, Montage- und Demontagezeit und Nutzungszeit durch den AG) nach Kalendertagen abzurechnen.

Übermessungsregeln:

	Übermessen werden:
Aussparungen	In Gerüsten hergestellte Aussparungen werden übermessen, unabhängig von ihren Maßen und überbrückten Bauteilen, jedoch nur dann, wenn die Lastableitung nicht in das Bauwerk oder in Bauwerksteile erfolgt.
Zwischenräume	In Gerüsten hergestellte Zwischenräume werden übermessen, wenn die Einzellänge maximal 2,5 m beträgt und die wandseitige Belagskante nicht unterbrochen wird.

DIN 4420 „Arbeits- und Schutzgerüste“

siehe → Anhang Gerüstarbeiten

A B D E F G K L M N P S T V W Z

Gussasphaltarbeiten

Anwendungsbereich

Die Ausführungen von Gussasphaltarbeiten sind im Allgemeinen nach den Regeln der ATV „Gussasphaltarbeiten“ DIN 18354 abzurechnen. Die ATV umfasst Leistungen für das Herstellen von:

- Estrichen aus Gussasphalt nach DIN 18560 „Estriche im Bauwesen“
- Estrichschichten aus Gussasphalt nach DIN EN 14879-3, Teil 3
- Dichtflächen aus Gussasphalt in Anlagen zum Umgang mit wassergefährdenden Stoffen

Ausgenommen von den Regelungen sind Deckschichten aus Gussasphalt im Straßenbau und auf Brücken.

Für sonstige Maßnahmen zur Herstellung von Abdichtungen sind die Regelungen nach DIN 18336 anzuwenden.

Checkliste Abrechnungseinheiten nach ATV DIN 18354

In Leistungsverzeichnissen gelten gem. Ziffer 0.5 der ATV die folgenden Abrechnungseinheiten für die vorgenannten verschiedenen Einsatz- und Verwendungszwecke von Gussasphaltarbeiten und die damit verbundenen Nebenleistungen und Besonderen Leistungen.

	Gussasphaltarbeiten
	Flächenmaß (m^2) getrennt nach Bauart und Maßen für
	Vorbehandlung und Auffüllung des Untergrunds
	Haftbrücken
	Gussasphaltestriche und Gussasphaltbeläge
	Oberflächenbehandlungen
	Längenmaß (m) getrennt nach Bauart und Maßen für
	Abdichtungen über Bewegungsfugen
	Aussparungen für Fugen
	Fugenfüllungen
	Aufkantungen
	Fugen-, Anpress- und Abschlussprofile
	Anschlag-, Stoß- und Trennschienen
	Anarbeiten, Anpassen oder Anschließen an Aussparungen ab einschließlich 0,1 m^2 Einzelgröße
	Anzahl (Stück) getrennt nach Bauart und Maßen für
	Stufenbeläge
	Einbauteile, z. B. Mattenrahmen
	Herstellen und Schließen von Aussparungen
	Eckausbildungen bei Fugen- und Anschlussprofilen
	Anschlüsse von Dichtungsschichten an angrenzende Bauteile
	Anarbeiten, Anpassen oder Anschließen an Aussparungen bis einschließlich 0,1 m^2 Einzelgröße
	Masse (kg, t) getrennt nach Bauart und Maßen für
	Auffüllen des Untergrunds

Abrechnungsgrundregeln nach ATV DIN 18354, Ziffer 5 „Abrechnung“

Die Ermittlung der abzurechnenden Leistung kann grundsätzlich nach Zeichnung oder auch nach den Ergebnissen eines örtlichen Aufmaßes erfolgen.

Für die Abrechnung sind stets die Maße der hergestellten Estriche und Beläge sowie der behandelten Flächen anzusetzen. In die Fläche eingearbeitete Fugen werden dabei übermessen.

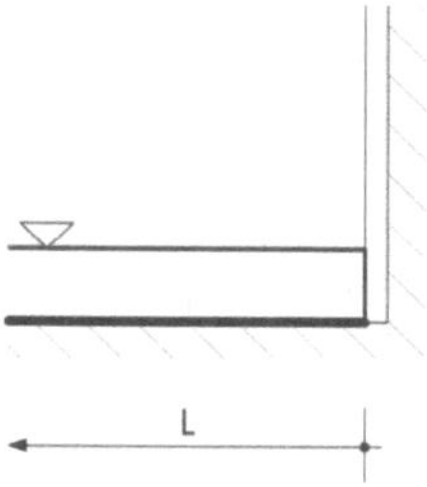

Bild 1: *Gussasphaltfläche an verputzte Wandfläche angrenzend, die Randfuge wird übermessen*

Auffüllungen

Werden Auffüllungen nach Masse (Gewicht) abgerechnet, ist die Gesamtmenge nach den Angaben zu Einzelmengen aus Wiegescheinen zu bestimmen.

Schienen und Profile

Anschlag,- Stoß- und Trennschienen sowie Fugen-, Anpress- und Abschlussprofile sind nach Längenmaß abzurechnen. Für die Längenbestimmung ist das größte, ggf. abgewickelte Bauteilmaß aufzunehmen.

Aussparungen

Die Abrechnung für Anarbeiten, Anpassen und Anschließen an Aussparungen mit einer Einzelgröße ≥ 0,1 m² erfolgt nach Längenmaß. Dabei ist die abgewickelte Länge der Aussparung das entsprechend relevante Längenmaß.

Übermessungsregeln nach ATV DIN 18354, Ziffer 5.3

Bei der Ermittlung der abrechnungsfähigen Mengen sind die nachstehend aufgeführten Bauteile bzw. Konstruktionsmerkmale besonders zu beachten. Abhängig von der für die Leistung zutreffenden Abrechnungseinheit und Einzelgröße der „Unterbrechung" sind die Maße und Mengen der genannten Bauteile der jeweiligen Einzelleistung zu übermessen.

	Übermessen werden:
Flächenmaß	Aussparungen bis einschließlich 0,1 m^2 Einzelgröße, z. B. für Öffnungen, Pfeiler, Pfeilervorlagen, Rohrdurchführungen.
	Fugen
Längenmaß	Unterbrechungen bis einschließlich 1 m Einzellänge
	Fugen

Klempnerarbeiten

Anwendungsbereich

Die Ausführungen von Klempnerarbeiten sind im Allgemeinen nach den Regeln der ATV „Klempnerarbeiten“ DIN 18339 abzurechnen. Die ATV umfasst Leistungen im Zusammenhang mit der Ausführung von Bauklempnerarbeiten und der Herstellung von Metalldächern sowie Metall-Wandbekleidungen mit am Bau zu fälzenden Metallbauteilen.

Die Inhalte der DIN 18299 „Allgemeine Regelungen für Bauarbeiten jeder Art“ sind stets zusätzlich zu den spezifischen Regelungen zu berücksichtigen. Bei Widersprüchen gelten die gewerkebezogenen Regelungen der DIN 18339 vorrangig.

Arbeiten zur Herstellung von Deckungen mit genormten Well- und Pfannenblechen (→ Dachdeckungs- und Dachabdichtungsarbeiten), Fassaden und Bekleidungen mit Metallbauteilen (→ Metallbauarbeiten), Blecharbeiten bei Dämmarbeiten (→ Dämmarbeiten an technischen Anlagen) oder für großformatige hinterlüftete Außenwandkonstruktionen (→ vorgehängte hinterlüftete Fassaden) unterliegen nicht der ATV DIN 18339.

Checkliste Abrechnungseinheiten nach ATV DIN 18339

In Leistungsverzeichnissen gelten gem. Ziffer 0.5 der ATV die folgenden Abrechnungseinheiten für die Ausführung von Klempnerarbeiten und alle damit in direkter Verbindung stehenden Nebenleistungen und Besonderen Leistungen.

	Klempnerarbeiten
	**Flächenmaß (m²)** getrennt nach Bauart und Maßen
	Dachdeckungen, Wandbekleidungen und dergleichen
	Trenn- und Dämmschichten und dergleichen
	**Längenmaß (m)** getrennt nach Bauart und Maßen
	geformte Bleche, Blechprofile, z. B. Firste, Grate, Traufen, Kehlen, An- und Abschlüsse, Einfassungen, Gefällestufen, Bewegungselemente, Abdeckungen für Gesimse, Ortgänge, Fensterbänke, Leibungen, Stürze, Überhang- streifen
	Schneefangsysteme, einschließlich Stützen
	Rinnen und Traufbleche
	Wulstverstärkungen an Rinnen
	Regenfallrohre
	Strangpressprofile
	in Streifen verlegte Trenn- und Dämmschichten
	**Anzahl (Stück)** getrennt nach Bauart und Maßen
	Ecken bei geformten Blechen und Blechprofilen
	Formstücke bei Strangpressprofilen
	Leiterhaken, Laufroste, Halterungen für Laufroste, Dachlukendeckel, Schneefanggitter, Einfassungen für Durchdringungen, z. B. Lüftungshauben, Dachentlüfter, Rohre und Stützen für Geländer

	Klempnerarbeiten
	Bewegungsausgleicher, z. B. an Dachrinnen, Traufblechen, An- und Abschlüssen, Gesims- und Mauerabdeckungen
	Rinnenwinkel, Bodenstücke, Ablaufstutzen, Rinnenkessel, Rinnenhalter, Spreizen, Gliederbogen, konische Rohre für Ablaufstutzen, Regenrohrklappen, Rohranschlüsse, Rohrbogen, -abzweige, -wulste, -kappen und -winkel, Standrohre, Rohrschellen und Abdeckplatten, Laub- und Schmutzfänger, Wasserspeier und dergleichen
	Abdeckhauben an Schornsteinen, Schächten und dergleichen

Abrechnungsgrundregeln nach ATV DIN 18339, Ziffer 5 „Abrechnung"

Die Ermittlung der abzurechnenden Leistung kann grundsätzlich nach Zeichnung oder auch nach den Ergebnissen eines örtlichen Aufmaßes erfolgen. Die Abrechnung nach Zeichnung (Nennmaße) setzt die Vorlage einer detaillierten und bemaßten Ausführungszeichnung sowie deren Übereinstimmung mit der tatsächlichen Bauleistung voraus. Die Abrechungsmengen werden nach den Maßen der hergestellten Bauteile, der Bekleidungen und Deckungen ermittelt.

Zum Leistungsbild der Klempnerarbeiten gehören:

- Arbeiten für Metalldeckungen mit am Bau zu falzenden Metalbauteilen
- Arbeiten für Anstriche, Schutz- und Trennschichten
- Ausführung von Kiesschüttungen
- Herstellung von Metall-Außenwandbekleidungen mit am Bau zu falzenden Metallbauteilen
- sonstige Bauklempnerarbeiten

Bleche oder Blechprofile

Bei der Verlegung und Montage von geformten Blechen und Blechprofilen sind die Flächenanteile mit einer Materialdoppelbelegung bei Überfälzungen und Überdeckungen nur mit dem einfachen Flächenanteil zu berücksichtigen. Die Überfälzung wird bei der Abrechnung nach Flächenmaß oder Lägenmaß immer übermessen.

***Bild 1:** Überfälzung*

Dachrinnen, Traufbleche

Die Längenermittlung für Dachrinnen und Traufbleche ist an der vom Gebäude abgewandten Seite (Außenkante) bzw. am Vorderwulst der Rinne vorzunehmen.

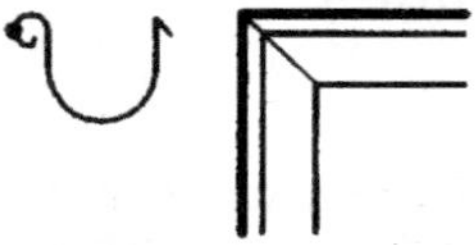

• = Ansatzpunkt für Messlänge

***Bild 2:** Messbezug zur Längenermittlung von Rinnen*

In den Rinnenverlauf eingebaute Formteile wie Rinnenstutzen, Rinnenböden, Dehnungsausgleicher, Winkel u. Ä. werden übermessen und nach Anzahl gesondert abgerechnet.

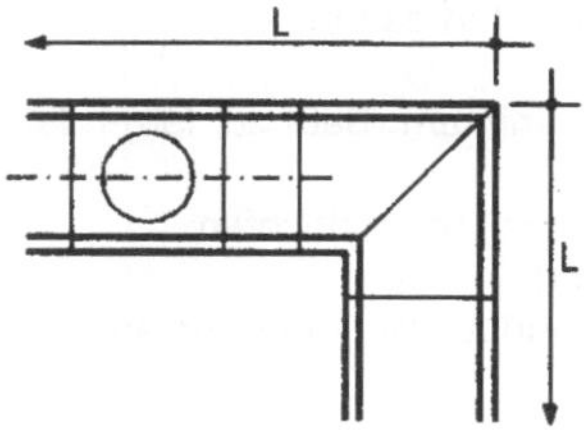

***Bild 3:** Übermessen von Einbauteilen in Rinnen*

Regenfallrohre

Die Bestimmung der Längen von Regenfallrohren erfolgt in deren Mittellinie.

In den Verlauf eingebaute Bögen, Abzweige u. Ä. werden übermessen und nach Anzahl gesondert abgerechnet. Als obere Längenbegrenzung gilt dabei die Unterkante der Regenrinne, als untere Begrenzung das Ende des Fallrohrs ggf. auch bis in die Rohrmuffe eines Standrohres.

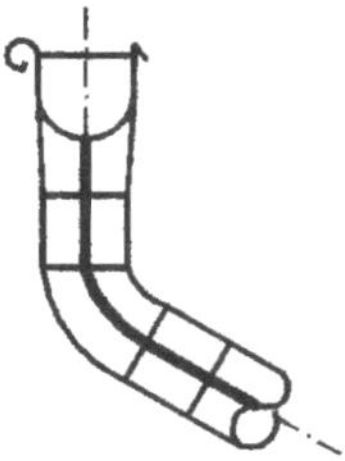

***Bild 4:** Bestimmung der Fallrohrlänge*

Dachdeckungen und Wandbekleidungen aus Metall

Für die Flächenermittlung sind die Maße der hergestellten Flächen zu berücksichtigen.

Bei Metalldeckungen auf gebogenen Bauteilen (Tonnendach u. Ä.) wird die äußere abgewickelte Länge der Abrechnung zugrunde gelegt.

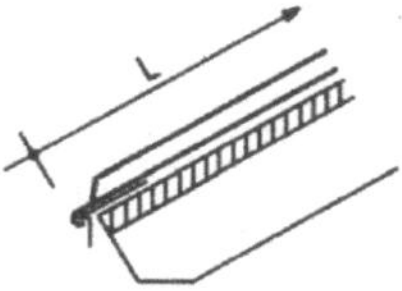

***Bild 5:** Metalldeckung, Traufe*

A B D E F G K L M N P S T V W Z

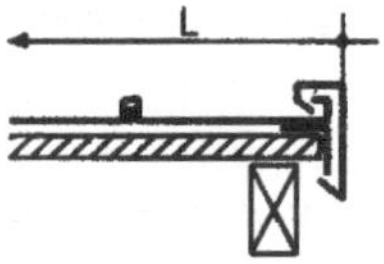

Bild 6: *Metalldeckung mit Ortgangabschluss*

Anstriche, Schutz- und Trennschichten, Kiesschüttungen

Für die Ausführung von Anstrichen, den Einbau von Schutz- und Trennschichten sowie für den Aufbau von Kiesschüttungen gelten die Bemessungsgrundlagen zu Metalldeckungen entsprechend.

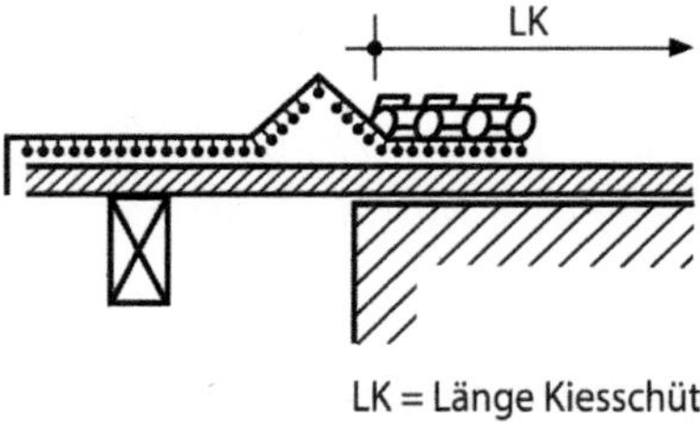

Bild 7: *Flachdachrand mit Aufkantung aus Metall auf Trennschicht*

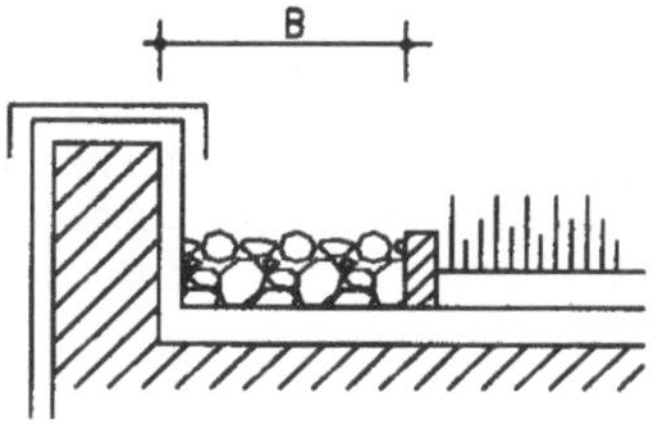

Bild 8: *Attika-Dachrand mit Gründach und Kiesrandstreifen*

Dämmschichten

Werden im Rahmen von Klempnerarbeiten in der Unterkonstruktion Trenn- und Dämmschichten ausgeführt, sind Bohlen, Sparren u. Ä. bei der Flächenermittlung zu übermessen. Im Übrigen gelten die Regelungen zur Mengenermittlung für Metalldeckungen.

Metall-Außenwandbekleidungen

Die Leistungen für Metall-Außenwandbekleidungen sind nach Flächenmaß abzurechnen.

Es sind die Außenmaße der fertigen Bekleidung in die Massenermittlung aufzunehmen.

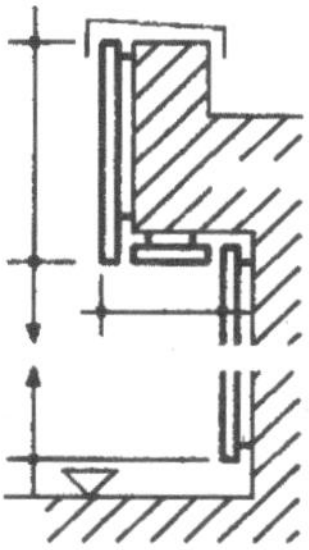

Bild 9: *Fassade, abgewickelte Höhe / Länge*

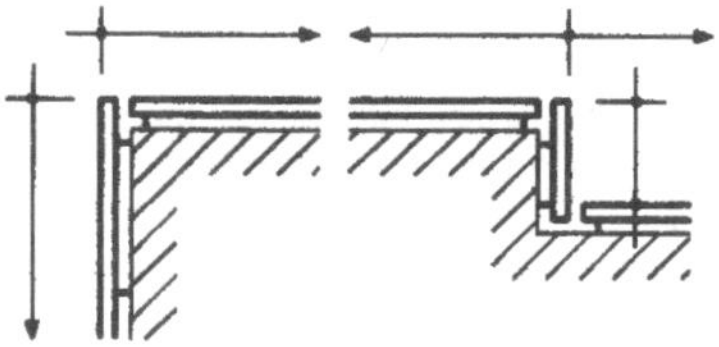

Bild 10: *Grundriss, Außen- bzw. Innenecke, abgewickelte Länge*

Sind in den bekleideten Flächen einzelne Teilflächen, wie z. B. Rahmen, Unterzüge, Vorlagen u. Ä. integriert und bis zu einer Breite von 30 cm je Bauteil nicht bearbeitet, werden diese Teile bei der Gesamtflächenermittlung übermessen.

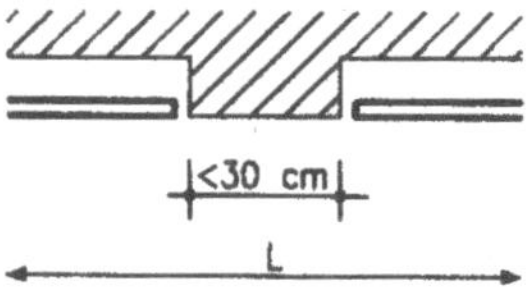

Bild 11: *Übermessungsregel*

Einzelelemente, die nach Flächenmaß abgerechnet werden, sind auch bei nicht rechtwinkligen oder ausgeklinkten Flächen mit der Fläche des kleinsten umschriebenen Rechtecks zu berücksichtigen.

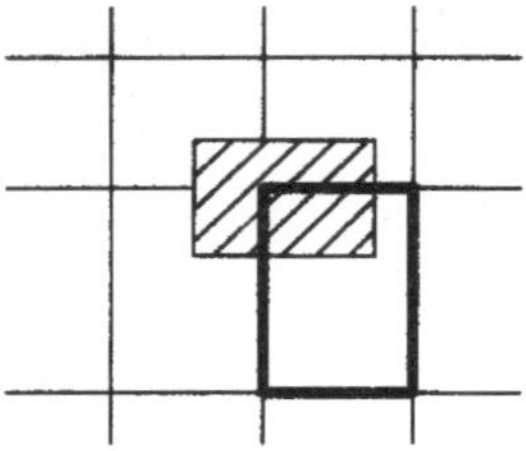

Bild 12: *Fassadenfläche mit durchdringendem Bauteil*

Besondere Leistungen

Bei Klempnerarbeiten, die im Zusammenhang mit der Herstellung von Steildacheindeckungen ausgeführt werden, gehören insbesondere bei der Ausführung von Dachentwässerungsrinnen und Fallrohren einzelne Leistungen, die in Abschnitt 4 als Besondere Leistungen aufgeführt sind. Dazu zählen:

- Einbauen von Rinnenwinkeln, Bodenstücken, Ablaufstutzen, Rinnenkesseln, Rohrboden und -winkeln, konischen Rohren oder Wasserspeiern
- Einbauen von Sicherheitsdachhaken, Dachlukendeckeln oder Halterungen für Laufroste
- Herstellen von Bekleidungen von Leibungen

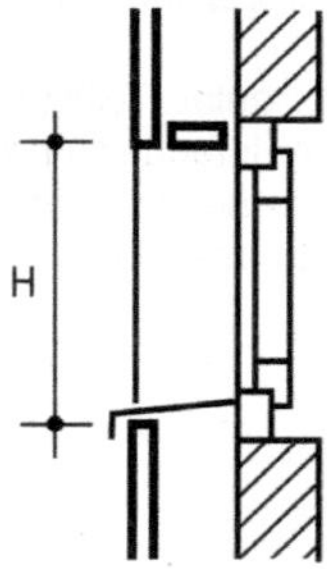

Bild 13: *Fensterleibung, Messebene = Fassadenebene*

Darüber hinaus können weitere Besondere Leistungen erforderlich sein, die sich aus den besonderen Anforderungen oder Gegebenheiten der Baustelle, den Vorleistungen anderer Gewerke oder den Wetterverhältnissen ergeben.

Übermessungsregeln nach ATV DIN 18339, Ziffer 5.3

Bei der Ermittlung der abrechnungsfähigen Mengen sind die nachstehenden aufgeführten Bauteile bzw. Konstruktionsmerkmale besonders zu beachten. Abhängig von der für die Leistung zutreffenden Abrechnungseinheit und Einzelgröße der „Unterbrechung" sind die Maße und Mengen der genannten Bauteile der jeweiligen Einzelleistung unberücksichtigt zu lassen bzw. von der Gesamtmenge abzuziehen.

	Übermessen werden:
Flächenmaß	Aussparungen und Öffnungen bis einschließlich 2,5 m^2 Einzelgröße, z. B. Schornsteine, Fenster, Oberlichter, Entlüftungen
Längenmaß	Unterbrechungen bis einschließlich 1,0 m Länge

Landschaftsbauarbeiten

Anwendungsbereich

Die Ausführungen von Landschaftsbauarbeiten sind im Allgemeinen nach den Regeln der ATV „Landschaftsbauarbeiten" DIN 18320 abzurechnen. Die ATV umfasst Leistungen im Zusammenhang mit vegetationstechnischen Bau-, Pflege- und Instandhaltungsarbeiten, ingenieurbiologischen Sicherungsbauweisen, Bau-, Pflege- und Instandhaltungsarbeiten für Spiel- und Sportanlagen, Schutzmaßnahmen für Bäume, Pflanzenbestände und Vegetationsflächen.

Leistungen, die anderen, nicht vegetationstechnischen Zwecken dienen, z. B. die Lieferung und der Einbau von Boden zur Geländemodulation oder die Verfüllung von Baugruben oder Arbeitsräumen, sind nach der ATV DIN 18300 „Erdarbeiten" anzurechnen.

Für Pflanz- und Saatarbeiten zur Sicherung an Gewässern, Deichen und Küstendünen sind die besonderen Regelungen nach der ATV DIN 18310 „Sicherungsarbeiten an Gewässern, Deichen und Küstendünen" zu beachten.

Die Inhalte der DIN 18299 „Allgemeine Regelungen für Bauarbeiten jeder Art" sind stets zusätzlich zu den spezifischen Regelungen zu berücksichtigen. Bei Widersprüchen gelten die gewerkebezogenen Regelungen der DIN 18320 vorrangig.

Checkliste Abrechnungseinheiten nach ATV DIN 18320

	Landschaftsbauarbeiten
	**Raummaß (m^3)** getrennt nach Art und Maßen
	Liefern, Auf- und Abtrag von Boden
	Entfernen von ungeeigneten Bodenarten
	Lagern von Boden, Substrat und Vegetationsschichten
	Flüssigdünger
	Ausbringen von Bodenverbesserungsstoffen
	Bewässerung
	Baum- und Pflanzgruben
	Säubern der Baustelle von störenden Stoffen
	**Flächenmaß (m^2)** getrennt nach Art und Maßen
	Roden
	Säubern der Baustelle von störenden Stoffen
	Aufnehmen von pflanzlichen Bodendecken
	Sichern von Bodenflächen und Oberflächen von Bodenlagern
	Auf- und Abtrag von Boden, Substrat und Vegetationstragschichten
	Aufnehmen von Flächenbefestigungen
	Bodenbearbeitung, z. B. Lockern, Ebnen, Verdichten
	Ausbringen und Einarbeiten von Dünger und Bodenverbesserungsstoffen
	Rasen und wiesenähnliche Flächen
	Nass- und Trockensaaten
	Deckbauweise des Lebendverbaus

	Landschaftsbauarbeiten
	Herstellen von Filter-, Drän-, Trag- und Deckschichten
	Schutzvorrichtungen für Pflanzenflächen
	Pflegeleistungen, z. B. Rasenschnitt, Gehölzschnitt, Heckenschnitt, Beregnen, Bodenlockerung, Pflanzenschutz, Winterschutzmaßnahmen
	**Längenmaß (m)** getrennt nach Art und Maßen
	Faschinenverbau, Flechtwerke, Buschlagen, Heckenlagen, Pflanzgräben, Pflanzriefen
	Zäune, lineare Markierungen
	Schnitt von Hecken
	**Anzahl (Stück)** getrennt nach Art und Maßen
	Fällen und Roden von Bäumen
	Roden oder Herausnehmen von Pflanzen, Vegetationsstücken
	Einschlagen von Pflanzen, Pflanzarbeiten, Setzen von Steckhölzern und Setzstangen, Verankerungen von Gehölzen
	Baum- und Pflanzgruben
	Pflanzlöcher
	Pflegen von Einzelpflanzen, Pflanzgefäßen
	Schutzvorrichtungen für Pflanzen
	Ausstattungsgegenstände, z. B. Bänke, Tische, Abfallbehälter, Spiel- und Sportgeräte
	Markierungszeichen, Punktmarkierungen
	Tore, Eckausbildungen, Endpfosten, Höhenabsätze
	Schneiden von Gehölzen

A B D E F G K L M N P S T V W Z

	Landschaftsbauarbeiten
	Masse (kg, t) getrennt nach Art und Maßen
	Ausbringen von Saatgut für Nass- und Trockensaaten
	Dünger
	Boden, Substrat, Vegetationstragschichten
	Liefern von Baustoffgemischen für Filter-, Drän-, Trag- und Deckschichten
	Bodenverbesserungsstoffe
	Säubern der Baustelle von störenden Stoffen

Abrechnungsgrundregeln nach ATV DIN 18320, Ziffer 5 „Abrechnung“

Die Ermittlung der abzurechnenden Leistung kann grundsätzlich nach Zeichnung oder auch nach den Ergebnissen eines örtlichen Aufmaßes erfolgen. Die Abrechnung nach Zeichnung (Nennmaße) setzt die Vorlage einer detaillierten und bemaßten Ausführungszeichnung voraus.

Für die Ermittlung der Massen sind die tatsächlichen Maße für Flächen, Längen und Dicken aufzunehmen.

Flächen

Für die Ermittlung von Flächenmaßen sind die Abwicklungslängen der bearbeiteten oder hergestellten Flächen maßgebend.

Bei einer örtlichen Ermittlung des Geländeprofils sind an geeigneten Stellen, z. B. Gebäudekanten und Grundstücksgrenzen, Geländeschnitte in Längs- und Querrichtung durch ein Flächennivellement herzustellen.

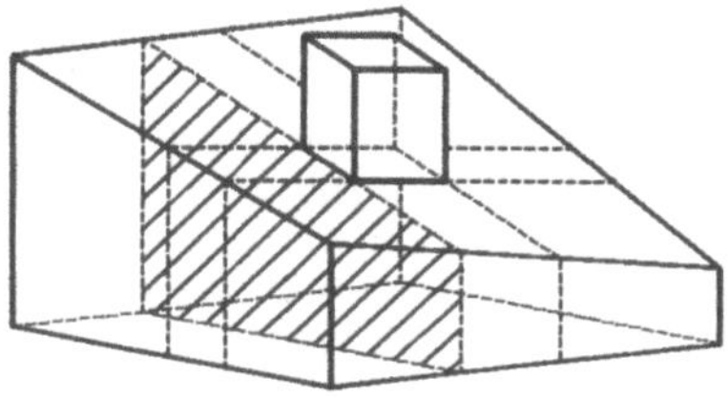

***Bild 1:** Erstellung von Geländeprofilen*

Bei der Ermittlung von Mengen ist die Anwendung von Näherungsverfahren zulässig.

Flächen von Dachbegrünungen

Für die Berechnung der Fläche zur Pflege von Dachbegrünungen sind außer den mit Bewuchs bedeckten Flächen auch die Flächen der i. d. R. vorhandenen Randstreifen aus Kies oder Betonplatten in die Abrechnung aufzunehmen.

Diese Streifen gehören in den meisten Fällen zum Auftragsumfang der Dachbegrünung und werden in der nachfolgenden Pflegegängen mit bearbeitet.

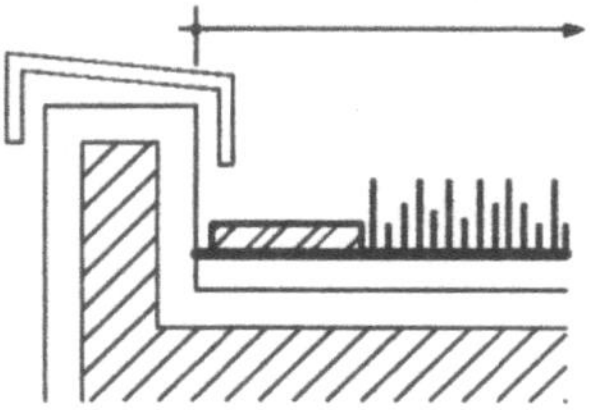

***Bild 2:** Gründach mit Randstreifen*

Flächenpflanzungen

Zur Prüfung der Anzahl von Einzelpflanzungen innerhalb einer Flächenpflanzung aus bodendeckenden Stauden, Heistern, leichten Sträuchern und Gehölzen ist eine Auszählung vorzunehmen. Ausfälle einzelner Pflanzungen bis zu 5 % der Gesamt-Sollanzahl sind nicht zu berücksichtigen.

Boden

Die Mengen von bearbeitetem Bodenmaterial (Lösen, Laden, Transportieren) sollten getrennt nach Bodengruppen gem. DIN 18915 für die Abrechnung erfasst werden. Die jeweiligen, möglicherweise unterschiedlich langen Transportwege sind dabei zusätzlich zu berücksichtigen. Die Vergütung für den Transport mit Transportwegen bis zu 50 m ist in der Leistungsgrundposition gemäß DIN 18300, Ziffer 4.1.4 als Nebenleistung enthalten.

Bodengruppen nach DIN 18915	Bezeichnung des Bodens
1	organischer Boden
2a	nicht bindiger, sandiger Boden
2b	nicht bindiger, kiesiger Boden
2c	nicht bindiger, steiniger Boden
3a	schwach bindiger, sandiger Boden
3b	schwach bindiger, kiesiger Boden
3c	schwach bindiger, steiniger Boden
4a	bindiger, sandiger Boden
4b	bindiger, kiesiger Boden
4c	bindiger, steiniger Boden
5a	stark bindiger, sandiger/kiesiger Boden
5b	stark bindiger, steiniger Boden
6	stark steiniger Boden

Bodenlagerungen

Die Bestimmung des Volumens von Bodenlagerungen ist unmittelbar nach Abschluss der Arbeit und vor eintretenden Setzungen vorzunehmen.

Abtrag, Abtragvolumen

Der Abtrag von Böden ist an der Entnahmestelle vor dem Entfernen in nicht aufgelockertem Zustand zu ermitteln. Das Volumen bereits aufgelockerten, gelösten Bodenmaterials kann durch die Anwendung von Auflockerungsfaktoren näherungsweise zur Berechnung des Volumens des gewachsenen Erdvolumens abhängig von der Bodenklasse herangezogen werden. Wegen des maßgeblichen Einflusses des Wassergehalts auf die Lockerheit des Bodenmaterials kann die Einordnung des bereits entnommenen Bodenmaterials in die Bodenklassen nach DIN 18300 nicht immer zuverlässig erfolgen. Die Ermittlung ist nur hilfsweise anzuwenden.

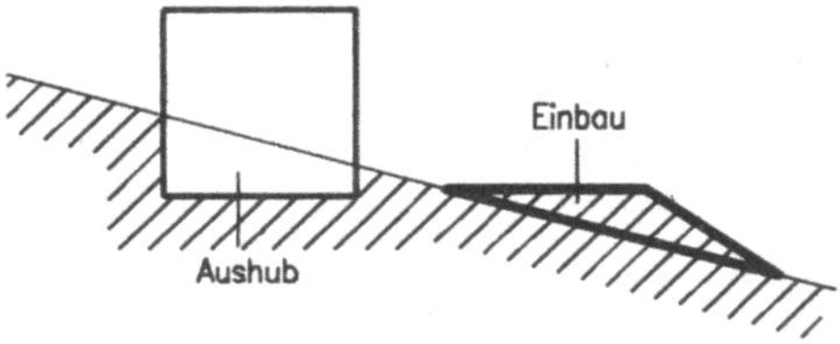

***Bild 3:** Abtrag/Anschüttung*

Anschüttungen

Die Massen von Anschüttungen, eingebauten Schichten und Abdeckungen sind im fertigen Zustand zu ermitteln. Vegetationstragschichten werden nach erfolgter Setzung zum Zeitpunkt der Abnahme an den Auftragstellen ermittelt.

Rodungen und Fällungen

Rodungsarbeiten von einzelnen Bäumen und Sträuchern (verzweigte Gehölze ohne stammartigen Mitteltrieb) sind für Bäume und Sträucher getrennt zu erfassen.

Leistungen für das Roden von Gehölzen werden vor dem Roden, für die zu fällenden Gehölze vor dem Fällen ermittelt. Das Roden von Sträuchern wird getrennt nach Höhen, für Bäume in Abhängigkeit vom Stammdurchmesser, nach Anzahl abgerechnet.

Der Stammdurchmesser von Bäumen ist in einer Höhe von 1,0 m über Gelände zu ermitteln. Für mehrstämmige Bäume ist die Summe der Einzeldurchmesser entscheidend.

Als **Nebenleistungen** ohne besondere Vergütung zählt nach ATV Ziffer 4.1.4 beim Roden von flächigen Beständen auch das Beseitigen von Wurzelstöcken mit einem Durchmesser bis einschließlich 10 cm, gemessen an der Schnittstelle. Für mehrstämmige Bäume sind zur Einordnung der Leistung die einzelnen Durchmesser zu ermitteln und zu addieren und mit dem Grenzwert zu vergleichen (Summe > 10 cm → keine Nebenleistung).

Heckenschnitt

Für die Berechnung der Schnittfläche von Hecken sind alle zu bearbeitenden Heckenteilflächen, d. h. Innen- und Außenseiten, Kopf- und Deckseiten, zu berücksichtigen. Nach ATV Ziffer 0.5.3 ist für die Abrechnung der Leistung eine Abrechnung nach Längenmaß vorgesehen. Dies setzt eine entsprechend zugeordnete Flächenangabe voraus und kann bei variierenden Pflanzungshöhen zu einer Positionsmehrung führen. Eine Abrechnung nach Flächenmaß gem. Ziffer 5.2.9 der ATV führt zu einer Berechnungsvereinfachung.

Abrechnung nach Gewicht

Werden Einzelleistungen, wie z. B. das Ausbringen von Saatgut, Dünger oder Säubern der Baustelle von Baustellenabfällen, nach Gewicht abgerechnet, so ist die Menge durch Wiegen festzustellen.

Für die Abrechnung sollten entsprechende Bestätigungen geeichter Messeinrichtungen (amtliche Wiegescheine) oder Lieferscheine/Packungsgrößen von Saatgütern oder Düngemitteln als Nachweisdokumente zur Verfügung stehen.

Transportwege

Werden im Gesamtauftrag einzelne Leistungen, wie z. B. das Lösen und Laden von Boden, gemäß DIN 18300 Erdarbeiten, erbracht, so beinhaltet die Leistung stets auch das Fördern dieser Stoffe über eine Strecke von bis zu 50 m und wird nicht gesondert vergütet.

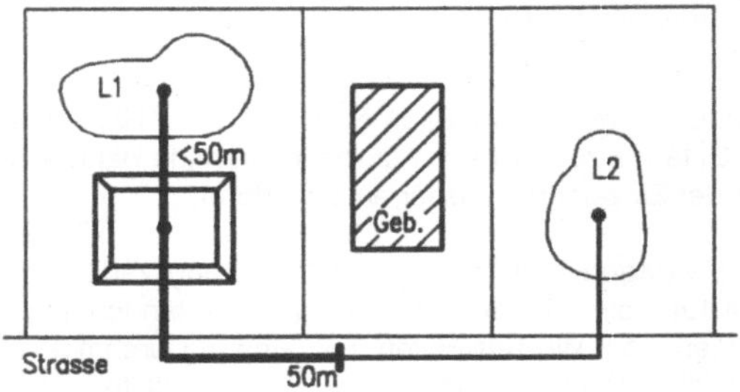

Bild 4: *Transportweg*

A B D E F G K M N P S T V W Z

Die Länge des Förderwegs stellt die kürzeste, praktisch mögliche Weglänge vom Schwerpunkt des Abtrags bis zum Schwerpunkt des Auftrags oder der Verladestelle dar. Bei geneigten Geländeflächen ist die tatsächliche Länge zu ermitteln, eine Ermittlung der Länge nach Zeichnung ist daher i. d. R. nicht zuverlässig möglich.

Für Transportwege über 50 m kann zur Vereinfachung der Ausschreibung und Abrechnung die Zusammenfassung unterschiedlicher Weglängen in einzelne Transportzonen sinnvoll sein: z. B. über 50 m bis 100 m, über 100 m bis 500 m oder über 1.000 m bis 5.000 m.

Nebenleistungen nach Ziffer 4.1

- Gefälleherstellung zur Wasserableitung bei Vegetationsflächen, Belägen und Sicherungsbauwerken (Ziffer 4.1.6)
- Herstellen des Feinplanums von Vegetationsflächen: Lösen, Laden und Entsorgen von einzelnen Steinen und Mauerresten mit Einzelgrößen bis zu 0,01 m^3 Rauminhalt bis zu einer Menge von 1 m^3.

Übermessungsregeln nach ATV DIN 18320, Ziffer 5.3

Bei der Ermittlung der abrechnungsfähigen Mengen sind die nachstehenden aufgeführten Bauteile bzw. Konstruktionsmerkmale besonders zu beachten. Abhängig von der für die Leistung zutreffenden Abrechnungseinheit und Einzelgröße der „Unterbrechung“ sind die Maße und Mengen der genannten Bauteile der jeweiligen Einzelleistung zu übermessen.

	Übermessen werden:
Raummaß	Raumkörper bis einschlich 0,5 m³ Einzelgröße, z. B. Lichtschacht, Einzelfundament, Wurzelballen
Flächenmaß	Bei Nass- und Trockenansaaten nach DIN 18918 Aussparungen bis einschließlich 100 m² Einzelfläche, z. B. Felsflächen, Bauwerke
	Bei sonstigen Flächen: Aussparungen für Baumscheiben, Stützen, Abläufe, Schrittplatten, Bäume bis zu einer Einzelgröße von 2,5 m²
	Schienen bei beidseitig gleicher Oberfläche
Längenmaß	Unterbrechungen bis einschließlich 1,0 m Einzellänge
Stück	Ausfälle ≤ 5 % bei Flächenpflanzungen

Bei Schrittplatten gilt die Größe jeder einzelnen Platte als „Einzelgröße" für die Beurteilung der Abzugsfähigkeit.

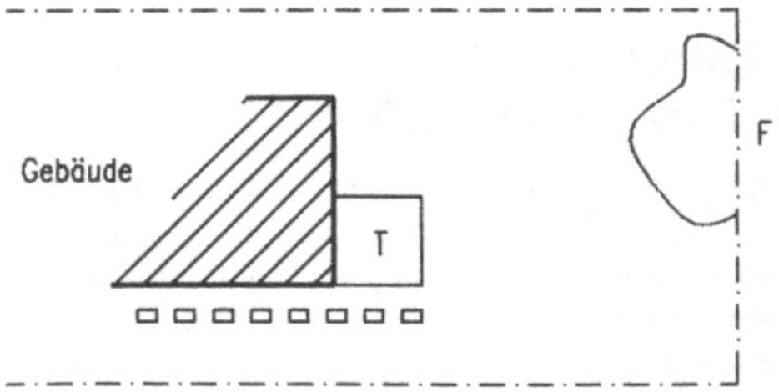

Bild 5: *Abzug von Einzelflächen*

Schrittplatte:	0,5 m * 0,5 m < 2,5 m²	→	kein Abzug
Felsnase:	5,0 m * 3,2 m > 2,5 m²	→	Abzug
Terrasse:	2,5 m * 2,5 m > 2,5 m²	→	Abzug

Bodentransport

siehe → Anhang Erdarbeiten

Umrechnungstabelle Neigung (Grad/Prozent)

siehe → Anhang Dachdeckungsarbeiten

Maler- und Lackierarbeiten – Beschichtungen

Anwendungsbereich

Die Ausführungen von Maler- und Lackierarbeiten sowie Beschichtungen sind im Allgemeinen nach den Regeln der ATV „Maler- und Lackierarbeiten – Beschichtungen" DIN 18363 abzurechnen. Die ATV gilt für Oberflächenbehandlungen mit Lacken, Anstrichstoffen und anderen Beschichtungsstoffen. Dabei handelt es sich im Einzelnen um Leistungen im Zusammenhang mit Erst-, Überholungs- und Erneuerungsanstrichen auf mineralischen Untergründen, Gipskartonplatten, Holzwerkstoffen, Metallen und Kunststoffen. Weitere besondere Beschichtungsverfahren wie Fahrbahnmarkierungen, Belegen mit Blattmetallen und das Abdichten von Außenwandfugen und Verglasungen unterliegen ebenfalls den Regelungen der ATV.

Die Inhalte der DIN 18299 „Allgemeine Regelungen für Bauarbeiten jeder Art" sind stets zusätzlich zu den spezifischen Regelungen zu berücksichtigen. Bei Widersprüchen gelten die gewerkebezogenen Regelungen der DIN 18363 vorrangig.

Das Beizen und Polieren von Holzbauteilen, das Versiegeln von Parkett und Holzpflaster sowie die Ausführung von Korrosionsschutzarbeiten an Stahlbauten werden nicht durch die ATV geregelt. Beschichtungen bei Wärmedämm-Verbundsystemen oder im Zuge von Putz- und Stuckarbeiten sind nach den dazu jeweils geltenden spezifischen Regelungen abzurechnen.

Checkliste Abrechnungseinheiten nach ATV DIN 18363

In Leistungsverzeichnissen gelten gem. Ziffer 0.5 der ATV die folgenden Abrechnungseinheiten für die Ausführung von Maler- und Lackierarbeiten und alle damit in direkter Verbindung stehenden Nebenleistungen und Besonderen Leistungen.

	Maler- und Lackierarbeiten – Beschichtungen
□	**Flächenmaß (m^2)** getrennt nach Bauart und Maßen
	Decken, Wände, Böden und Bekleidungen über 2,5 m^2 Einzelgröße
	Pfeiler, Lisenen, Stützen, Unterzüge, Vorlagen, Gesimse, Untersichten von Dachüberständen, Pilaster und dergleichen mit einer Breite über 1 m je Ansichtsfläche
	Treppenuntersichten
	Holzschalungen
	Türen, Tore, Zargen
	Fenster, Rollläden, Zargen
	Stahlprofile und Rohre mit mehr als 100 cm Umfang
	Holzschalungen
	Heizkörper
	Gitter, Geländer, Zäune, Einfriedungen, Roste
	Trapezbleche, Wellbleche
	Blechdächer und dergleichen
	Behandeln von Teilflächen mit Differenzierung nach Flächenanteilen bis einschließlich 10 % der Bauteilfläche, mehr als 10 % bis einschließlich 30 % der Bauteilfläche und mehr als 30 % der Bauteilfläche
↔	**Längenmaß (m)** getrennt nach Bauart und Maßen
	Leibungen
	Fugen
	Pfeiler, Lisenen, Stützen, Unterzüge, Vorlagen, Gesimse, Untersichten von Dachüberständen, Pilaster und dergleichen mit einer Breite bis 1 m je Ansichtsfläche
	Sparren

	Maler- und Lackierarbeiten – Beschichtungen
	Deckenbalken, Fachwerke und dergleichen aus Holz oder Beton
	Treppenwangen
	Leisten
	Stahlprofile und Rohre bis einschließlich 100 cm Umfang
	Eckprofile, Gewebewinkel, Fugenprofile
	Rollladenführungsschienen, Ausstellgestänge, Anschlagschienen
	Faschen, Umrahmungen, Abschlussstriche, Eckverbände, Farbabgrenzungen
	Markierungen
	Dachrinnen, Fallrohre
	Kehlen, Schneefanggitter
	Abschneiden des Überstandes von Randdämmstreifen
	Anpassen an Bauteile und Einbauteile Überbrückung von Putz- und Betonrissen
	**Anzahl (Stück)** getrennt nach Bauart und Maßen
	Decken, Wände, Böden und Bekleidungen bis 2,5 m^2 Einzelgröße
	Türen, Tore, Zargen
	Fenster, Rollläden, Fensterläden
	Gitter, Roste und Rahmen
	Rosetten, Ornamente, Konsolen, Schornsteinköpfe
	Motoren
	Heizkörper, Heizkörperkonsolen und Halterungen
	Sperrschieber, Flansche
	Armaturen

	Maler- und Lackierarbeiten – Beschichtungen
	Behandeln von Gerüstankerlöschern
	Anpassen an Bauteile und Einbauteile
	Schließen von Verankerungsöffnungen, z. B. an Gerüsten
	Decken, Wände, Böden und Bekleidungen bei Flächen bis einschließlich 2,5 m² Einzelgröße
	Richtungspfeile, Buchstaben und dergleichen
	Masse (kg, t)
	Silicon- und Kieselsäureester-Imprägnier- mittel

Abrechnungsgrundregeln nach ATV DIN 18363, Ziffer 5 „Abrechnung“

Die Ermittlung der abzurechnenden Leistung kann grundsätzlich nach Zeichnung oder auch nach den Ergebnissen eines örtlichen Aufmaßes erfolgen. Die Abrechnung nach Zeichnung (Nennmaße) setzt die Vorlage einer detaillierten und bemaßten Ausführungszeichnung und deren Übereinstimmung mit der Bauleistung voraus. Für die verschiedenen Bauteile und Konstruktionen sind in der ATV unter Ziffer 5 die zu berücksichtigenden Flächen-, Längen- und Raumbegrenzungen für die Ermittlung der Einzelmaße festgelegt.

Allgemeines

Die Bestimmung der abzurechnenden Leistung erfolgt immer nach den Maßen der behandelten oder beschichteten Flächen. Dies gilt sowohl für das örtliche Aufmaß wie auch für eine Leistungsbestimmung nach Zeichnungen.

Wände und Decken

Tapezierarbeiten und Arbeiten für das Vorbereiten von Untergründen auf Innenflächen ohne begrenzende Bauteile werden mit den Maßen des ungeputzen, ungedämmten und der unbekleideten Fläche abgerechnet.

Werden behandelte Flächen durch andere Bauteile begrenzt, sind die Maße bis zu den sie begrenzenden, ungeputzten und unbekleideten Bauteilen, z. B. Rohfußboden oder Rohdecke, für die Massenermittlung anzusetzen.

Können die Rohbaumaße nicht bestimmt werden, sind die Maße der behandelten Flächen für die Massenermittlung heranzuziehen.

Systemböden, Trockenunterböden Vorsatzschalen und Unterdecken sind als begrenzende Bauteile anzusehen.

Innenwand- und Deckenflächen

Für die Mengenermittlung sind die Maße der behandelten Flächen heranzuziehen.

Diese Regelung gilt für alle Lagen der Decken und der Wandflächen: recht- und schiefwinklig im Grund- und Aufriss, durch Dachschrägen angeschnittene Wandflächen oder Überwölbungen und gewölbte Decken unabhängig von der Gewölbeform (z. B. Tonnengewölbe, flache ausgemauerte Deckengewölbe, Kappendecken).

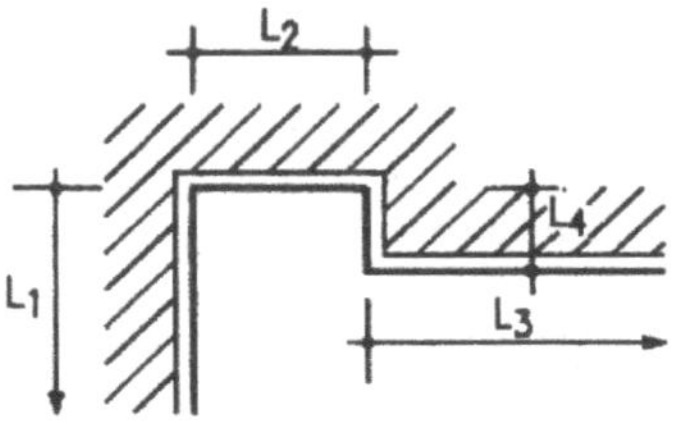

***Bild 1:** Innenwandflächen mit Putz, wenn Rohbaumaße nicht zu ermitteln sind*

Bei Wandflächen, die an aufgeständerte Fußbodenkonstruktionen (Doppelböden) oder abgehängte Decken angrenzen, gelten deren Ober- oder Unterseiten als maßbestimmende Bezugsgrenzen ggf. zuzüglich der Maße von notwendigen Einständen bei nachträglicher Fertigstellung der Randbereiche der Decken bzw. Böden.

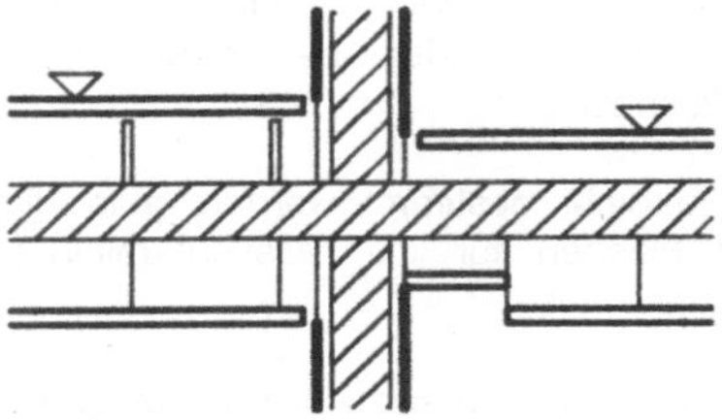

Bild 2: *Bestimmung der Wandhöhe*

Sockel- und Fußleisten

Für die Ermittlung der Wandhöhe werden Fußleisten, Sockelfliesen u. Ä. bis zu einer Höhe von 10 cm übermessen. Für die untere Bezugskante gelten die vorgenannten Regelungen zur Bestimmung der Wandhöhe in Abhängigkeit vom Fußbodenaufbau (Bild 2).

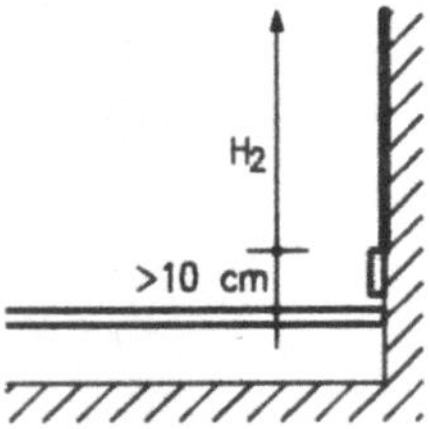

Bild 3: *Sockelhöhe über 10 cm → Abzug von Wandhöhe*

Sonstige in die Wand- oder Deckenfläche integrierte Bauteile (z. B. Umrahmungen von Öffnungen, Lisenen oder Faschen) werden bei einer Einzelbreite bis 30 cm der Flächenbestimmung übermessen. Deren Abrechnung ist in einer gesonderten Leistungsposition nach Längenmaß vorzunehmen.

Behandlung von Teilflächen

Leistungen für die Behandlung von nicht zusammenhängenden Teilflächen, die mit einem bestimmten prozentualen Flächenanteil eines Gesamtbauteils ausgeschrieben sind, sind mit dem Maß des Gesamtbauteils abzurechnen.

Fassaden

Beschichtungsarbeiten an Fassaden werden nach den Maßen der bearbeiteten und fertig gestellten Fassade abgerechnet.

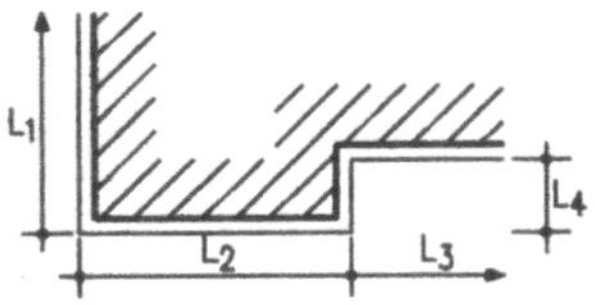

Bild 4: *Fassadenabschnitte mit fertigen Wandoberflächen*

Alle mit der Oberflächenbehandlung in Verbindung stehenden anderen Arbeiten, wie z. B. Untergrundvorbehandlungen oder Zwischenbeschichtungen, werden mit den gleichen Maßen abgerechnet.

Aussparungen, Nischen und Öffnungen in Decken, Wänden, Decken- und Wandbekleidungen, Vorsatzschalen und leichten Außenwandbekleidungen etc. werden bis zu einer Einzelgröße von 2,5 m^2 bei der Ermittlung der Fläche übermessen.

Liegen verschiedenartige Öffnungen, Nischen und Aussparungen unmittelbar aneinander, so erfolgt deren Beurteilung für die Abrechnung getrennt nach deren jeweiligen Einzelmaßen bzw. den entsprechenden Übermessungs- oder Abzugsregelungen.

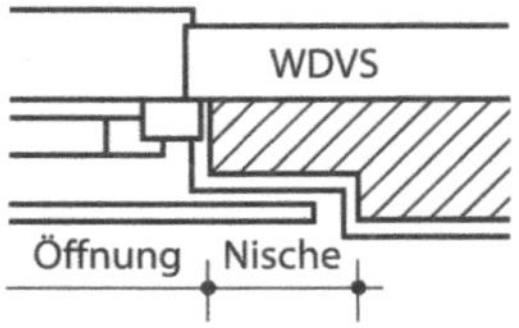

Bild 5: *Nische neben einer Fensteröffnung*

Zusammenhängende Teilflächen von gleichartigen Öffnungen (z. B. Balkontür mit nebenliegendem Fenster) oder Aussparungen werden wie eine Fläche für die Einstufung der Größe bewertet.

Leibungen

Leistungen an ganz oder teilweise behandelten Leibungen von Öffnungen, Nischen oder Aussparungen sind als eigenständige Leistungsposition getrennt nach Breitenmaßen zu erfassen und abzurechnen.

Die Behandlung von Leibungen an Türen und Fenstern, die durch den Aufbau einer Fassadenfläche mit einem Wärmedämmverbundsystem entstehen, werden ebenfalls als separate Leistung erfasst.

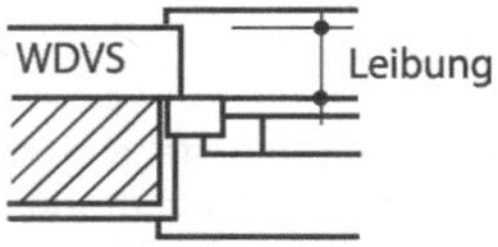

***Bild 6:** Leibung außen bei WDVS*

Nischen

Für Rückflächen von Nischen sind deren Maße, unabhängig davon, ob die Nische mit der Wandfläche übermessen wurde, gesondert zu ermitteln und als Flächenmaß abzurechnen.

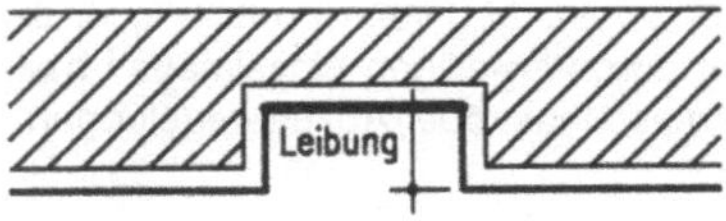

***Bild 7:** Rückfläche einer Nische, wenn Rohbaumaße nicht zu ermitteln sind*

Wandvorlagen, Unterzüge, Fachwerke

In Wand- und Deckenflächen integrierte andere Bauteile aus Holz, Stahl oder Aluminium, z. B. bei Fachwerkkonstruktionen, nicht deckengleiche Unterzüge u. Ä. werden bei der Erfassung der Wand- und Deckenfläche übermessen, wenn deren Einzelbreite nicht mehr als 30 cm beträgt. Als Einzelbreite für die Einstufung gilt nur die Ansichtsbreite des entsprechenden Bauteils, nicht dessen Abwicklungsbreite.

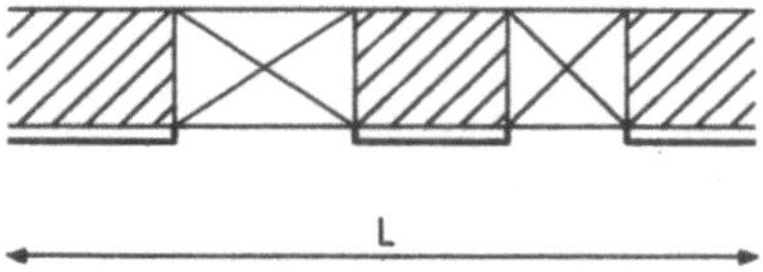

Bild 8: *Holzfachwerk mit geputzten und gestrichenen Gefachen*

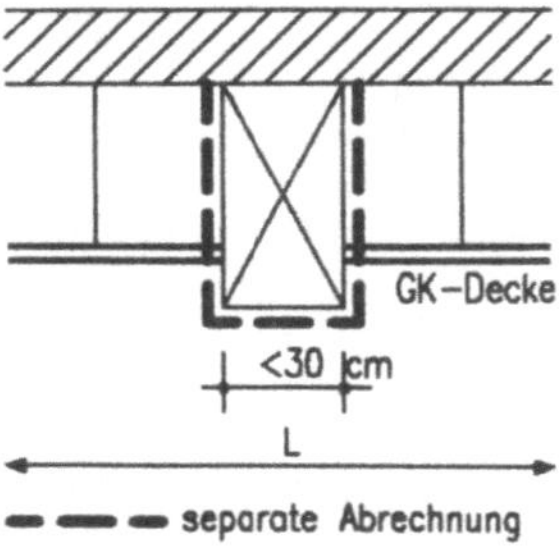

Bild 9: *Holzbalken und abgehängte Gipskartondecke*

Die Bearbeitung eines nicht flächenbündigen Bauteils mit gleicher Oberfläche oder Material entsprechend der Wand- oder Deckenfläche, jedoch in einem anderen Farbton, wird separat abgerechnet. Ein Wechsel der Bearbeitungstechnik, z. B. materialbedingt, führt ebenso zu einer separaten Vergütung.

Gesimse, Umrahmungen, u. Ä.

Behandelte Flächen von Gesimsen, Umrahmungen, profilierte Fensterbänke u. ä. längenorientierte, innerhalb einer Wandfläche angeordnete Bauteile sind gem. der Angabe im Leistungsverzeichnis getrennt nach Abwicklungsfläche mit der jeweils größten ggf. abgewickelten Bauteillänge abzurechnen.

Bei der Ermittlung der Wandfläche werden diese Bauteile übermessen.

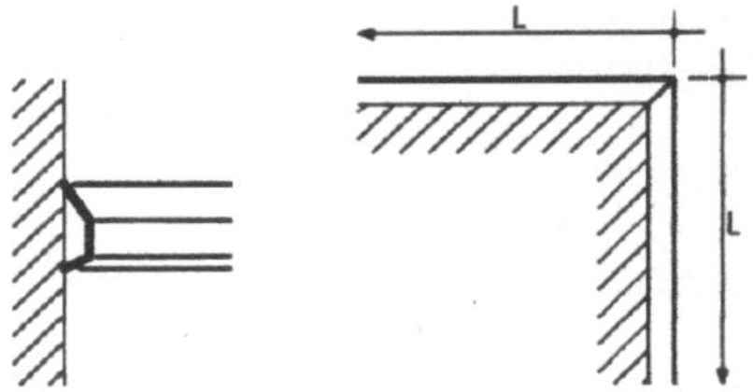

Bild 10: *Gesims auf Außenwandfläche, Abwicklungslänge und -breite für separate Leistungsposition*

Dachuntersichten, Dachsparren

Die Bearbeitung der Flächen von Dachuntersichten und Dachüberständen bis zu einer Breite von 1,0 m und mit sichtbaren Konstruktionen (z. B. Sparren) wird nach Längenmaß abgerechnet.

Die Mengenermittlung von behandelten Dachuntersichten ist getrennt nach der Breite des Dachüberstands vorzunehmen. Mehr als 1,0 m breite Dachüberstände werden nach Flächenmaß abgerechnet.

Für die Bestimmung des Längenmaßes von sichtbaren Sparren ist entsprechend der Regelung für Gesimse, Umrahmungen u. Ä. das größte Längenmaß zugrunde zu legen. Die gleichzeitige Berücksichtigung/Angabe der jeweiligen Abwicklungsfläche ist dabei zu beachten.

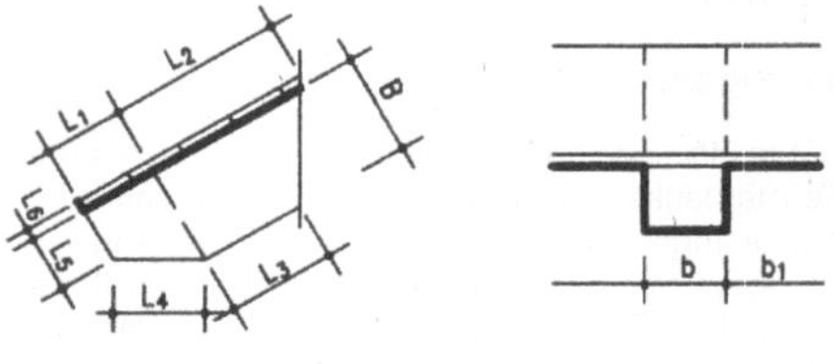

Bild 11: *Dachüberstand mit Holzschalung und Holzsparren*

Beispiel:

Sparrenabwicklungsfläche:
$A_{Sp} = 2 * [b * (L_2 + L_3) / 2] + 2 [L_1 * (B + L_5) / 2] + b * (L_3 + L_4 + L_5)$

Schalung Dachüberstand:
$A_s = b_1 * (L_1 + L_2 + L_6)$

Trennwände, Bekleidungen, Fenster, Türen, Zargen

Für die Flächenermittlung von Beschichtungsarbeiten an Trennwänden, Türen, Fenstern und sonstigen Bekleidungen sind die Maße zur Flächenbestimmung für jede zu bearbeitende Seite aufzunehmen.

Füllungen aus Glas, nicht mitbearbeitete kunststoffbeschichtete Flächen u. Ä. werden übermessen. In der Leistungsbeschreibung sind dazu Angaben und Hinweise zum Zwecke der Kalkulation bzw. Angebotsgestaltung aufzunehmen.

Beträgt die Elementdicke von Türblättern mehr als 60 mm oder werden Blockzargen mit einer Breite von mehr als 60 mm bearbeitet, erfolgt die Mengenfeststellung nach der abgewickelten Breite. Für Futter und Bekleidung an Fenstern und Türen sowie für Stahleck- oder -umfassungszargen ist die Mengenermittlung ebenfalls nach Feststellung der Abwicklungsbreite vorzunehmen.

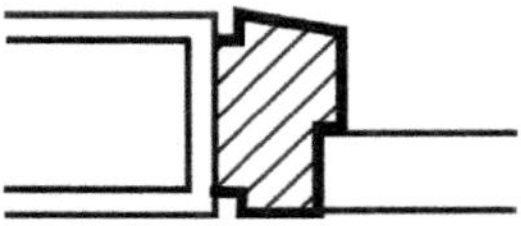

Bild 12: *Blockzarge, Breite > 60 mm, in einer Trockenbauwand und stumpf einschlagendes Türblatt*

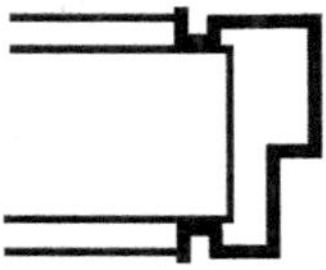

Bild 13: *Stahlzarge mit umlaufender Schattennut*

Beschichtungsarbeiten an Fenstern, Türen und Rollläden können auch mit einer Beschreibung der Elementabmessungen, Profilmaße, Angabe zur Beschichtungsseite (innen/außen) u. a. auch nach Anzahl ausgeschrieben sein.

Bei einer Erfassung der Abrechnungsmenge nach Anzahl bleiben dann Maßabweichungen der Elemente bis zu maximal 5 cm in der Breite und in der Höhe unberücksichtigt.

Abweichungen in der Bauteiltiefe von bis zu 3 cm bedürfen ebenfalls keiner besonderen Berechnung.

Einzelflächen

Unregelmäßige oder vieleckige Einzelflächen sind mit den Maßen des kleinsten umschriebenen Rechtecks in der Mengenermittlung zu berücksichtigen.

Diese Regelung gilt jedoch nicht für Flächen mit den geometrischen Formen Kreis, Dreieck, Trapez und Raute.

Rohre für Leitungen und Geländer

Beschichtungsarbeiten an Rohren für Geländer und Leitungen werden nach deren **Länge** und gestaffelt nach Umfang, zur Berücksichtigung der bearbeiteten Oberfläche, erfasst.

Die Regelung gilt nur für Rohre mit einem Umfang bis zu 90 cm (Durchmesser ≈ 28,6 cm). Für Rohre mit größeren Umfangsmaßen erfolgt die Abrechnung nach dem Flächenmaß der jeweiligen Rohre. Zur Bestimmung der Mantelfläche (= Umfangsmaß je 1,0 m Länge) können die Angaben aus Tabellenbüchern entnommen werden. Liegen diese nicht vor, so ist die Mantelfläche über das Umfangsmaß zu bestimmen.

In Rohrleitungen eingebaute **Absperreinrichtungen, Messeinrichtungen, Flansche** und dergleichen werden übermessen. Die Vergütung deren Bearbeitung erfolgt nach Anzahl in einer eigenständigen Leistungsposition.

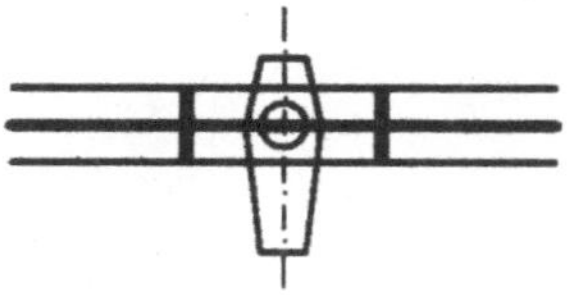

Bild 14: *Rohrleitung mit Sperrventil*

Gitter und Stabgeländer

☐ Beidseitig zu bearbeitende, flächenartige Bauteile mit einem hohen Anteil an Öffnungen und Unterbrechungen, wie z. B. Gitterroste, Gitter von Rolltoren, Lattenzäune und Stabgeländer, werden im Leistungsverzeichnis mit der Angabe der einseitigen Fläche berücksichtigt.

Eine entsprechend detaillierte Beschreibung des Bauteils (Einzellängen, Querschnitte, Anteile je Quadratmeter Bauteilfläche etc.) ist für eine angemessene Kalkulation der Leistung vorzusehen.

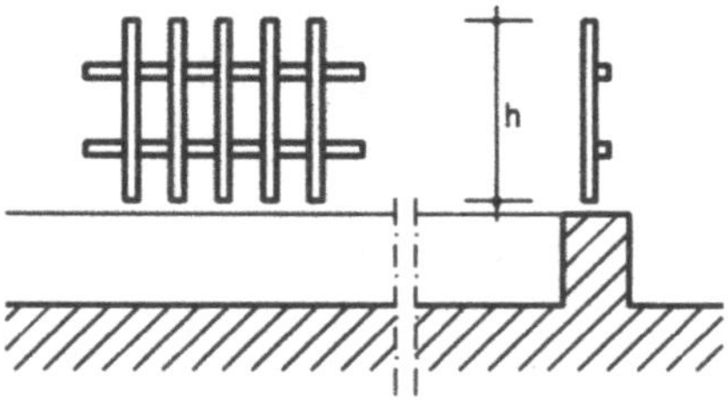

***Bild 15:** Zaun*

Profilstahl, Profilbleche, Heizkörper u. Ä.

☐ Die Beschichtungsflächen von Profilstahl, anderen profilierten Stäben mit einem Umfangsmaß über 90 cm, Trapezprofilen und Wellblechen, Heizkörpern alter und neuer Bauart und dergleichen sind nach den Tabellenbüchern der Hersteller zu bestimmten.

***Bild 16:** Trapezblechprofil*

Sind Maßangaben aus Handbüchern nicht verfügbar, ist nach der abgewickelten Fläche des Bauteils abzurechnen.

Die Leistungen an Stahlprofilen mit einem Umfang von weniger als 90 cm sind nach Längenmaß und getrennt nach den jeweiligen tatsächlichen Umfangsmaßen zu ermitteln.

Dachrinnen, Fallrohre

Die Längenermittlung für Beschichtungsarbeiten an Dachrinnen ist am Wulst der Rinne vorzunehmen. Die Länge von Fallrohren ist im Außenbogen zu ermitteln.

Für Fallrohre erfolgt die Längenermittlung am Außenbogen. Die Regelungen setzen getrennte Leistungs- bzw. Abrechnungspositionen nach den Nennmaßen der Rinnen und Fallrohre zur Erfassung der Anstrichflächen voraus.

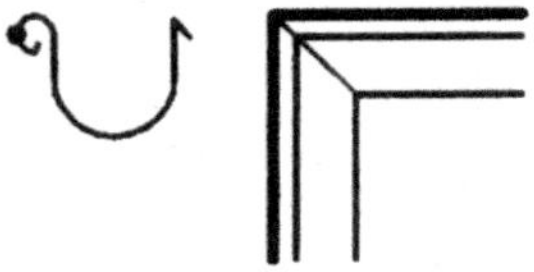

• = Ansatzpunkt für Messlänge

***Bild 17:** Dachrinne*

Übermessungsregeln nach ATV DIN 18363, Ziffer 5.3

Bei der Ermittlung der abrechnungsfähigen Mengen sind die nachstehenden aufgeführten Bauteile bzw. Konstruktionsmerkmale besonders zu beachten. Abhängig von der für die Leistung zutreffenden Abrechnungseinheit und Einzelgröße der „Unterbrechung" sind die Maße und Mengen der genannten Bauteile der jeweiligen Einzelleistung unberücksichtigt zu lassen bzw. von der Gesamtmenge abzuziehen.

	Übermessen werden:
Flächenmaß	Aussparungen, Öffnungen und Nischen bis einschließlich 2,5 m² Einzelgröße
	Aussparungen, Öffnungen in Böden bis einschließlich 0,5 m² Einzelgröße
	Fugen
Längenmaß	Unterbrechungen bis einschließlich 1,0 m Einzellänge
	Fugen

Anstrich- und Entrostungsflächen von Profilstahl
siehe → Anhang Maler- und Lackierarbeiten

Anstrichflächen von Raumheizkörpern
siehe → Anhang Maler- und Lackierarbeiten

A B D E F G K L M N P S T V W Z

Mauerarbeiten

Anwendungsbereich

Die Ausführungen von Mauerarbeiten sind im Allgemeinen nach den Regeln der ATV „Mauerarbeiten" DIN 18330 abzurechnen. Die ATV umfasst Leistungen im Zusammenhang mit der Herstellung von Mauerwerk jeder Art aus künstlichen und natürlichen Steinen. Zu den Mauerarbeiten zählen auch Leistungen zur Verarbeitung von Bauplatten aus Gips, Leichtbeton oder Porenbeton sowie Tonhohlplatten. Des Weiteren ist auch der i. V. m. Mauerwerk erforderliche Einbau von Wärmedämmstoffen, z. B. bei zweischaligem Mauerwerk, durch die ATV geregelt.

Die Inhalte der DIN 18299 „Allgemeine Regelungen für Bauarbeiten jeder Art" sind stets zusätzlich zu den spezifischen Regelungen zu berücksichtigen. Bei Widersprüchen gelten die gewerkebezogenen Regelungen der DIN 18330 vorrangig.

Andere Arbeiten mit Steinen oder steinartigen Materialien, wie das Herstellen von Quadermauerwerk oder das Versetzen von Betonwerksteinen, sind nicht durch die ATV geregelt. Arbeiten im Innenausbau als Trockenbauarbeiten oder die Herstellung von Wärmedämm-Verbundsystemen sind ebenfalls nicht als „Mauererarbeiten" im Sinne dieser ATV zu verstehen.

Checkliste Abrechnungseinheiten nach ATV DIN 18330

In Leistungsverzeichnissen gelten gem. Ziffer 0.5 der ATV die folgenden Abrechnungseinheiten für die Ausführung von Mauerarbeiten und alle damit in direkter Verbindung stehenden Nebenleistungen und besonderen Leistungen.

	Mauerarbeiten
	**Raummaß (m³)** getrennt nach Bauart und Maßen
	Dämmstoffe für die Auffüllung von Hohlräumen
	Schüttungen
	**Flächenmaß (m²)** getrennt nach Bauart und Maßen
	Mauerwerk
	Ausfachungen von Holz-, Stahl- und Betonskeletten
	nichttragende Trennwände
	Sicht- und Verblendmauerwerk
	Verblendschalen, Bekleidungen
	Rückflächen von Nischen
	Gewölbe
	Ausfugungen
	Bodenbeläge aus Flach- oder Rollschichten
	Auffüllung von Decken
	Dämmstoffschichten
	Dampfbremsen, Trenn- und Schutzschichten
	Abdichtungen
	Fertigteile und Fertigteildecken
	**Längenmaß (m)** getrennt nach Bauart und Maßen
	Leibungen bei Sicht- und Verblendmauerwerk, Sohlbänke und Gesimse einschließlich etwaiger Auskragungen
	gemauerte oder vorgefertigte Stürze, Überwölbungen und Entlastungsbögen über Öffnungen und Nischen
	Pfeiler
	Pfeilervorlagen

	Mauerarbeiten
	Deckenabmauerungen
	gemauerte Schornsteine, getrennt nach Anzahl und Querschnitt der Züge und Dicke der Wangen
	Schornsteine aus Formstücken, getrennt nach Anzahl und Querschnitt der Züge
	gemauerte Stufen
	Ausmauern, Ummanteln oder Verblenden von Stahlträgern, Unterzügen, Stützen und dergleichen
	Herstellen und Schließen von Schlitzen
	Ringanker
	Glattstrich im Bereich von Leibungen
	Herstellen von Bewegungs- und Trennfugen
	Herstellen von Ecken mit Formsteinen oder geschnittenen Mauersteinen
	Abfangungen der Außenschalen bei zweischaligen Außenwänden
	Rollschichten, Mauerabdeckungen
	Herstellen von Mauerwerkschrägen, z. B. Dachschrägen
	Herstellen von stumpf-/oder spitzwinkligen Ecken mit Formsteinen oder mit geschnittenen Mauersteinen
	Glattstrich im Bereich von Leibungen, Stürzen, Brüstungen sowie für obere Wandabschlüsse
	Anzahl (Stück) getrennt nach Bauart und Maßen
	Herstellen von Aussparungen, z. B. Öffnungen, Nischen, Schlitze, Durchbrüche
	Schließen von Aussparungen
	Vorgefertigte Stürze, Überwölbungen und Entlastungsbögen über Öffnungen und Nischen
	Vorgefertigte Sohlbänke und Gesimse einschließlich etwaiger Auskragungen

	Mauerarbeiten
	Pfeiler
	Schornsteinköpfe, getrennt nach Anzahl und Querschnitt der Züge
	Schornsteinreinigungsverschlüsse, Rohrmuffen, Übergangsstücke und dergleichen
	Kellerlichtschächte, Sinkkästen, Fundamente für Geräte und dergleichen
	Liefern und Einbauen von Stahlteilen und Fertigteilen, z. B. Fertigteildecken
	Liefern und Einbauen von Ankerschienen, Anschluss- und Randprofilen, Ankern und Bolzen
	Liefern und Einbauen von Tür- und Fensterzargen und dergleichen
	Schließen von Aussparungen, Durchbrüchen und dergleichen
	Stahlteile und Walzstahlprofile, Fertigbauteile und Fertigteildecken
	Rollladenkästen
	**Masse (kg, t)** getrennt nach Bauart und Maßen
	Betonstahl, Stahlprofile, Anker, Bolzen
	Schüttungen

Abrechnungsgrundregeln nach ATV DIN 18330, Ziffer 5 „Abrechnung"

Die Ermittlung der abzurechnenden Leistung kann grundsätzlich nach Zeichnung oder auch nach den Ergebnissen eines örtlichen Aufmaßes erfolgen. Die Abrechnung nach Zeichnung (Nennmaße) setzt die Vorlage einer detaillierten, bemaßten Ausführungszeichnung und deren Übereinstimmung mit der Bauleistung voraus. Für die verschiedenen Bauteile und Konstruktionen sind in der ATV unter Ziffer 5.1 die zu berücksichtigenden Flächen-, Längen- und Raumbegrenzungen für die Ermittlung der Einzelmaße festgelegt.

Die Maßbestimmung für die verschiedenen Mauerarbeiten und Bauteile ist nach folgenden Grundregeln vorzunehmen:

Übersicht für Abrechnungseinheiten		
Mauerwerk, Innen- und Außenbauteile, tragende Wände und nichttragende Trennwände		Mauerwerk an Fassaden mit mehrschaligem Aufbau
Pfeiler, Pfeilervorlagen	Sicht- und Verblendmauerwerk, Verblendschalen, Bekleidungen	Sicht- und Verblendmauerwerk, Dämmstoffschichten
	Ausfachungen von Holz-, Stahl- und Betonskeletten	
▼	▼	▼
nach Längenmaß oder Anzahl (nur Pfeiler)	**nach Flächenmaß**	**nach Flächenmaß**

Mauerwerkswände

Mauerwerk für Wände ist nach Flächenmaß abzurechnen.

Wandhöhe

Die Bestimmung der Wandhöhe von Mauerwerk ist zwischen der Oberseite der Rohdecke bis zur Unterseite der Rohdecke vorzunehmen.

Dies gilt unabhängig von der Art der Unterbrechung (Dämmstoffschicht vor Massivdecke, Deckenrandabmauerung).

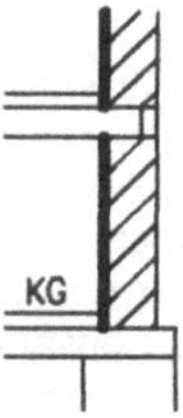

***Bild 1:** Deckenrand mit Dämmstoff*

Werden Wände in der Höhenentwicklung durch andere Bauteile, z. B. Plattenbalkendecken, vollständig unterbrochen (Durchbindung), sind die jeweiligen Maße zwischen diesen Bauteilen als gültige Maße für die Ermittlung der Wandhöhe anzusetzen. Das Flächenmaß der Durchbindung ist vom Flächenmaß der Wand abzuziehen, wenn die Einzelgröße des durchbindenden Bauteils mehr als 2,5 m^2 beträgt. Aussparungen im Mauerwerk für Einbindungen (z. B. abschnittsweise hergestellte Auflagertaschen für Betondecken) sind mit dem entsprechenden Flächenanteil beim Mauerwerk nicht in Abzug zu bringen, wenn für das verbleibende Mauerwerk im Deckenquerschnitt in der Leistungsbeschreibung keine besondere Position vorgesehen ist.

Bei Wänden mit schrägen oberen Querschnitten sind die jeweiligen Oberkanten für eine Abrechnung nach Flächenmaß entscheidend.

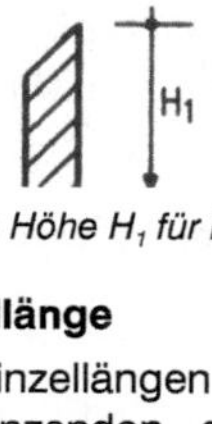

***Bild 2:** Höhe H_1 für Flächenmaß des Wandabschnitts*

Wandlänge

Die Einzellängen verschiedener Wandabschnitte sind von den begrenzenden, einbindenden oder durchbindenden anderen Bauteilen gleicher oder anderer Bauart abhängig.

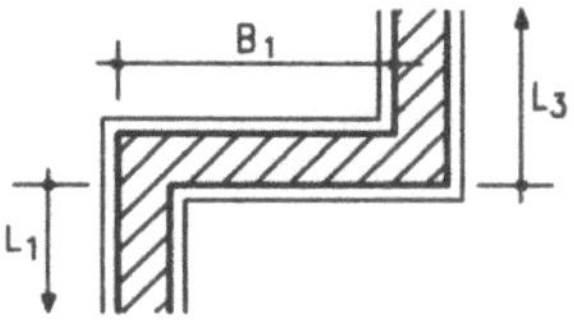

Bild 3: *Mauerwerkwände → Wandmaße*

Bei durchbindenden Bauteilen sind deren Maße in der Mengenermittlung des Mauerwerks nicht zu berücksichtigen. An Schnittstellen von Wänden ungleicher Bauteildicken wird die dickere Wand durchgängig berücksichtigt.

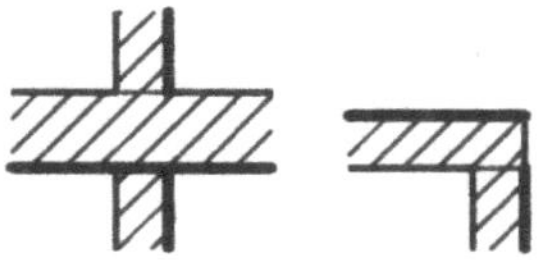

Bild 4: *Wandanschlüsse*

Öffnungen und Aussparungen in Wänden

Öffnungen in Wänden sind abhängig von deren Größen bei der Bestimmung des Flächenmaßes zu berücksichtigen.

Bei der Abrechnung sind Öffnungen über 2,5 m^2 Einzelgröße von der Wandfläche abzuziehen.

Bei der Abrechnung nach Flächenmaß entspricht die Öffnungsgröße dem lichten Öffnungsmaß in Höhe und Breite. Bei abgestuften Öffnungen und Nischen mit angeschrägten Leibungen, Sohlbänken oder Stürzen gelten immer die kleinsten Maße zur Ermittlung der Abzugsgröße.

Bild 5: *Flächenmaß für Öffnungen*

Werden Öffnungen in Mauerwerken nicht ausschließlich durch Mauersteine gebildet sondern durch andere Bauteile herge-

A B D E F G K L M N P S T V W Z

stellt, z. B. durch einen Betonsturz, gilt das tatsächliche lichte Öffnungsmaß als Größe für die Bestimmung der Abzugsfähigkeit. Diese eingebundenen Bauteile sind auch bei einem Abzug der Öffnungsfläche zu übermessen und werden separat abgerechnet.

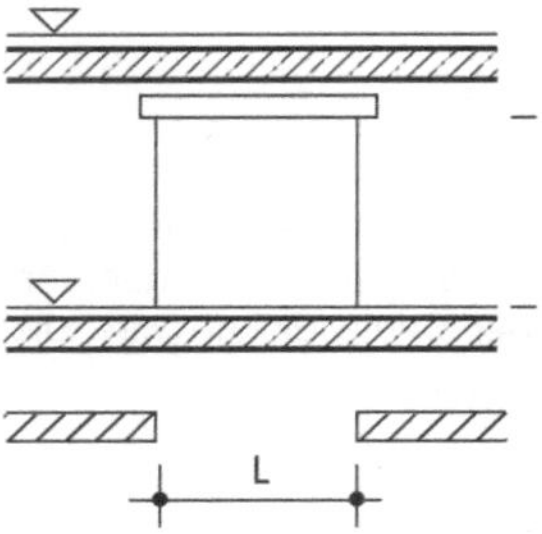

***Bild 6:** Mauerfläche mit Öffnung und Betonsturz*

Verschiedenartige Öffnungen, Nischen und Aussparungen, die unmittelbar aneinander grenzen, sind für die Beurteilung der Übermessung einzeln mit ihren Flächenmaßen zu bestimmen (Einzelgröße der Fläche größer oder kleiner 2,5 m^2).

Zusammenhängende Teilflächen von gleichartigen Aussparungen und Öffnungen (z. B. Balkontür mit nebenliegendem Fenster ohne Zwischenpfeiler) werden für die Einstufung der Größe als eine Fläche bewertet.

Liegen Aussparungen anteilig in Flächen, die getrennt abgerechnet werden, sind die jeweiligen Einzelgrößen für die Bestimmung der Übermessungsgröße maßgebend.

Durchdringungen

Mauerwerkswände unterschiedlicher Wandbaustoffe sind nach den jeweiligen Leistungspositionen mit Angabe zum Material, zur besonderen Materialeigenschaft (Druckfestigkeit u. Ä.), der Wanddicke und der Verarbeitung (Klebe- oder Mörtelfuge) abzurechnen. Zur Abrechnungsregel für Durchdringungen gehören nur Wände gleicher Güte, gleicher Art und mit gleicher oder ungleicher Dicke. Durchbindende Wände werden nur jeweils einfach mit den Flächen der Durchdringungen abgerechnet. Bei Wänden ungleicher Dicke wird die dickere Wand für die Abrechnung als durchgängige Wand angesetzt.

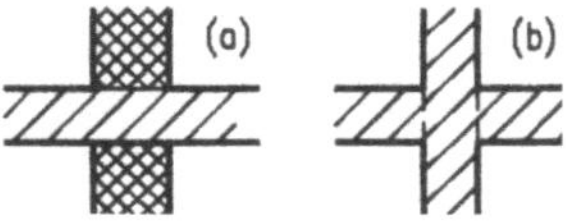

Bild 7: *(a) Keine Durchdringung*
(b) Durchdringung

Unterbrechungen in Wänden

Durch andere stabförmige Bauteile verursachte Unterbrechungen in Wänden werden nach ATV Ziffer 5.3 bis zu einer Einzelbreite von 30 cm bei der Bestimmung des Flächenmaßes übermessen. Dazu gehören Teile, wie z. B. Deckenbalken, Holzpfosten und Vorlagen.

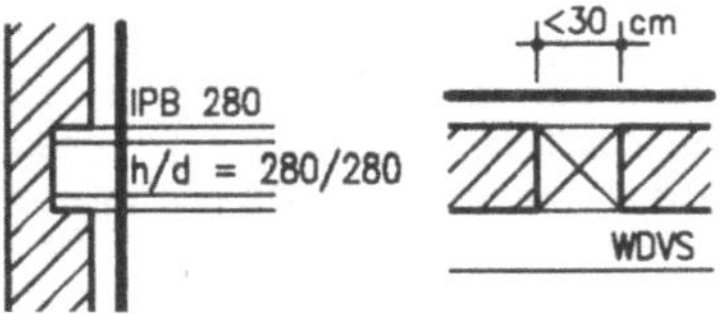

Bild 8: *Decken-Stahlträger und Holzstütze in Mauerwerk*

Bei vollständigen Fachwerkwänden ist diese Regel jedoch nicht anzuwenden. Vielmehr sind hierzu die Einzelfelder als Ausmauerungen in einer eigenen Leistungsposition mit Angabe der Feldgrößen und Wanddicke zu erfassen.

Für die Abrechnung nach Flächenmaß gelten Einbauten, wie Rollladenkästen, Fenster- und Türstürze, jedoch nicht als Bauteile im Sinne einer „Unterbrechung". Die Bauteile sind für die Ermittlung des Flächenmaßes des Mauerwerks zu übermessen.

Nischen

Bei einer Abrechnung von Mauerwerk nach Flächenmaß werden die Flächen der Nischen bis zu einer Einzelgröße von 2,5 m^2 übermessen.

Pfeiler, Pfeilervorlage

Für die Abrechnung von gemauerten Pfeilern und Pfeilervorlagen gelten ebenfalls die Festlegungen zu den oberen und unteren Bezugskanten von Mauerwerk für Wände.

In die Abrechnung nach Längenmaß sind die Pfeilerquerschnitte aufzunehmen, in die Abrechnung nach Anzahl zusätzlich die jeweiligen Pfeilerlängen.

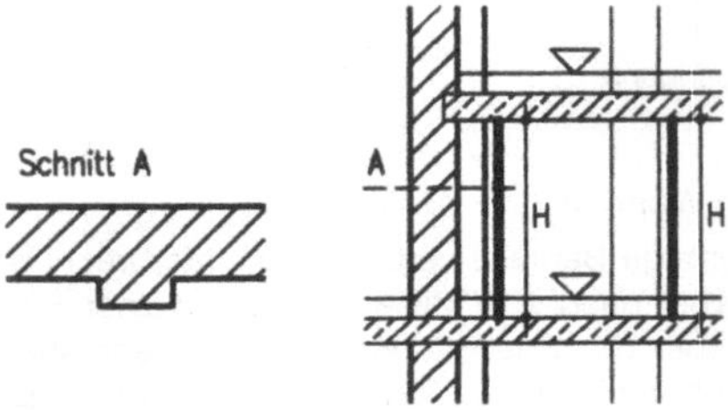

***Bild 9:** Pfeiler und Pfeilervorlage*

Tür- und Fensterpfeiler

Die Flächenmaße von gemauerten Tür- und Fensterpfeilern (B) mit einer Ansichtsbreite bis einschließlich 50 cm werden gesondert ermittelt und abgerechnet, wenn die beiden nebenliegenden Wandöffnungen vom Flächenmaß der betroffenen Wand übermessen werden. In allen anderen Fällen zählen die entsprechenden Flächenanteile von Tür- oder Fensterpfeilern zur sonstigen Wandfläche. Sind für Tür- und Fensterpfeiler andere Steingüten oder Dicken vorgesehen bzw. ausgeführt, erfolgt stets eine gesonderte Berechnung dieser Flächenanteile nach Längenmaß.

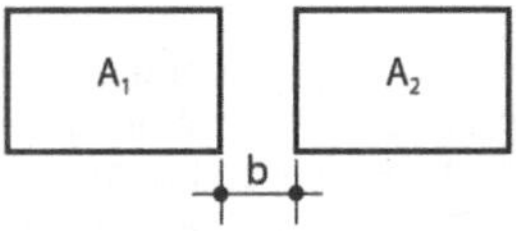

***Bild 10:** Nebeneinander liegende Fensteröffnungen*

Beispiel a)

A_1 = 2,01 m * 1,51 m = 3,04 m^2
A_2 = 2,01 m * 1,51 m = 3,04 m^2

beide Öffnungen > 2,5 m^2 → Pfeiler in separater Position abrechnen

Beispiel b)

A_1 = 1,26 m * 1,51 m = 1,90 m^2
A_2 = 2,01 m * 1,51 m = 3,04 m^2

nur eine Öffnung > 2,5 m^2 → Pfeiler in Wandfläche des Mauerwerks erfassen

Leibungen, Glattstrich an Leibungen

Die Leibungen von Sicht- und Verblendmauerwerk werden bei Öffnungen und bei Nischen, unabhängig von deren Größe, gesondert nach Längenmaß gerechnet. Leibungen, die im Zuge der Mauerarbeiten für verputzte Wandflächen gleichzeitig mit der Herstellung von Öffnungen gebildet werden, sind nicht gesondert abzurechnen.

An Leibungen ausgeführte Glattstriche zum Ausgleich der Steinprofilierung und der Herstellung einer ebenen Oberfläche für den Fenstereinbau sind nach Längenmaß mit entsprechender Beschreibung der Leibungsbreite abzurechnen.

Einbauten

In Wände integrierte andere Bauteile, wie Fenster- und Türstürze, Aussparungen für außen liegende Rollläden, Umrahmungen und dergleichen, werden bei der Ermittlung der Flächenmaße für das Mauerwerk übermessen. Für diese Einbauten ist die Abrechnung nach den Einzelmaßen der Bauteile gesondert vorzunehmen.

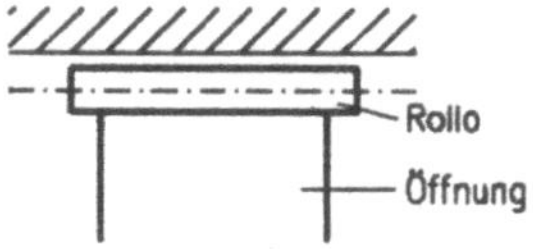

Bild 11: *Rollladenkasten*

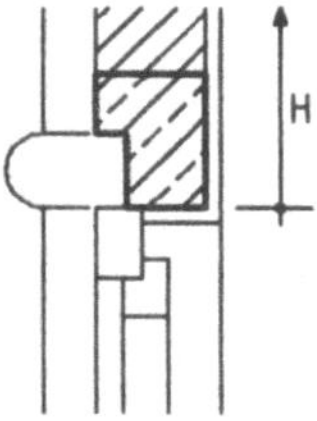

Bild 12: *Stahlbetonsturz mit Ausklinkung*

Tür- und Fensterstürze, Entlastungsbögen, Überwölbungen, Stürze, Überwölbungen von Öffnungen und Nischen sowie Entlastungsbögen sind immer in einer eigenen Leistungsposition nach Längenmaß, ggf. auch nach Anzahl, zu erfassen. Für vorgefertigte Bauteile ist die Abrechnung in jedem Fall nach Anzahl vorzunehmen. Die Größe der überdeckten Öffnung ist für die zulässige Abrechnungsfähigkeit der Leistung nicht relevant. Für die Längenermittlung sind die größten Bauteillängen maßgebend.

Bild 13: *Gemauerter Entlastungsbogen*

Auskragungen, Gesimse, Fensterbänke, Stürze, Schmuckbänder

Längenorientierte Bauteile, wie Stürze, Überwölbungen, Rollschichten, Auskragungen, schräge Mauerwerksabschlüsse, Gesimse, Rollschichten als Mauerabschlüsse, gemauerte Stufen und dergleichen, werden immer mit der größten Bauteillänge abgerechnet.

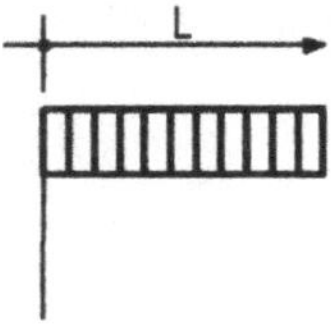

Bild 14: *Rollschicht als oberer Wandabschluss*

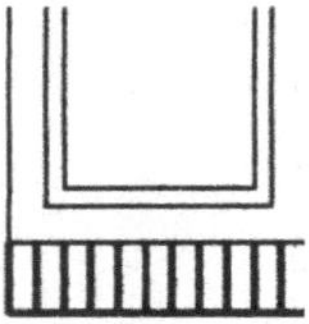

Bild 15: *Sohlbank*

Gewölbe

Für gemauerte Gewölbe ist zur Bestimmung des Flächenmaßes die Abwicklungslänge an der Gewölbeunterseite maßgebend.

Schornsteine, gemauert

Bei der Neuerrichtung von Gebäuden werden Kamine mit kleinformatigen Mauersteinen i. d. R. nicht mehr hergestellt. Für Sanierungsarbeiten im Bestand kann ggf. jedoch die Abrechnung derartiger Leistungen bei der Wiederherstellung der ursprünglichen Konstruktion erforderlich werden. Der Autor gibt dazu im Folgenden die Regelungen und Inhalte der ATV 18300, nach der VOB Ausgabe 2002/2005, wieder.

Aus mittel- und kleinformatigen Mauersteinen auf der Baustelle hergestellte Züge von Schornsteinen werden zur Längenbestimmung von der Oberkante des Fundaments bis zur Oberkante der Durchdringung mit der Dachhaut gemessen.

Die Herstellung von Kaminköpfen ist, getrennt nach Querschnitt, Anzahl der Züge und Länge (Achse), nach Anzahl abzurechnen.

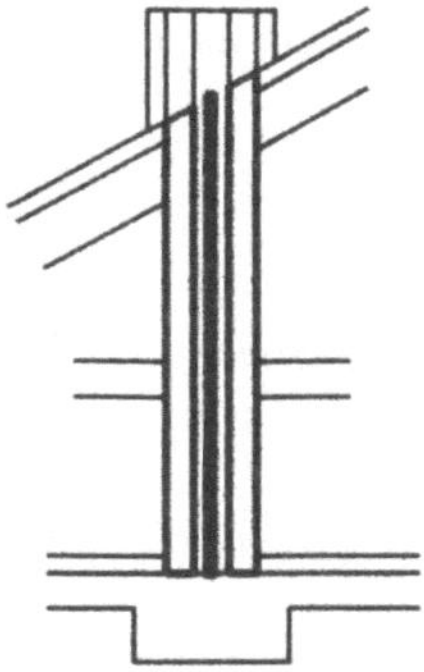

Bild 16: *Gemauerter einzügiger Kamin*

Die Messung für die Feststellung der Kaminlänge erfolgt in der Kaminachse. Insbesondere bei gezogenen Schornsteinen besteht hier ggf. eine deutliche Mengendifferenz zu einer geradlinigen, senkrechten Ausführung. Bei mehrzügigen Schornsteinen ist die Längenbestimmung getrennt nach Zügen vorzunehmen.

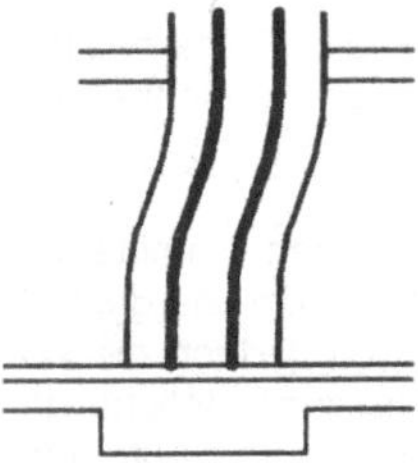

Bild 17: *Gemauerter zweizügiger, gezogener Kamin*

In den Schornstein eingebaute Reinigungsöffnungen, Rohranschlüsse und dergleichen werden übermessen (→ Abrechnung nach Anzahl). Soweit Auskragungen ausgeführt wurden, bleiben diese bei der Längenermittlung unberücksichtigt.

Binden gemauerte Schornsteine vollständig oder teilweise in Wände ein oder sind sie als einliegende Schornsteine ausgeführt, werden die Schornsteinlängs- oder -quermaße bei der Längenermittlung der jeweiligen Wand abgezogen. Für die Bestimmung der Grenzlinie von Schornsteinquerschnitt und Wand gilt die erforderliche Mindestdicke der Schornsteinwangen.

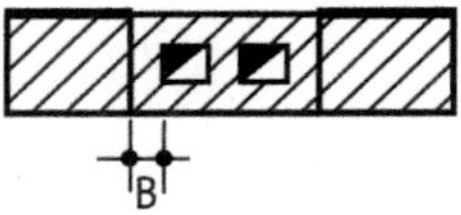

Bild 18: *Einliegender Schornstein, B = Mindestwangendicke*

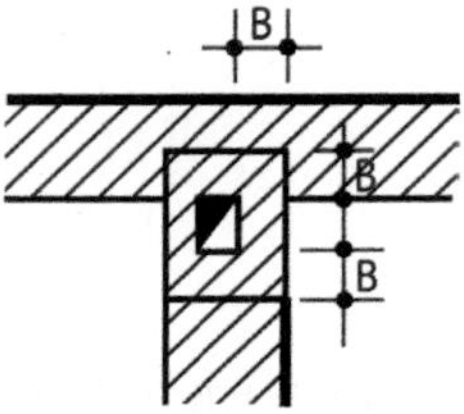

Bild 19: *Einbindender Schornstein, B = Mindestwangendicke*

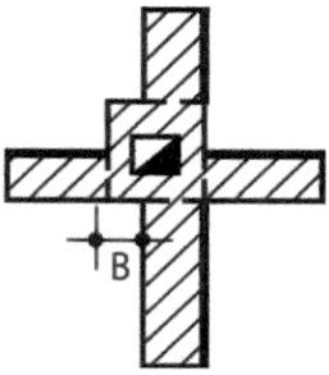

Bild 20: *Durchbindender Schornstein, B = Mindestwangendicke*

Schornsteine aus Formsteinen (nach VOB 2006)

Schornsteine aus Formsteinen werden i. d. R. ohne Veränderung der äußeren Abmessungen bis zur erforderlichen Höhe der Mündung über die Dachhaut hergestellt.

Die Höhe wird in der Mittelachse des Schornsteins ab der Oberkante der Aufstellfläche des Standsteins (Fundament, Bodenplatte, Rohfußboden) bis zur Oberkante des obersten Formsteins gemessen (a)

Der Schornsteinkopf aus einer örtlich hergestellten Betondeckplatte oder eines Betonfertigteils wird in separater Leistungsposition abgerechnet, die entsprechende Bauteilhöhe zählt nicht zur Schornsteinlänge. Bei der Ausführung eines Fertigteils mit Putzöffnung und Kondensatbox als Standfuß wird die Schonsteinlänge für die Mantelsteine ab Oberkante Standfuß abgerechnet (b).

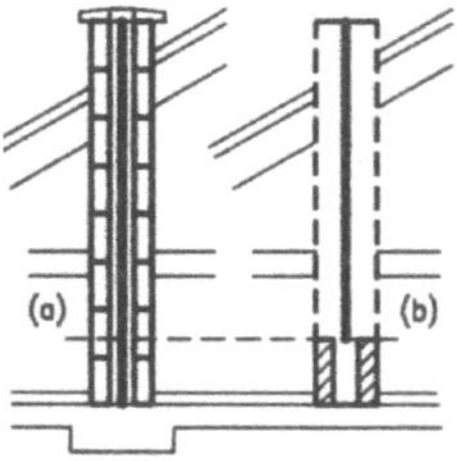

Bild 21: *Kaminzug aus Formsteinen*

Fassaden

Mauerwerk an Fassaden als Sicht- und Verblendmauerwerk wird nach den größten Abmessungen der Fassadenflächen abgerechnet.

Dies gilt auch für die Flächen der i. V. m. der Außenschale hergestellten Dämmstoffschichten oder für separate Leistungspositionen zu erforderlichen Rückverankerungen in der Fläche des Mauerwerks.

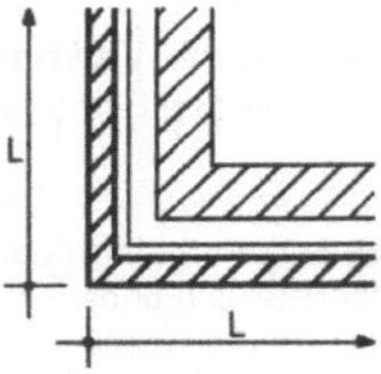

Bild 22: *Verblendmauerwerk mit Dämmschicht*

Abfangungen von Außenschalen

Bei zweischaligem Verblendmauerwerk werden die linear abgeordneten Abfangungen nach Längenmaß mit den größten Längen der Außenschale abgerechnet.

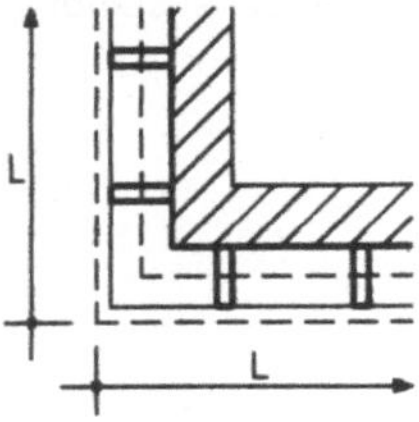

Bild 23: *Abfangung für Außenschale*

Bodenbeläge

Die Flächen von Bodenbelägen im Innenbereich und im Freien aus frostsicheren Mauersteinen werden nach den Maßen der hergestellten Fläche (Flächenaußenkanten) abgerechnet.

Bild 24: *Weg/Treppe aus Mauersteinen an verputzte Hauswand angrenzend*

Aussparungen über 0,5 m^2 Einzelgröße sind in Bodenbelägen aus Flach- oder Rollschichten bei der Mengenermittlung nach Flächenmaß von der Gesamtfläche abzuziehen.

Fugen

Fugen in Mauerwerk und Bodenbelägen werden unabhängig von der Art des Mauerwerks und der Art der Fuge (Bewegungsfuge, Anschlussfuge o. Ä.) immer übermessen.

Auffüllungen, Schüttungen

Für ebene Deckenkonstruktionen mit Hohlräumen, die mit einer Auffüllung versehen werden, ist die Grundfläche des entsprechenden Deckenbauteils als abrechnungsfähige Grundfläche anzusetzen.

Für Aussparungen und Öffnungen innerhalb des Deckenquerschnitts sind die entsprechenden Flächen in Abzug zu bringen. Im Fußbodenaufbau vorhandene Bauteile (z. B. Deckenbalken, Überzüge) werden übermessen.

Schüttungen und Dämmstoffe für die Auffüllung von Hohlräumen, z. B. über gemauerten oder betonierten Gewölbe, werden nach Raummaß abgerechnet.

Bewehrung

Im Zuge von Mauerarbeiten eingebaute Stahlmengen (z. B. bei bewehrtem Mauerwerk nach DIN 1053, Teil 3, „Profilstahl als Unterzüge oder Stürze“) werden nach den ermittelten Stahlmassen dieser Bauteile abgerechnet.

Die Stahlmengen sind für das Liefern, Schneiden, Biegen und Einbauen dieser Teile heranzuziehen. Die Mengenberechnung erfolgt auf der Grundlage der Angaben in den entsprechenden DIN-Normen bei genormten Stählen, im Übrigen nach den Angaben der Profilbücher der Hersteller.

Übermessungsregeln nach ATV DIN 18330, Ziffer 5.3

Bei der Ermittlung der abrechnungsfähigen Mengen sind die nachstehenden aufgeführten Bauteile bzw. Konstruktionsmerkmale besonders zu beachten. Abhängig von der für die Leistung zutreffenden Abrechnungseinheit und Einzelgröße der „Unterbrechung" sind die Maße und Mengen der genannten Bauteile der jeweiligen Einzelleistung zu übermessen.

	Übermessen werden:
Flächenmaß	Öffnungen (auch raumhoch), Nischen und Durchdringungen bis einschließlich 2,5 m^2 Einzelgröße (es sind die kleinsten Maße zu berücksichtigen)
	Stürze, Rollladenkästen, Überwölbungen und Entlastungsbögen
	in Bodenbelägen aus Flach- oder Rollschichten Aussparungen bis einschließlich 0,5 m^2 Einzelgröße
	Unterbrechungen der Mauerwerksfläche durch andere stabförmige Bauteile, z. B. Fachwerkteile, Stützen, Unterzüge, Vorlagen mit einer Einzelbreite bis einschließlich 30 cm
Längenmaß	Unterbrechungen bis einschließlich 1,0 m Einzellänge

Metallbauarbeiten

Anwendungsbereich

Die Ausführungen von Metallbauarbeiten sind im Allgemeinen nach den Regeln der ATV „Metallbauarbeiten“ DIN 18360 abzurechnen. Die ATV umfasst Leistungen im Zusammenhang mit der Herstellung von Konstruktionen aus metallischen Werkstoffen. Die Konstruktionen können auch im Verbund mit anderen Werkstoffen ausgeführt sein. Arbeiten an Türkonstruktionen als Feuerschutzabschlüsse und/oder Rauchschutztüren sowie an Fenstern bzw. Fensterwänden, Zargen, Überdachungen, Toren, Gittern und Bühnen, Treppen, Metallfassaden und anderen Bauteilen aus Blech sind ebenfalls in der ATV geregelt. Die Konstruktionen können aus Stahl und nicht rostendem Stahl, Kupfer und Kupferlegierungen, Aluminium und Aluminiumlegierungen, Zink, Blei und Kunststoffen, jeweils nach den geltenden DIN-Normen, gefertigt sein.

Die Inhalte der DIN 18299 „Allgemeine Regelungen für Bauarbeiten jeder Art“ sind stets zusätzlich zu den spezifischen Regelungen zu berücksichtigen. Bei Widersprüchen gelten die gewerkebezogenen Regelungen der DIN 18360 vorrangig.

Arbeiten mit Metallen im Stahlbau, für abgehängte Decken (Trockenbau), für vorgehängte hinterlüftete Fassaden, für Klempnerarbeiten sowie Beschlag- und Rollladenarbeiten sind durch die jeweiligen gewerkespezifischen Allgemeinen Technischen Vertragsbedingungen geregelt.

Checkliste Abrechnungseinheiten nach ATV DIN 18360

In Leistungsverzeichnissen gelten gem. Ziffer 0.5 der ATV die folgenden Abrechnungseinheiten für die Ausführung von Metallbauarbeiten und alle damit in direkter Verbindung stehenden Nebenleistungen und besonderen Leistungen.

	Metallbauarbeiten
	**Flächenmaß (m²)** getrennt nach Bauart und Maßen
	Bühnen, Stege, Abdeckungen, Roste
	Bleche
	Fassaden
	Bekleidungen, abgehängte Decken und dergleichen
	Unterkonstruktionen
	**Längenmaß (m)** getrennt nach Bauart und Maßen
	Geländer, Gitter, Leitern, Roste, Abdeckungen
	Profile
	Fensterwände
	Unterkonstruktionen
	**Anzahl (Stück)** getrennt nach Bauart und Maßen
	Fenster, Türen und Tore
	Schaufenster, Vitrinen und dergleichen
	Gitter, Geländer, Leitern, Roste Abdeckungen
	Profile
	Bühnen
	Unterkonstruktionen
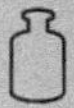	**Masse (kg)** getrennt nach Bauart und Maßen
	Bleche, Bänder, Profile, Kleineisenteile

Abrechnungsgrundregeln nach ATV DIN 18360, Ziffer 5 „Abrechnung“

Die Ermittlung der abzurechnenden Leistung kann grundsätzlich nach Zeichnung oder auch nach den Ergebnissen eines örtlichen Aufmaßes erfolgen. Die Abrechnung nach Zeichnung (Nennmaße) setzt die Vorlage einer detaillierten und bemaßten Ausführungszeichnung voraus. Für die verschiedenen Bauteile und Konstruktionen sind in der ATV unter Ziffer 5.1 die zu berücksichtigenden Flächen-, Längen- und Raumbegrenzungen für die Ermittlung der Einzelmaße festgelegt.

Für die Abrechnung sind die Maße der hergestellten Bauteile und Bekleidungen und der behandelten Flächen zu besichtigen.

Wand- und Deckenbekleidungen

Für Wand- und Deckenbekleidungen auf Flächen **ohne begrenzende Bauteile** sind die Maße der hergestellten Bekleidung der Abrechnung zugrunde zu legen.

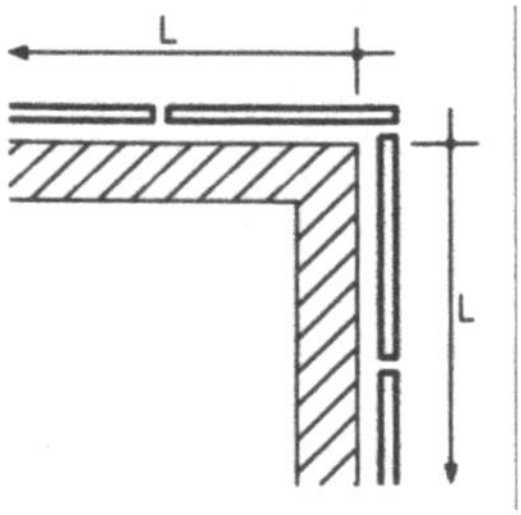

Bild 1: *Wandbekleidung in Innenräumen, ohne begrenzendes Bauteil*

Wand- und Deckenbekleidungen, die an andere Bauteile angrenzen, sind nach den Maßen bis zu dem begrenzenden, ungeputzten Bauteil abzurechnen.

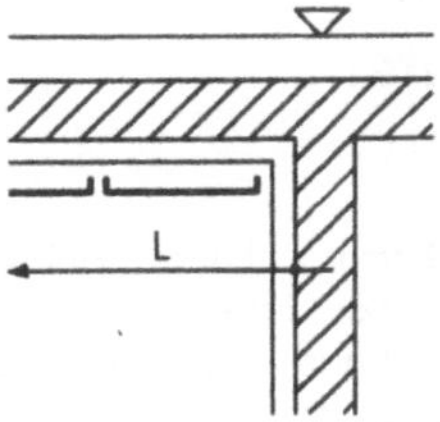

Bild 2: *Deckenbekleidung mit begrenzendem Bauteil*

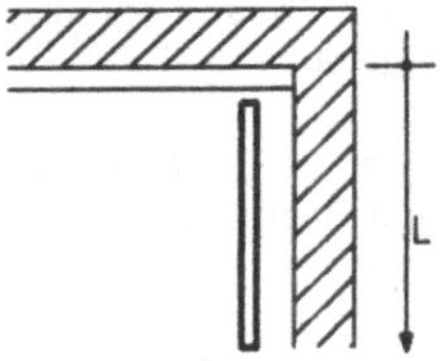

Bild 3: *Wandbekleidung mit begrenzendem Bauteil, Innenecke*

Fassaden

Bekleidungen von Fassaden werden nach den tatsächlichen Maßen abgerechnet. Die Ermittlung der Maße erfolgt an der Oberfläche der Fassadenbekleidung, unabhängig von der Dicke der Unterkonstruktion bzw. dem Verlauf im Grundriss (Abwicklung, Innenecke, Außenecke).

Öffnungen, Aussparungen und Nischen über 2,5 m² sind von der ermittelten Fassadenfläche abzuziehen. Die Flächenermittlung für die Größe der Öffnung ist in der äußeren Ebene der Fassadenbekleidung vorzunehmen.

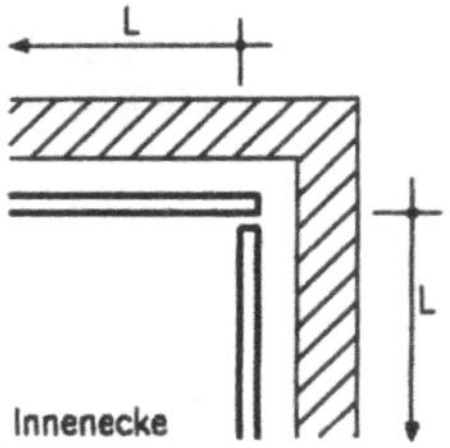

Bild 4: *Fassade, Innenecke*

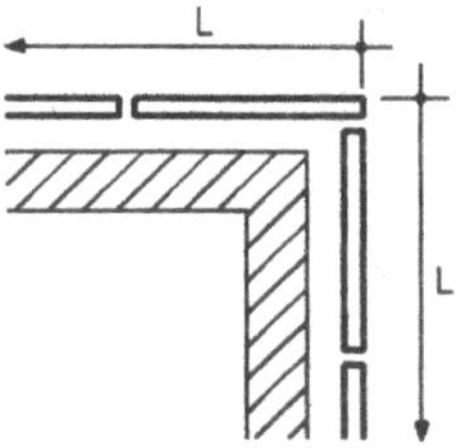

***Bild 5:** Fassade, Außenecke*

Fassadenbekleidungen aus profilierten Blechen (Formblechen) werden in der äußeren Ebene der Bekleidung gemessen.

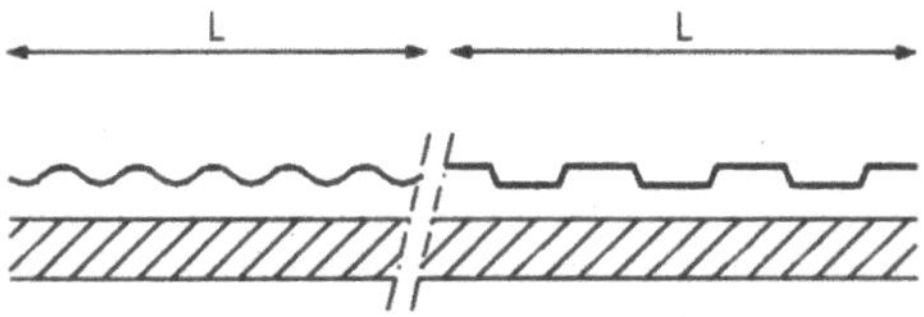

***Bild 6:** Fassade, profilierte Bekleidung*

Nischen

Die Flächen von bekleideten Nischen (nur Rückflächen) werden auch bei einer Größe von < 2,5 m², also einer Übermessung in der Bekleidungsfläche, zusätzlich in einer gesonderten Leistungsposition abgerechnet.

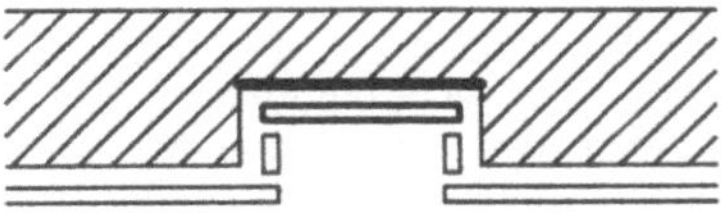

***Bild 7:** Fassade, Nischenrückfläche*

Leibungen

Bekleidungen von Leibungen an Öffnungen, Nischen oder Aussparungen über 2,5 m^2 Einzelgröße sind bei der Flächenermittlung gesondert zu erfassen und abzurechnen. Die Bemessung der Leibungstiefe erfolgt nach den Abmessungen der Rohkonstruktion.

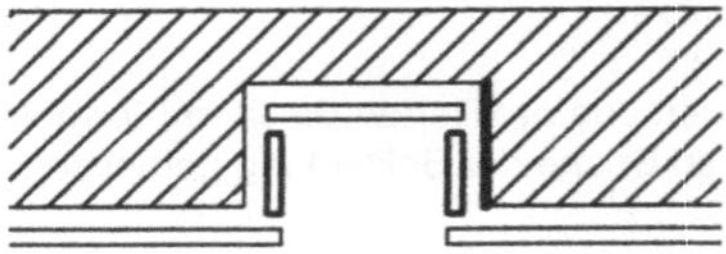

Bild 8: *Leibung*

Als Leibung zählen nur Flächen, deren Tiefe maximal der zu bekleidenden Rohkonstruktion (Wand, Stütze) entspricht. Größere Rücksprünge in der Rohkonstruktion sind nach den Regelungen für Wandbekleidungen zu behandeln.

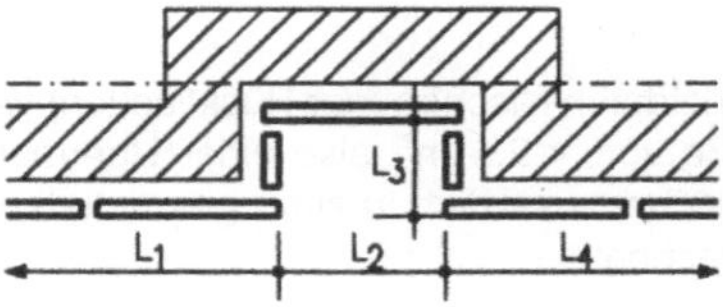

Bild 9: *Gebäuderücksprung, keine Nische*

Sonstige Metallbauteile

Metallbauteile, soweit es sich nicht um Fenster, Türen, Wand- und Deckenbekleidungen oder Fassaden handelt, werden nach den tatsächlichen Maßen des Bauteils abgerechnet. Die Abrechnung von flächigen Bauteilen nach Längenmaß erfordert eine detaillierte Beschreibung der Höhenabmessungen.

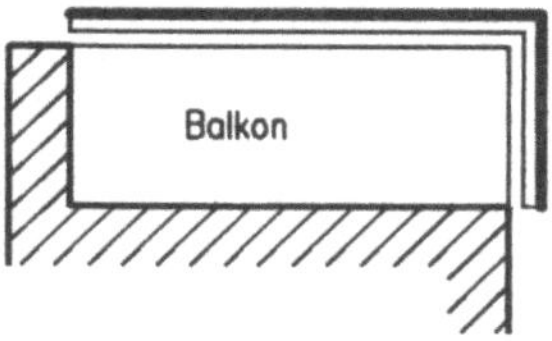

***Bild 10:** Balkongeländer – Abrechnung nach größten Längenmaßen*

Einzelbauteile

Für Einzelbauteile, die nach Flächenmaß abgerechnet werden, sind die Abmessungen des kleinsten, durch das Bauteil umschriebenen Rechtecks maßgebend.

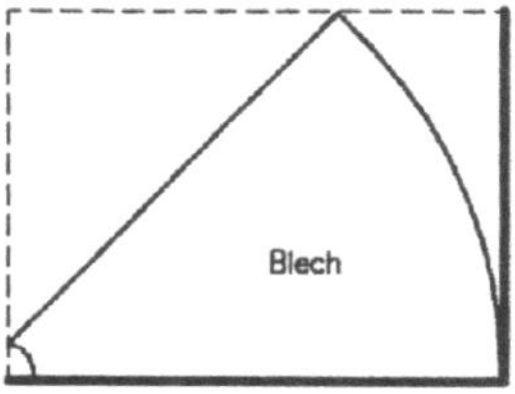

***Bild 11:** Blechabdeckung für Spindeltreppenstufe*

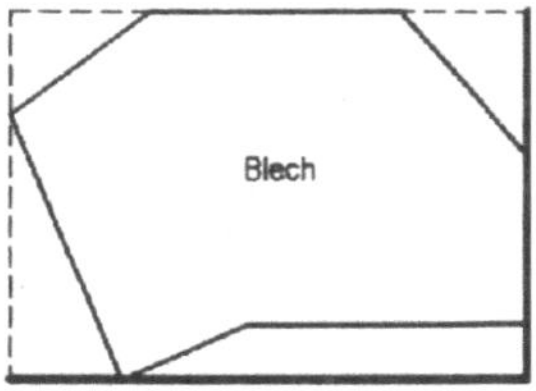

***Bild 12:** Formstück*

Für Abrechnungen nach Längenmaß ist die größte Bauteillänge zu berücksichtigen. Dies gilt auch für schräg geschnittene oder ausgeklinkte Profile oder Bleche.

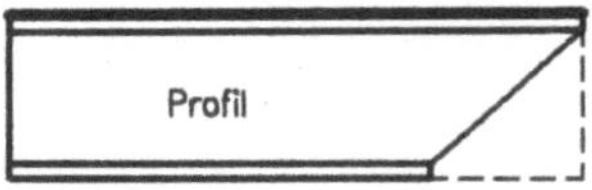

***Bild 13:** Stahlprofil, abgeschrägt*

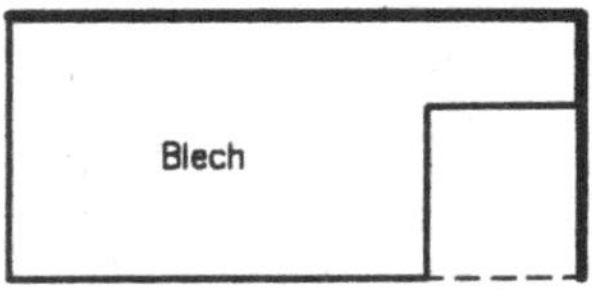

***Bild 14:** Abdeckblech, ausgeklinkt*

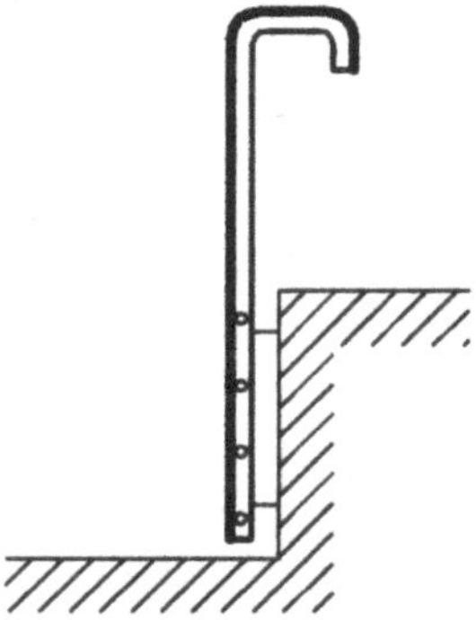

***Bild 15:** Leiter, abgewickelte Holmlänge maßgebend*

Gebogene Bauteile und Profile werden nach den Maßen der äußeren abgewickelten Länge abgerechnet.

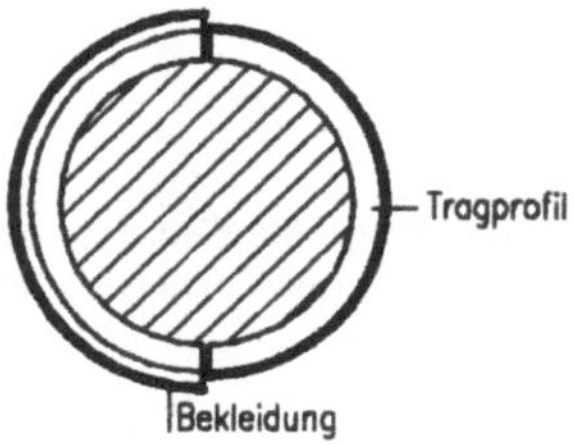

***Bild 16:** Tragprofil und Blechbekleidung einer Stütze*

Abrechnung nach Masse

Werden bestimmte Leistungen nach Masse des bearbeiteten bzw. gefertigten Werkstücks abgerechnet, so sind für die verschiedenen Profile und Werkstoffe die nachstehenden Größen- und Gewichtverhältnisse für die Abrechnung anzusetzen.

Genormte Profile	Gewicht nach DIN-Normen
Andere nicht genormte Profile	Gewicht nach Angaben in Profilbüchern der Hersteller
Bleche und Bänder	je 1 m^2 und 1 mm Dicke
aus Stahl	7,85 kg
aus nicht rostendem Stahl	7,90 kg
aus Aluminium	2,70 kg
aus Kupfer, Messing	9,00 kg
Formstücke	Dichte
aus Stahl und Stahlguss	7,85 kg/dm^3
aus Gusseisen (Grauguss)	7,25 kg/dm^3

Bei der Ermittlung des Gewichts von Konstruktionen aus zusammengesetzten Bauteilen bleiben nach ATV Ziffer 5.1.6.3 die Verbindungsmittel, wie Schrauben, Nieten und dergleichen, unberücksichtigt.

Für Kleineinzelteile bis 15 kg Einzelgewicht kann die Ermittlung der Abrechnungsmenge durch einfaches Wiegen des Einzelstücks erfolgen.

Verzinkte Konstruktionen

Für Bauteile, die in der Leistungsgrundposition ohne Verzinkung ausgeschrieben sind, kann bei der Gewichtsermittlung der verzinkten Konstruktionen für die Verzinkung ein Zuschlag von 5 % des Konstruktionsgewichts vorgenommen werden.

Übermessungsregeln nach ATV DIN 18360, Ziffer 5.3

Bei der Ermittlung der abrechnungsfähigen Mengen sind die nachstehend aufgeführten Bauteile bzw. Konstruktionsmerkmale besonders zu berücksichtigen. Abhängig von der für die Leistung zutreffenden Abrechnungseinheit und Einzelgröße der „Unterbrechung" sind die Maße und Mengen der genannten Bauteile der jeweiligen Einzelleistung unberücksichtigt zu lassen bzw. von der Gesamtmenge abzuziehen.

	Übermessen werden:
Flächenmaß	Aussparungen, Öffnungen und Nischen in Wänden und Decken ≤ 2,5 m^2 Einzelgröße
	Aussparungen, Öffnungen in Böden bis einschließlich 0,5 m^2 Einzelgröße
Längenmaß	Unterbrechungen bis einschließlich 1,0 m Einzellänge

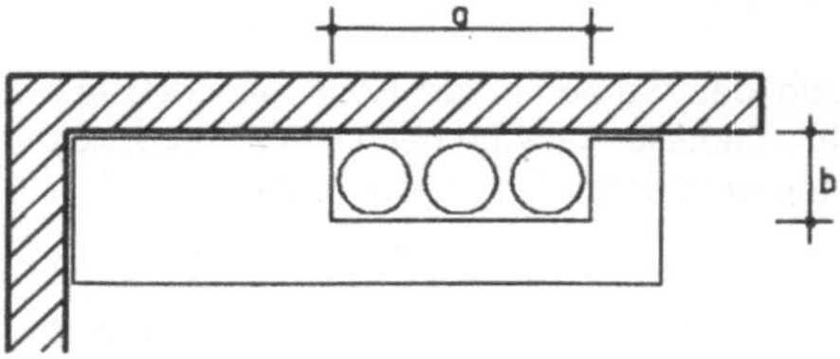

***Bild 17:** Aussparung im Gitterrost in bodengleich eingebauter Schachtabdeckung, a * b > 0,5 m² → Abzug*

Metallbleche – Gewichte

siehe → Anhang Metallbauarbeiten

Naturwerksteinarbeiten

Anwendungsbereich

Das Bearbeiten, Versetzen und Verlegen von Fliesen, Platten und Werkstücken aus Naturwerkstein ist im Allgemeinen nach den Regeln der ATV „Naturwerksteinarbeiten“ DIN 18332 abzurechnen. Dies gilt auch für die Herstellung von Quadermauerwerk aus Natursteinen sowie Verblendmauerwerk. Neben der Herstellung von entsprechenden Mauerwerkswänden und Wandbekleidungen werden auch alle zu der Hauptleistung notwendigen Vorarbeiten, Unterkonstruktionen, Dämmstoffeinbauten, Bekleidungen von Stützen und Unterzügen, besondere Werkstücke und Oberflächenbehandlungen nach den Grundlagen dieser ATV abgerechnet.

Arbeiten zur Herstellung von Pflasterdecken und Plattenbelägen einschließlich Entwässerungsrinnen und Einfassungen aus Naturstein oder Naturwerkstein sowie die Herstellung vorgehängter hinterlüfteter Fassaden mit besonderer Zulassung der Befestigung sind durch diese ATV nicht geregelt.

Die Inhalte der DIN 18299 „Allgemeine Regelungen für Bauarbeiten jeder Art“ sind stets zusätzlich zu den spezifischen Regelungen zu berücksichtigen. Bei Widersprüchen gelten die gewerkebezogenen Regelungen der DIN 18332 vorrangig.

Checkliste Abrechnungseinheiten nach ATV DIN 18332

In Leistungsverzeichnissen gelten gem. Ziffer 0.5 der ATV die folgenden Abrechnungseinheiten für die Ausführung von Naturwerksteinarbeiten und alle damit in direkter Verbindung stehenden Nebenleistungen und Besonderen Leistungen.

	Naturwerksteinarbeiten
	Raummaß (m^3) getrennt nach Bauart und Maßen
	Verblendmauerwerk
	Quadermauerwerk
	Vierungen mit einer Größe von >= 0,03 m^3 bei Instandhaltungsarbeiten
	Werkstücke
	Flächenmaß (m^2) getrennt nach Bauart und Maßen
	Verblendmauerwerk
	Quadermauerwerk
	Ausgleichsschichten
	Bewehrungen, Trag- und Unterkonstruktionen
	Bodenbeläge, Decken- und Wandbekleidungen
	Dämmschichten, Trennschichten
	Außenwandbekleidungen
	Fensterbänke, Abdeckplatten
	Bekleidungen an Säulen, Pfeilern und Lisenen
	frei stehende Wände
	Unterböden mit und ohne Schüttungen
	Vorbehandeln des Untergrunds
	Oberflächenbehandlung, Reinigung von Oberflächen
	Längenmaß (m) getrennt nach Bauart und Maßen
	Abdeckplatten, Wassernasen
	Anschlag-, Trenn-, Eckschutz- und Verankerungsschienen
	Bewegungs- und Anschlussfugen mit Fugendichtstoffen oder Profilen, Fugeninstandhaltung

	Naturwerksteinarbeiten
	Eckausbildungen bei Verblend- und Quadermauerwerk, abgedickte Sichtkanten
	Eckausbildung mit zweiseitigen Gehrungsschnitten
	Eck- und Randplatten
	bearbeitete Stirn- und Seitenflächen, bearbeitete Untersichten
	Falze, Gehrungen, Nuten, Profile
	Gesimse, Fensterbänke, Tür- und Fensterumrahmungen
	Gleitschutzkanten, -profile
	Schräg- und nicht winklige Schnitte
	Sockelleisten
	Stufen und Schwellen
	Kontraststreifen
	**Anzahl (Stück)** getrennt nach Bauart und Maßen
	Anarbeiten an gebogene, nicht rechtwinklige sowie nicht lot- und flutrecht begrenzende Bauteile
	Ankertaschen für verdeckt sitzende Anker
	bearbeitete Seitenansichten (seitliche Köpfe), Profilwiederkehren, Verkröpfungen
	Bohrungen, Ausklinkungen, Aussparungen, Ausnehmungen
	Einbauen von Anschlag-, Trenn- und Eckschutzschienen, Mattenrahmen, Winkelrahmen, Rosten und Tragkonstruktionen für andere Einbauteile
	Werkstücke
	Vierungen
	Pfeiler, Säulen und Lisenen
	Wasserrillen

	Naturwerksteinarbeiten
	Stufen, Schwellen, abgetreppte und schräge Sockelleisten
	Ausbesserungen mit Restauriermörtel bei Instandhaltungsarbeiten
	Installations- und Einbauteile
	Fensterbänke

Abrechnungsgrundregeln nach ATV DIN 18332, Ziffer 5 „Abrechnung"

Die Ermittlung der abzurechnenden Leistung kann grundsätzlich nach Zeichnung oder auch nach den Ergebnissen eines örtlichen Aufmaßes erfolgen. Die Abrechnung nach Zeichnung setzt die Vorlage einer detaillierten und bemaßten Ausführungszeichnung sowie deren Übereinstimmung mit der Bauleistung voraus. Für die verschiedenen Bauteile und Konstruktionen sind in der ATV unter Ziffer 5.1 die zu berücksichtigenden Begrenzungen für die Ermittlung der Einzelmaße festgelegt.

Für hergestelltes Mauerwerk aus Naturwerkstein, Bekleidungen und Beläge sind die Maße der hergestellten Flächen- oder Bauteile zugrunde zu legen. Werden Flächen besonders behandelt, so sind die Maße der behandelten Flächen für die Massenbestimmung anzusetzen.

Bekleidungen, Unterkonstruktionen

Für die Mengenermittlung von Bekleidungen und Belägen sind die Maße der hergestellten Bekleidungen oder Beläge und der hergestellten Bauteile, z. B. des Mauerwerks, zu berücksichtigen. Das Gleiche gilt für die Herstellung von Ausgleichs-, Trenn- und Dämmschichten, Unterböden, Trag- und Unterkonstruktionen sowie für die Bewehrungen der hergestellten Flächen oder Bauteile. Die Regelung gilt unabhängig von der Lage der Flächen in Räumen, im Außenbereich oder an Fassaden.

Bekleidungen in Räumen und an Fassaden

Wandbekleidung

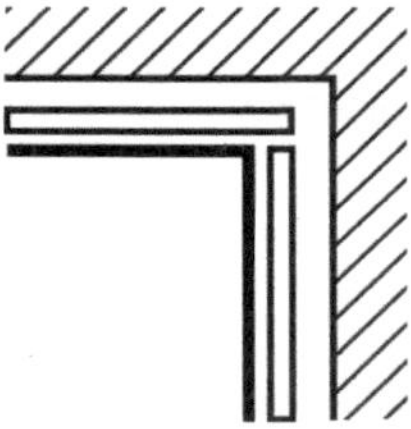

Bild 1: *Rauminnenecke*

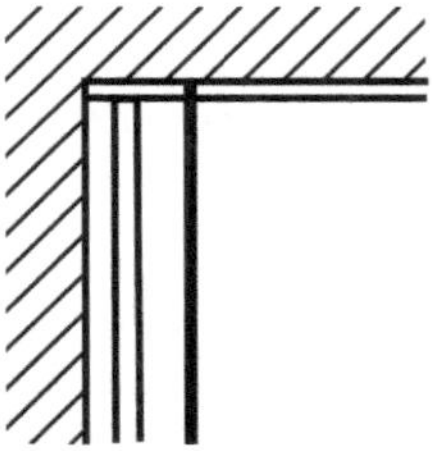

Bild 2: *Anschluss Wandbekleidung an verputzte Decke*

Wandbekleidung (innen) ohne begrenzende Bauteile

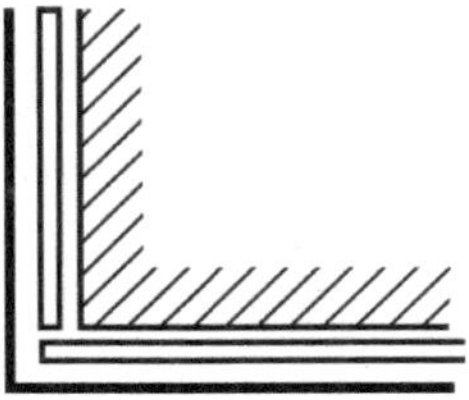

Bild 3: *Raumaußenecke*

Bild 4: *Wandbelag mit oberem freiem Ende, auf verputzter Wandfläche*

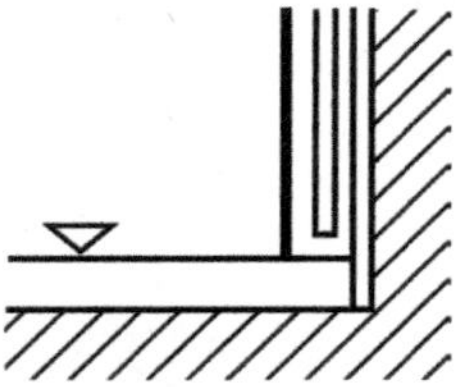

Bild 5: Wandbekleidung (innen) an Bodenbelag

Für Einzelflächen mit unregelmäßigen Formen sind die Maße des kleinsten umschriebenen Rechtecks in die Flächenermittlung aufzunehmen.

Für die Abrechnung nach Längenmaß ist die größte Kantenlänge des Werkstücks bzw. des Bauteils zu berücksichtigen.

Mauerwerk/zusammengesetzte Werkstücke

Vertikale Zwischenschichten in Wänden aus zweihäuptigem Mauerwerk werden bei der Mengenermittlung nach Raummaß gem. ATV Ziffer 5.3.1 übermessen. Diese Regelung gilt auch für Zwischenschichten bei zusammengesetzten Werkstücken.

Stützen, Wandvorlagen

Bei der Bekleidung von Stützen und Wandvorlagen werden die Maße aller Seiten in die Flächenermittlung aufgenommen. Bearbeitete Stirnflächen von Bekleidungselementen werden dabei in die Flächenermittlung aufgenommen. Davon unabhängig wird die Bearbeitung von Stirnflächen nach Längenmaß zusätzlich abgerechnet.

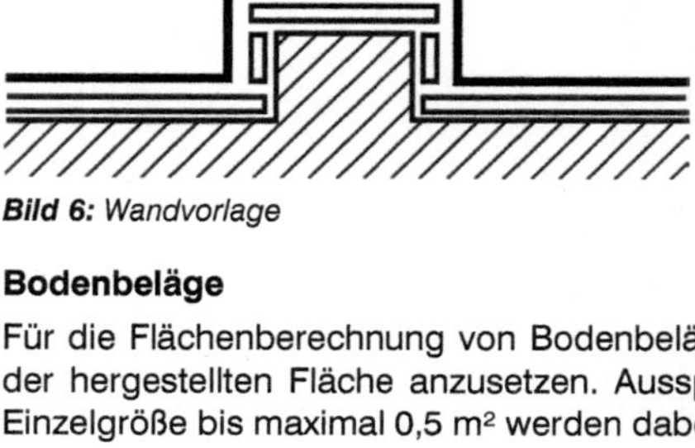

Bild 6: Wandvorlage

Bodenbeläge

Für die Flächenberechnung von Bodenbelägen sind die Maße der hergestellten Fläche anzusetzen. Aussparungen mit einer Einzelgröße bis maximal 0,5 m² werden dabei übermessen.

Fassaden, Außenbekleidung an Stützen

Der Mengenermittlung bei Fassadenflächen sind die Maße der fertiggestellten Bekleidung zugrunde zu legen.

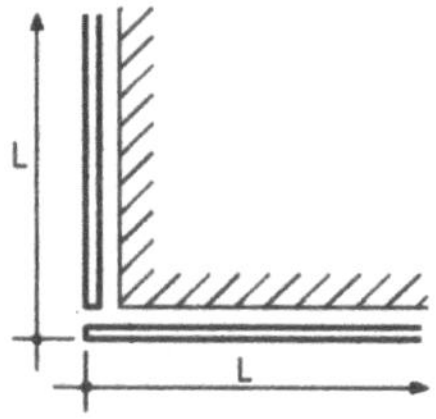

Bild 7: *Fassade, Außenecke*

Wurden im Zusammenhang mit einer Fassadenbekleidung aus Naturwerkstein auch gleichzeitig herzustellende Dämmschichten und die Trag- und Unterkonstruktionen beauftragt, so sind diese nach den Maßen der Fassadenbekleidung abzurechnen. Dies gilt auch dann, wenn dazu separate Leistungspositionen bestehen.

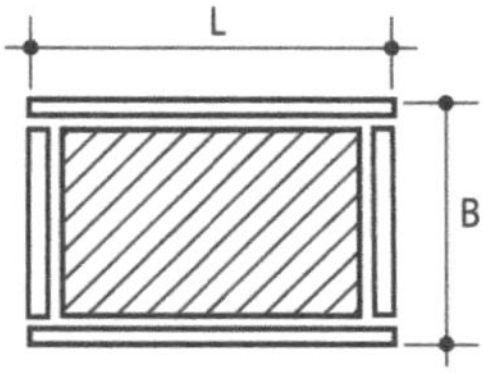

Bild 8: *Fassadenbekleidung an einer Stütze*

Fugen

Fugen werden bei Abrechnungen von Bekleidungen nach Längen- und Flächenmaß übermessen. Bei zusammengesetzten Werkstücken und Mauerwerk, das nach Raummaß abgerechnet wird, werden Fugen ebenfalls übermessen.

Sockel

Nach ATV Ziffer 5.2.3 sind für abgetreppte Sockelplatten oder bei schrägen Sockelplatten (Bischofsmützen) die Abwicklungslängen bzw. die Längen an der Sockeloberkante zu ermitteln. Alternativ kann die Abrechnung nach Anzahl erfolgen.

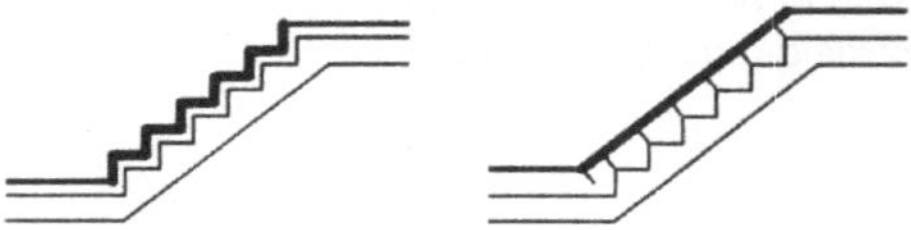

Bild 9: *Abgetreppter Sockelverlauf und Treppe mit schrägen Sockelplatten*

Bearbeitete Leibungen und Stirnflächen

Bei der Abrechnung von Bekleidungen nach Flächenmaß werden die Flächen der bearbeiteten Leibungen oder Stirnflächen diesem Flächenmaß hinzugerechnet (ATV Ziffer 5.2.4). Dabei werden die Maße von sichtbaren profilierten Flächen nach deren Abwicklungsmaßen berücksichtigt.

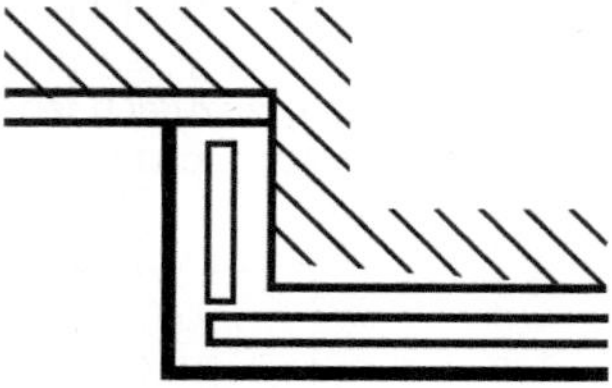

Bild 10: *Bekleidung einer Leibung in einer Nische*

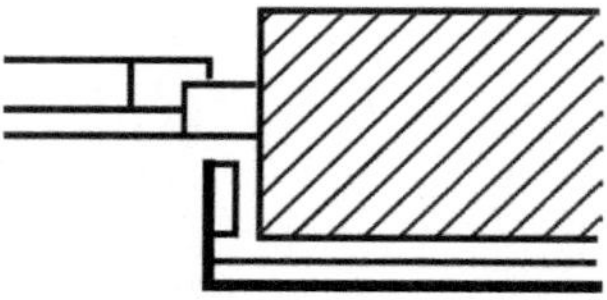

Bild 11: *FensterLeibung und bekleidete Fassadenfläche*

Längenorientierte Bauteile

Längenorientierte Bauteile wie Gesimse, Umrahmungen oder Abdeckungen werden i. d. R. nach der größten Kantenlänge des Bauteils bzw. Werkstücks abgerechnet. Bei Bauteilen aus zusammengesetzten Werkstücken ist die Gesamtlänge aus der Summe der Längen der Einzelstücke einschließlich der Fugenbreiten zu ermitteln.

Bauteile mit einer Einzellänge unter 1,0 m werden mit dem Längenmaß 1,0 m angerechnet. Bestehen Unterbrechungen mit einer Einzellänge bis einschließlich 1,0 m, wird die Unterbrechung übermessen.

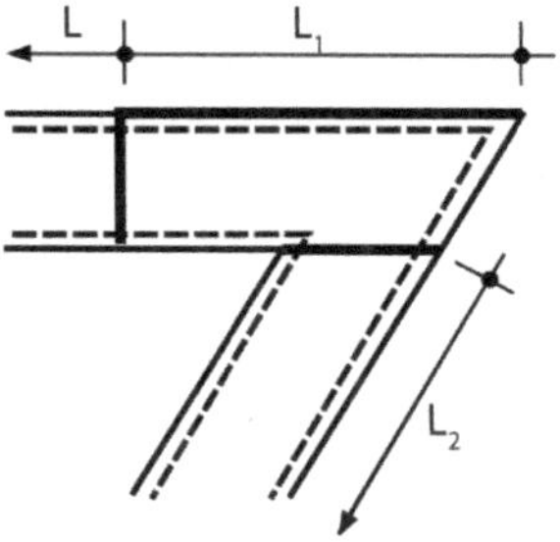

Bild 12: *Abdeckplatten*

Werkstücke

Einzelne Werkstücke, wie z. B. Abdeckungen, Fensterbänke oder Stufen mit einer Breite unter 20 cm, werden grundsätzlich mit einer Breite von 20 cm, bei einem Flächenmaß von unter 0,25 m² mit 0,25 m² abgerechnet.

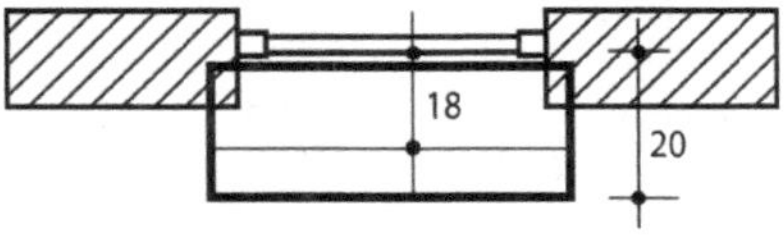

Bild 13: *Fensterbank*

Bei der Ermittlung der Fläche von nicht rechtwinkligen und ausgeklinkten Flächen ist das kleinste umschriebene Rechteck für die abrechnungsfähige Fläche maßgebend. Aussparungen, Ausnehmungen und Öffnungen an Einzelplatten und Einzelwerkstücken werden übermessen.

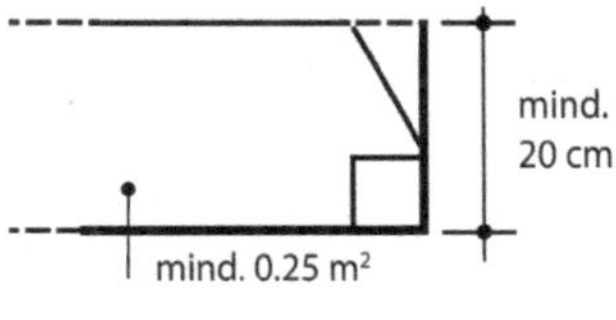

Bild 14: *Werkstück*

Bei zusammengesetzten, nach Raummaß abzurechnenden Werkstücken werden Raummaße unter 0,03 m^3 mit 0,03 m^3 abgerechnet. Für das Raummaß ist das Volumen des kleinsten das Werkstück umschreibenden rechtwinkligen Körpers zu ermitteln.

Schlitze oder Nuten in Werkstücken, die nach Raummaß abgerechnet werden, bleiben mit einer Querschnittsfläche von bis zu 0,1 m^2 in der Massenermittlung unberücksichtigt. Die Herstellung des Schlitzes oder der Nut wird als Einzelleistung nach Längenmaß abgerechnet.

Übermessungsregeln nach ATV DIN 18332, Ziffer 5.3

Bei der Ermittlung der abrechnungsfähigen Mengen sind die nachstehend aufgeführten Bauteile bzw. Konstruktionsmerkmale besonders zu beachten. Abhängig von der für die Leistung zutreffenden Abrechnungseinheit und Einzelgröße der „Unterbrechung" sind die Maße und Mengen der genannten Bauteile der jeweiligen Einzelleistung unberücksichtigt zu lassen bzw. von der Gesamtmenge abzuziehen.

Die Größe der Öffnung in Fassadenflächen richtet sich nach der Öffnungsgröße in der fertigen Fassadenbekleidung, nicht nach der Größe der Öffnung im Rohbau oder in der sonstigen Unterkonstruktion.

Für die Ermittlung der Einzelfläche zu übermessender Öffnungen, Nischen oder Wandvorlagen gelten deren Rohmaße als Bemessungsgrundlage.

	Übermessen werden:
Raummaß	Öffnungen, Aussparungen und Nischen bis einschließlich 0,5 m^3 Einzelgröße
	Fugen
	Schlitze bis einschließlich 0,1 m^2 Querschnittsfläche

	Übermessen werden:
Flächenmaß	Fugen
	Unterbrechungen mit einer Einzelbreite bis einschließlich 30 cm
	Aussparungen mit einer Einzelgröße bis einschließlich 0,5 m^2
	Aussparungen mit einer Einzelgröße bis einschließlich 2,5 m^2 für Leistungen: Oberflächenbehandlung, Reinigung von Oberflächen und Vorbehandeln des Untergrunds
	Aussparungen in Böden mit einer Einzelgröße bis einschließlich 0,5 m^2
Längenmaß	Unterbrechungen bis einschließlich 1,0 m Einzellänge

Es gilt außerdem die ergänzende Einzelregelung:

Aussparungen in Einzelwerkstücken und Einzelplatten werden unabhängig von der Größe/ Fläche der Aussparung übermessen.

Parkett- und Holzpflasterarbeiten

Anwendungsbereich

Die Ausführungen von Parkett- und Holzpflasterarbeiten sind im Allgemeinen nach den Regeln der ATV „Parkett- und Holzpflasterarbeiten" DIN 18356 abzurechnen. Die ATV umfasst Leistungen im Zusammenhang mit der Herstellung von Holzfußböden mit Massivholz-Parkettstäben, Massivholz-Lamparkettprodukten, Mosaikparkettlamellen, Laubholzdielen, Massivholzparkett, Hochkant- oder Breitlamelle und Modulklötzen sowie Massivholz-Overlay-Parkettstäbe einschließlich Parkettblöcken mit Verbindungssystem. Die Abrechnung von Parkettunterlagen, Versiegelungen, Sockel- und Deckleisten erfolgt ebenfalls nach diesen Vorgaben.

Die Inhalte der DIN 18299 „Allgemeine Regelungen für Bauarbeiten jeder Art" sind stets zusätzlich zu den spezifischen Regelungen zu berücksichtigen. Bei Widersprüchen gelten die gewerkebezogenen Regelungen der DIN 18356 vorrangig.

Die Verlegung von Lagerhölzern und Blindböden unterliegt den Regelungen der ATV DIN 18334 „Zimmer- und Holzbauarbeiten".

Checkliste Abrechnungseinheiten nach ATV DIN 18356

In Leistungsverzeichnissen gelten gem. Ziffer 0.5 der ATV die folgenden Abrechnungseinheiten für die Ausführung von Parkettarbeiten und alle damit in direkter Verbindung stehenden Nebenleistungen und besonderen Leistungen.

	Parkettarbeiten
	**Flächenmaß (m^2)** getrennt nach Bauart und Maßen
	Parkett und Holzpflaster
	Unterlagen
	Schutzabdeckungen
	Oberflächenbehandlungen
	**Längenmaß (m)** getrennt nach Bauart und Maßen
	Leisten, Profile, Kanten, Schienen
	Oberflächenbehandlung von Fuß- und Deckleisten, Profilen, Schienen
	Anpassen an begrenzende Bauteile, Einbauteile, Einrichtungsgegenstände und ähnliches
	Fugen
	**Anzahl (Stück)** getrennt nach Bauart und Maßen
	Revisionsklappen, Öffnungen und dergleichen
	Belegen und Oberflächenbehandlungen von Stufen, Türschwellen und dergleichen
	Rosetten

Abrechnungsgrundregeln nach ATV DIN 18356, Ziffer 5 „Abrechnung“

In Leistungsverzeichnissen gelten gem. Ziffer 0.5 der ATV die folgenden Abrechnungseinheiten für die Ausführung von Parkettarbeiten und alle damit in direkter Verbindung stehenden Nebenleistungen und Besondere Leistungen.

Die Ermittlung der abzurechnenden Leistung kann grundsätzlich nach Zeichnung oder auch nach den Ergebnissen eines örtlichen Aufmaßes erfolgen. Die Abrechnung nach Zeichnung (Nennmaße) setzt die Vorlage einer detaillierten und bemaßten Ausführungszeichnung und deren Übereinstimmung mit der Bauleistung voraus. Für die verschiedenen Bauteile und Konstruktionen sind in der ATV unter Ziffer 5 die zu berücksichtigenden Flächen-, Längen- und Raumbegrenzungen für die Ermittlung der Einzelmaße festgelegt.

Beläge, Unterlagen, Versiegelungen

Für die Ermittlung der Maße von Parkettböden, Parkettunterlagen und Oberflächenbehandlungen sind auf Flächen mit allseitig **begrenzenden Bauteilen** die Maße der zu belegenden Fläche zu berücksichtigen.

Als Begrenzung sind dabei die Kanten des ungeputzten, begrenzenden Bauteils zugrunde zu legen.

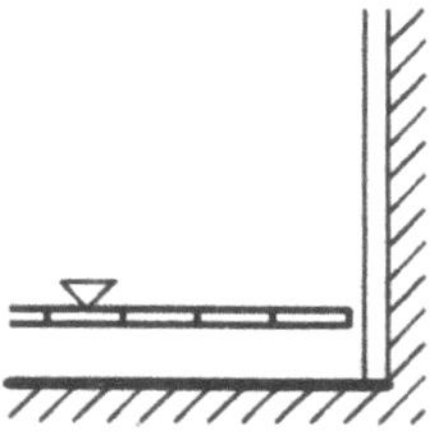

Bild 1: *Parkettbelag an angrenzendes Bauteil*

Vorsatzschalen aus Gipskartonplatten o. ä. Baustoffen gelten als begrenzende Bauteile, wenn durch die Verlegung der Parketthölzer diese Konstruktionen nicht unterschnitten werden.

Behandelte und belegte Flächen ohne begrenzende Bauteile sind nach den Maßen der behandelten oder belegten Fläche abzurechnen.

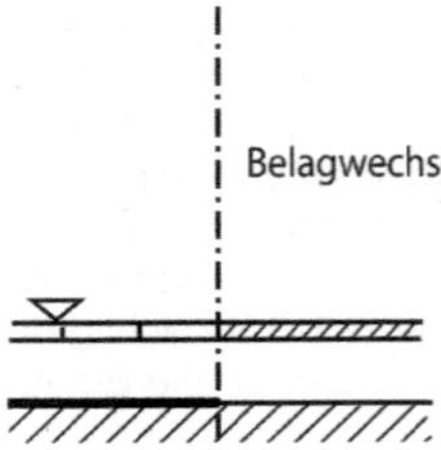

Bild 2: *Parkettbelag frei endend*

Beläge auf Stufen und Schwellen

Zur Bestimmung der belegten Flächen auf Stufen und Schwellen sind deren größte Maße zu berücksichtigen. Die Abrechnung erfolgt nach Anzahl mit der Angabe der Bauteilmaße.

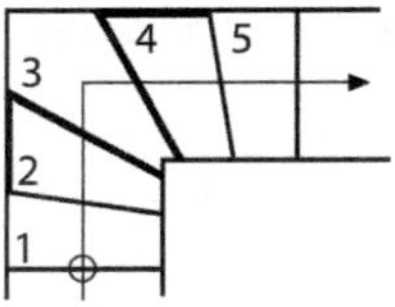

Bild 3: *Parkett auf Stufen und größte Bauteilmaße für Stufen 2 und 4 (Beispiele)*

Abschluss- und Trennschienen, Sockelleisten

Bei der Ermittlung des Längenmaßes ist die größte Bauteillänge zu berücksichtigen. Bei profilierten Sockelleisten sind je nach Montage bei Innenecken die oberen Profilkanten, bei Außenecken die unteren Profilkanten als Längenmaß aufzunehmen.

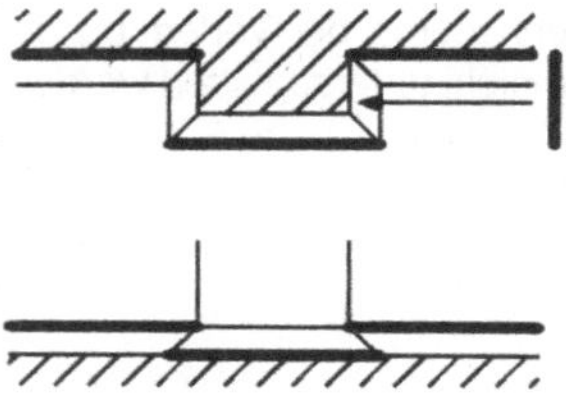

Bild 4: *Sockelleiste*

Randfries

Im Leistungsverzeichnis nach Längenmaß ausgeschriebene, umlaufende Randfriese sind mit der Summe der Teillängen der jeweils größten Längenabmessung abzurechnen. Die Breite des Randfrieses muss im Leistungsverzeichnis beschrieben sein.

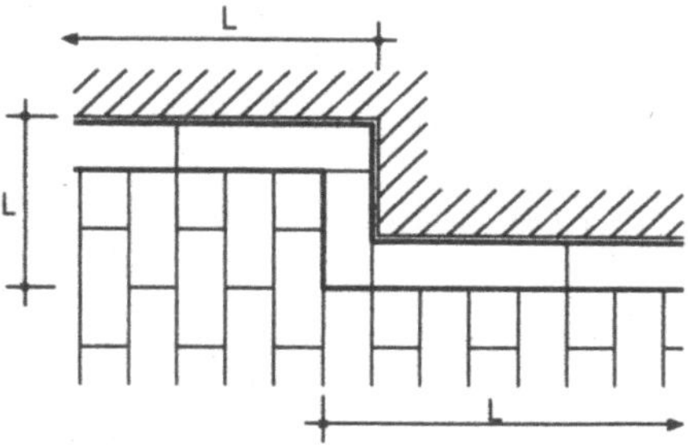

Bild 5: *Randfries mit Belag aus Fertigparkett*

Einlegearbeiten

Bei Bodenflächen mit nachträglich eingearbeiteten Teilflächen, wie z. B. Intarsien oder Markierungen, sind deren Flächen bei der Mengenermittlung der Bodenbelagfläche zu übermessen. Die Leistungen von Einlegearbeiten werden, getrennt nach Art und Abmessung, als Einzelleistung/Stück aufgenommen und abgerechnet.

Übermessungsregeln nach ATV DIN 18356, Ziffer 5.3

Bei der Ermittlung der abrechnungsfähigen Mengen sind die nachstehend aufgeführten Bauteile bzw. Konstruktionsmerkmale besonders zu beachten. Abhängig von der für die Leistung zutreffenden Abrechnungseinheit und Einzelgröße der „Unterbrechung“ sind die Maße und Mengen der genannten Bauteile der jeweiligen Einzelleistung unberücksichtigt zu lassen bzw. von der Gesamtmenge abzuziehen.

	Übermessen werden:
Flächenmaß	Aussparungen für Pfeiler, Pfeilervorlagen, Rohrdurchführungen bis einschließlich 0,1 m^2 Einzelgröße
	Fugen
Längenmaß	Unterbrechungen bis einschließlich 1,0 m Einzellänge
	Fugen

Pflasterdecken und Plattenbeläge, Einfassungen

Anwendungsbereich

Die Herstellung von Oberflächenbefestigungen mit Pflasterdecken und Plattenbelägen ist im Allgemeinen nach den Regeln der ATV „Pflasterdecken und Plattenbeläge, Einfassungen" DIN 18318 abzurechnen. Die Regelungen der DIN 18318 gelten für Oberflächenbefestigungen mit Platten und Pflaster in gebundener und ungebundener Ausführung, als begrünbare Flächen sowie für die Herstellung von Rinnen und Einfassungen. Die Flächenbefestigung kann mit Bauprodukten aus Beton, Bodenklinkerplatten oder Pflasterklinker bzw. Pflasterziegel hergestellt sein. Die Unterlagen für die Nutzoberfläche, Entwässerungsrinnen aus Platten und Pflastersteinen sowie die Einfassungen können als Tragschichten ohne Bindemittel, aus Dränbeton oder wasserdurchlässige Asphalttragschichten bestehen.

Ausführungen mit Naturwerksteinen oder Betonwerkstein auf wasserundurchlässigen Unterlagen oberhalb von Bauwerken und Decken im Mörtelbett, Bettungen auf Dränmatten und Stelzlagern sind in der ATV DIN 18332 „Naturwerksteinarbeiten" und DIN 18333 „Betonwerkstein" geregelt.

Die Inhalte der DIN 18299 „Allgemeine Regelungen für Bauarbeiten jeder Art" sind stets zusätzlich zu den spezifischen Regelungen zu berücksichtigen. Bei Widersprüchen gelten die gewerkebezogenen Regelungen der DIN 18318 vorrangig.

Checkliste Abrechnungseinheiten nach ATV DIN 18318

In Leistungsverzeichnissen gelten gem. Ziffer 0.5 der ATV die folgenden Abrechnungseinheiten für die Ausführung von Verkehrswegebauarbeiten und alle damit in direkter Verbindung stehenden Nebenleistungen und Besonderen Leistungen.

A B D E F G K L M N P S T V W Z

	Verkehrswegebauarbeiten – Pflasterdecken, Plattenbeläge, Einfassungen
	Flächenmaß (m^2) getrennt nach Bauart und Maßen
	Nachverdichten der Unterlage
	Herstellen der planmäßigen Höhenlage, Neigung und der festgelegten Ebenheit der Unterlage
	Pflasterdecken und Plattenbeläge, getrennt nach Ausführungsarten (z. B. Bogen, Muster)
	Reinigen der Steine und Platten aufgenommener Pflasterdecken und Plattenbeläge, getrennt nach Arten des Fugenstoffs und der Bettungsstoffe
	Fugenverguss und Fugenverfüllung von Pflasterdecken und Plattenbelägen
	Längenmaß (m) getrennt nach Bauart und Maßen
	Anpassen von Platten und Pflastersteinen an Kanten, Aussparungen, Einbauten und Einfassungen
	Verlegen und Versetzen von Formteilen und Sonderformaten an Kanten und Einfassungen
	Fugenverguss oder Fugenfüllung von Bewegungsfugen
	Einfassungen
	Entwässerungsrinnen
	Fundamente mit oder ohne Rückenstütze
	Nacharbeiten der Schnurkante, Nacharbeiten oder Aufarbeiten eines vorhandenen Anlaufs oder der Trittflächen an Bordsteinen
	Anzahl (Stück) getrennt nach Bauart und Maßen
	Anpassen von Platten an Kanten und Einfassungen, Einbauten und Aussparungen
	Verlegen und Versetzen von Form- und Sonderformaten an Einbauten und Aussparungen

	Verkehrswegebauarbeiten – Pflasterdecken, Plattenbeläge, Einfassungen
	Bearbeiten von Köpfen der Einfassungssteine
	Fugenverguss oder Fugenfüllung von Bewegungsfugen

Abrechnungsgrundregeln nach ATV DIN 18318, Ziffer 5 „Abrechnung“

Die Ermittlung der abzurechnenden Leistung kann grundsätzlich gem. DIN 18299 „Allgemeine Regeln für Bauarbeiten jeder Art“ nach Zeichnung erfolgen. Alternativ kann die Abrechnung auch nach den Ergebnissen eines örtlichen Aufmaßes erfolgen. Eine Abrechnung nach Zeichnung (Nennmaße) setzt die Vorlage einer detaillierten und bemaßten Ausführungszeichnung und deren Übereinstimmung mit der tatsächlich erbrachten Bauleistung voraus. Für die verschiedenen Bauteile und Konstruktionen sind in der ATV unter Ziffer 5.2 die zu berücksichtigenden Flächen-, Längen- und Raumbegrenzungen für die Ermittlung der Einzelmaße festgelegt.

Oberflächenbefestigungen

☐ Bei der Feststellung der Maße für eine Flächenberechnung werden Fugen zwischen Pflastersteinen oder Platten untereinander sowie Randfugen zu Einfassungen, Bordsteinen oder Schienen übermessen.

Fugen

Fugen zwischen den Bestandteilen der Oberflächenbefestigung, zu angrenzenden Randsteinen und zu Einbauten werden nach ATV Ziffer 5.3.1.1 übermessen.

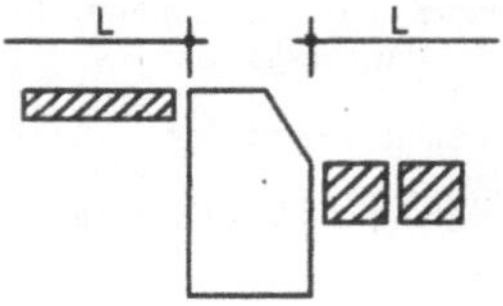

Bild 1: *Hochbordstein mit Anschlussfugen*

Fugenfüllung

Die Abrechnungen von Fugenverfüllungen mit ungebundenem Fugenmaterial, z. B. das Einkehren von Sand oder das Vergießen mit Mörtel, sind nach den Flächen der Oberflächenbefestigung vorzunehmen. Ein Wechsel im Fugenanteil durch die Verlegung von unterschiedlichen Platten- oder Pflasterformaten innerhalb einer Fläche ist wegen der Regelung zum Fugenverguss „nach Bauart und Maßen" zu berücksichtigen.

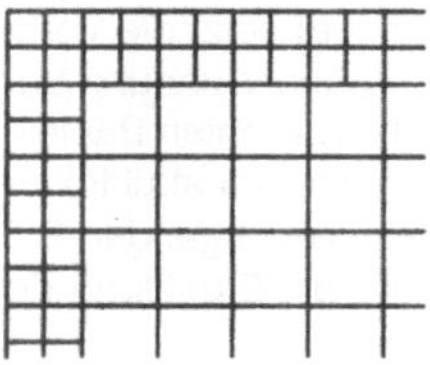

Bild 2: *Plattenbelag, unterschiedliche Plattengrößen*

Auch der Verguss von Dehnungsfugen oder Randfugen ist, wegen möglicherweise unterschiedlicher Fugenbreiten oder Fugenfüllmaterialien, bei einer Abrechnung nach Längenmaß gesondert zu erfassen.

Aussparungen, Einbauteile

Aussparungen und Einbauteile, z. B. Schächte, Schieber, Maste bis zu einer Größe von 1,0 m^2, sind bei der Flächenberechnung nicht abzuziehen. Für die Bestimmung des Flächenmaßes des Einbauteils ist der Maßanteil der Einbindung in die Fläche zu berücksichtigen.

In eine Oberflächenbefestigung integrierte Rinnen, Pflasterbänder u. Ä. mit einer Einzelbreite bis einschließlich 30 cm werden bei der Flächenberechnung übermessen. Die Einzelgröße wird dabei durch das kleinste Maß der Unterbrechung bestimmt.

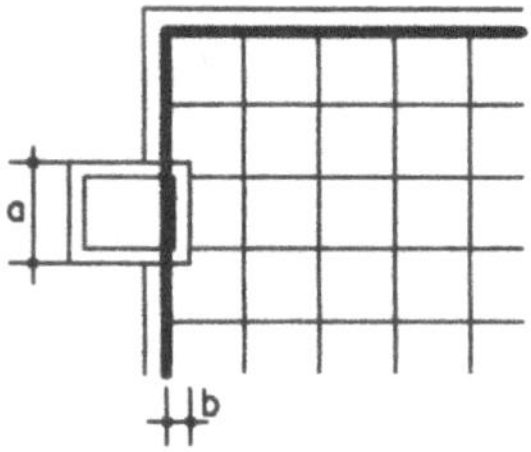

***Bild 3:** Plattenbelag mit Randeinfassung und Einbauteil*

Teilfläche AT = a * b < 1,0 m^2 → kein Abzug

Die Übermessungsregel gilt auch für Schienen, soweit diese in die Gesamtfläche einer gleichartigen Befestigung integriert sind und kein Materialweschel im Bereich der Schienentrasse vorliegt.

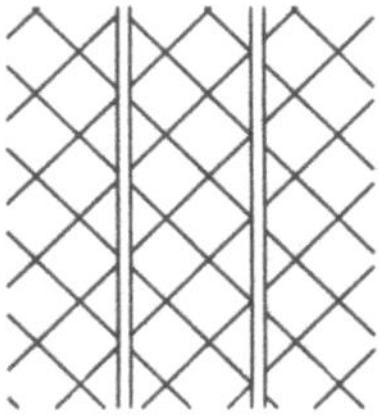

***Bild 4:** Plattenbelag mit integriertem Schienenverlauf → Übermessen der Schienen*

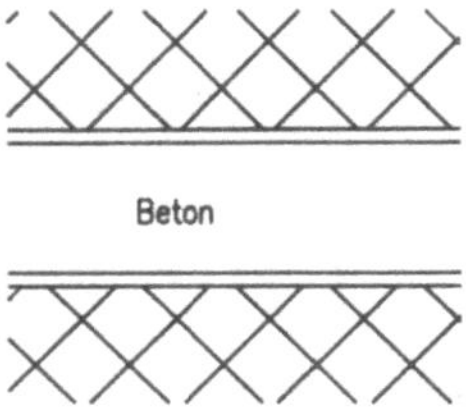

***Bild 5:** Plattenbelag an Schienen angrenzend*

Für **Besondere Leistungen** wie das Vorbereiten der Unterlage, z. B. durch Nachverdichten, Herstellen der Höhenlage, soweit die Erfordernis dieser Maßnahmen nicht vom Auftragnehmer verursacht ist, das erschwerte Herstellen von Pflaster- und Plattenbelägen im Bogen oder mit Verlegemuster und Flächen mit unterschiedlichen Höhen der Unterlage, gelten ebenfalls die vorgenannten Regeln zur Flächenermittlung.

Kleine Einzelflächen

Oberflächenbefestigungen, die als kleine Einzelflächen mit einem Flächenmaß von unter 0,5 m^2 ausgeführt sind, werden mit dem Wert 0,5 m^2 abgerechnet.

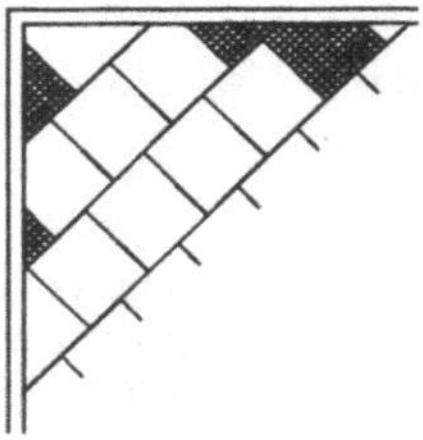

***Bild 6:** Mosaikpflaster als Auspflasterung*

Zuarbeiten, Verhau und Schneiden

Werden in Belägen mit Platten oder Decken aus Pflastersteinen die Platten bzw. die Steine behauen, zugearbeitet oder geschnitten, ist für die Abrechnung dieser Leistung die Länge der Bearbeitung entlang dieser Fuge zwischen Belag und der anderen Flächen, des Bauteils oder einer Einfassung maßgebend.

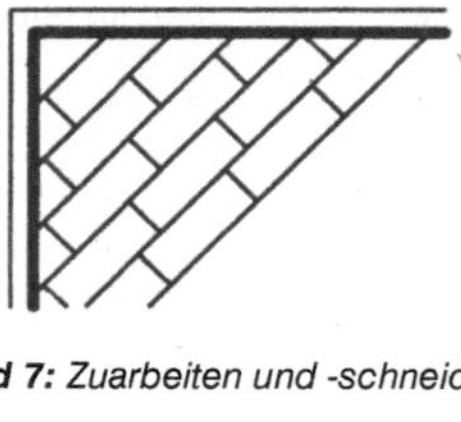

***Bild 7:** Zuarbeiten und -schneiden bei Diagonalverlegung*

Einfassungen

Die Längenermittlung für Einfassungen von Belagflächen erfolgt an der Vorderseite der Bauteile.

Bei Bordsteinen ist dies die Anlauffläche, bei Einfassungssteinen die freie Längsseite, meist mit gefaster Kante.

Für die Abrechnung von Fundamenten mit und ohne Rückenstütze ist ebenfalls diese Bezugskante maßgebend.

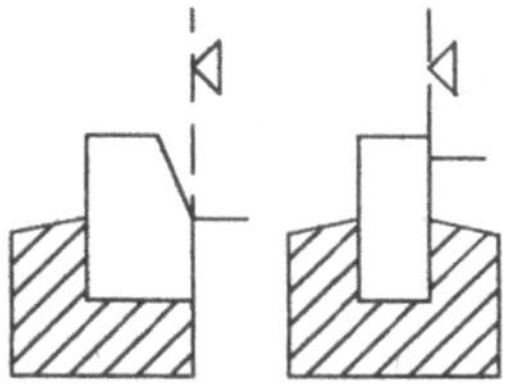

Bild 8: *Bezugskanten*

Bei der Ermittlung der hergestellten Länge von Bordsteinen oder Einfassungen werden Unterbrechungen, Einbauten und Aussparungen mit einer Einzellänge bis einschließlich 1 m übermessen. Die Fugen zwischen den einzelnen Bord- und Einfassungssteinen werden ebenfalls übermessen.

Nacharbeiten

Nach ATV Ziffer 5.2.4 sind Nacharbeiten an Bordsteinen oder Einfassungen in Form von Nacharbeiten der Schnurkante, Nacharbeiten oder Aufarbeiten eines vorhandenen Anlaufs oder der Trittfläche von Bordsteinen nach dem entsprechenden Maß der bearbeiteten Länge abzurechnen.

Übermessungsregeln nach ATV DIN 18318, Ziffer 5.3

Bei der Ermittlung der abrechnungsfähigen Mengen sind die nachstehend aufgeführten Bauteile bzw. Konstruktionsmerkmale besonders zu beachten. Abhängig von der für die Leistung zutreffenden Abrechnungseinheit und Einzelgröße der „Unterbrechung" sind die Maße und Mengen der genannten Bauteile der jeweiligen Einzelleistung unberücksichtigt zu lassen bzw. von der Gesamtmenge abzuziehen.

	Übermessen werden:
Flächenmaß	Aussparungen oder Einbauten bis einschließlich 1,0 m^2 Einzelgröße
Längenmaß	in Entwässerungsrinnen und Einfassungen: Unterbrechungen durch Aussparungen oder Einbauten bis einschließlich 1 m Einzellänge

Putz- und Stuckarbeiten

Anwendungsbereich

Die Ausführungen von Putz- und Stuckarbeiten sind im Allgemeinen nach den Regeln der ATV „Putz- und Stuckarbeiten" DIN 18350 abzurechnen. Die ATV gilt für Außen- und Innenputz, Stuck und Wärmedämmputze.

Die Inhalte der DIN 18299 „Allgemeine Regelungen für Bauarbeiten jeder Art" sind stets zusätzlich zu den spezifischen Regelungen zu berücksichtigen. Bei Widersprüchen gelten die gewerkebezogenen Regelungen der DIN 18350 vorrangig.

Checkliste Abrechnungseinheiten nach ATV DIN 18350

In Leistungsverzeichnissen gelten gem. Ziffer 0.5 der ATV die folgenden Abrechnungseinheiten für die Ausführung von Putz- und Stuckarbeiten und alle damit in direkter Verbindung stehenden Nebenleistungen und Besonderen Leistungen.

	Putz- und Stuckarbeiten
□	**Flächenmaß (m^2)** getrennt nach Bauart und Maßen
	Wand- und Deckenputz innen und außen, getrennt nach Art des Putzes, ebenen, geneigten und gebogenen oder andersartig geformten Flächen
	Stützen, Unterzüge, Ummantelungen und dergleichen mit einer Breite ab 1 m je Ansichtsfläche
	Leibungen mit einer Breite ab 1 m
	Glättputze, Spachtelungen und abgestuckte Flächen
	flächige Vorbehandlungen

A B D E F G K L M N P S T V W Z

	Putz- und Stuckarbeiten
	Ausgleich von unebenen Untergründen, Mehrputzdicken je 5 mm, Auffütterungen
	Abschlagen, Aufpicken, Aufrauen, Hochdruckreinigen, Verfestigen von Altuntergrundflächen
	Drahtputzwände und -decken
	flächige Bewehrungen und Putzträger
	Dämmstoffschichten an Decken und Wänden
	Wandbekleidungen
	Vorsatzschalen, zu spritzende Vormauerungen
	Unterkonstruktionen
	Folien, Dampfbremsen und dergleichen
	Längenmaß (m) getrennt nach Bauart und Maßen
	Leibungen mit einer Breite bis einschließlich 1 m
	Schürzen, Abschottungen, Ablagen, Abdeckungen und dergleichen mit einer Breite bis einschließlich 1 m je Seite
	Pfeiler, Lisenen, Stützen, Unterzüge, Abtreppungen, Ummantelungen und dergleichen mit einer Breite bis einschließlich 1 m je Ansichtsfläche
	Schließen von Fugen in Betonfertigteilen bis zu einer Gesamtbearbeitungsbreite von 20 cm
	Zuschnitte von Dämmstoffen und Putzträgerplatten, z. B. schräg, gebogen oder andersartig geformt
	Putz an Gurten, Gesimsen und Kehlen sowie Rundungen
	Putzanschlüsse und Putzabschlüsse
	Stuckprofile, Friese, Faschen, Putzbänder, Schattenfugen und dergleichen
	Fensterbänke, Fenster- und Türumrahmungen

	Putz- und Stuckarbeiten
	Unterkonstruktionen für Bauteile bis einschließlich 1 m Ansichtsfläche, z. B. im Bereich von Leibungen, Pfeilern, Lisenen, Stützen und Unterzügen
	Hilfskonstruktionen im Bereich von Decken und Wänden zur Aufnahme von Installationsteilen, Beleuchtungskörpern und dergleichen
	Ausschnitte für Leitungen in Dämmstoffschichten und Putzträgerplatten
	Kantenprofile, Sockelprofile, Randwinkel, Lüftungsprofile, Abschlussprofile, Anputzleisten, Gewebewinkel, Schattenprofile, Bossenprofile und dergleichen sowie Kantenausbildung ohne Profile
	Anschlüsse an andere Bauteile, Anschluss-, Bewegungs- und Gebäudetrennfugen, Fugendichtbänder, Rissüberbrückungen
	Streifenbewehrungen und Streifenputzträger bis einschließlich 1 m Breite
	An- und Beiputzarbeiten an Fenstern, Türen, Treppen- und Podestwangen, Einbauteilen, Schlitzen
	Streifenputz und dergleichen bis einschließlich 1 m Einzelbreiten
	Dichtungsbänder, Dichtungsprofile, Ausspritzungen
	Folien, Dampfbremsen bis einschließlich 1 m Breite
	Abdichtung von erdberührten Putzflächen und Sockelflächen bis einschließlich 1 m Höhe
	Abdichtung unter Fensterbänken
	**Anzahl (Stück)** getrennt nach Bauart und Maßen
	Vorbehandeln und Verputzen von Flächen bis 2,5 m², differenziert nach Einzelgrößen z. B. bis einschließlich 0,02 m², > 0,02 m² bis einschließlich 0,10 m², > 0,10 m² bis einschließlich 0,25 m², > 0,25 m² bis einschließlich 0,50 m², > 0,50 m² bis einschließlich 1,00 m², > 1,00 m² bis einschließlich 1,50 m², > 1,50 m² bis einschließlich 2,50 m²

	Putz- und Stuckarbeiten
	Herstellen von Aussparungen für Einzelleuchten, Lichtbänder, Lichtkuppeln, Lüftungsgitter, Luftauslässe, Revisionsöffnungen, Stützen, Pfeilervorlagen, Schalter, Steckdosen, Rohrdurchführungen, Kabel, Installationsteile und dergleichen
	Einbauen von Hilfskonstruktionen oder Montagezylindern für Einzelleuchten, Markisen, Werbeträger, Lichtbänder, Lichtkuppeln, Luftauslässe, Revisionsöffnungen, Installationsteile und dergleichen
	Diagonalbewehrungen an Ecken von Öffnungen, Aussparungen und Nischen
	Rosetten, Ornamente, Konsolen und dergleichen
	Ecken, Gehrungen, Kreuzungen, Verkröpfungen und Endungen von Stuckprofilen, Gesimsen und Kehlen
	Verputzen von Schornsteinköpfen, Konsolen und dergleichen
	Schließen von Verankerungsöffnungen, z. B. bei Gerüsten
	Schließen und/oder Verputzen von Öffnungen und Durchbrüchen
	Anarbeiten an Installationen, Rohre, überstehende Schalterdosen

Abrechnungsgrundregeln nach ATV DIN 18350, Ziffer 5 „Abrechnung“

Die Ermittlung der abzurechnenden Leistung kann grundsätzlich nach Zeichnung oder auch nach den Ergebnissen eines örtlichen Aufmaßes erfolgen. Die Abrechnung nach Zeichnung (Nennmaße) setzt die Vorlage einer detaillierten und bemaßten Ausführungszeichnung und deren Übereinstimmung mit den tatsächlich ausgeführten Leistungen voraus. Für die verschiedenen Bauteile und Konstruktionen sind in der ATV unter Ziffer 5.2 die zu berücksichtigenden Flächen-, Längen- und Raumbegrenzungen für die Ermittlung der Einzelmaße festgelegt.

Unabhängig davon, ob die Abrechnung nach Zeichnung oder Aufmaß erfolgt, sind die Maße der behandelten, hergestellten und bekleideten Flächen zu ermitteln.

Neben den eigentlichen Putzarbeiten sind auch Leistungen, wie das Einbauen von Trenn- und Schutzschichten, Dampfbremsen, flächigen Bewehrungen und Putzträgern, mit den jeweiligen Mengeneinheiten der Leistung abzurechnen. Dazu gehört auch der Einbau von Unterkonstruktionen und Vorsatzschalen, Auffütterungen und Dübelungen.

Für Innenputzarbeiten und Putzarbeiten an Fassaden gelten unterschiedliche Bezugsgrenzen.

Innenwand- und Deckenflächen, eben

Die Ermittlung der Leistung für Innenputz- und Außenputzarbeiten ist nach Flächenmaß vorzunehmen.

Der Mengenermittlung sind im Innenraum auf Flächen **ohne begrenzende Bauteile** die Maße der zu behandelnden, zu dämmenden, zu bekleidenden oder mit Stuck zu versehenden Flächen zugrunde zu legen.

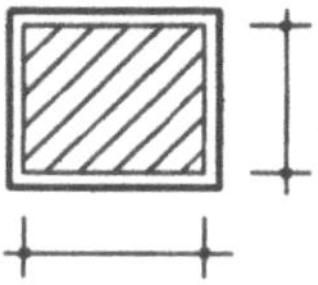

Bild 1: *Innenputz auf Stahlbetonstütze*

Bei Flächen **mit begrenzenden Bauteilen** sind die Maße der zu behandelnden Fläche zu berücksichtigen. Als Begrenzung sind dabei die Kanten des ungeputzten, ungedämmten oder unbekleideten begrenzenden Bauteils anzunehmen.

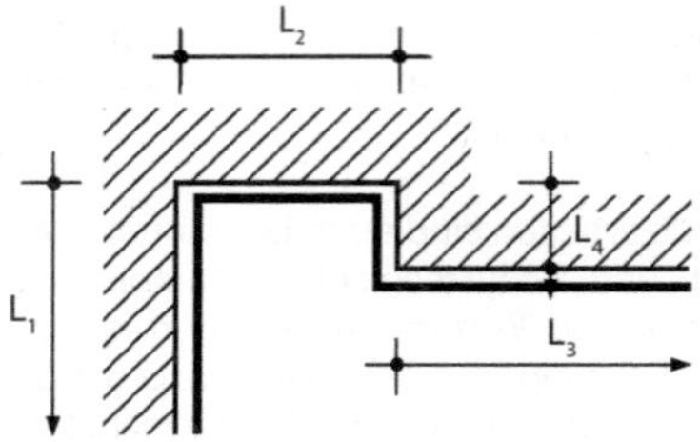

***Bild 2:** Innenputzflächen auf Wänden, Grundriss*

Rohwände aus Beton oder Mauerwerk, Rohdecken, Unterzüge, Stützen, tragende Hölzer und Stahlträger sind begrenzende Bauteile.

Die Höhe von Wänden wird bei Stahlbetondecken zwischen den Rohbaukanten von Fußboden und Deckenflächen ermittelt. Bei tragenden Konstruktionen aus Holzbauteilen sind dies die Ober- und Unterkanten von Deckenbalken ohne Aufbau bzw. Unterdeckenkonstruktion.

Werden Putzarbeiten an Wänden in Räumen mit einem anschließenden Einbau von abgehängten Decken oder Doppelböden ausgeführt, kann bei großen Maßen für Aufbau- bzw. Abhängung ein Verputzen der Wandfläche in diesem Bereich nicht zwingend erforderlich oder aus Kostengründen nicht gewollt sein (Brandschutzanforderungen bei Verzicht auf Putz beachten).

In diesem Fall sind diese Anforderungen im Leistungsverzeichnis zu beschreiben. Die Vereinbarung einer gesonderten, objektbezogene Maßregel wird empfohlen.

Entsprechend der Regelung in der ATV 18366„Tapezierarbeiten“ kann eine Abrechnung nach den Maßen der behandelten, also verputzen Fläche erfolgen. Für Putzarbeiten kann dies das Maß zwischen den geplanten, fertigen Oberflächen der angrenzenden Bauteile zuzüglich eines technisch erforderlichen und gesondert festzulegenden „Einstandsmaß“ sein.

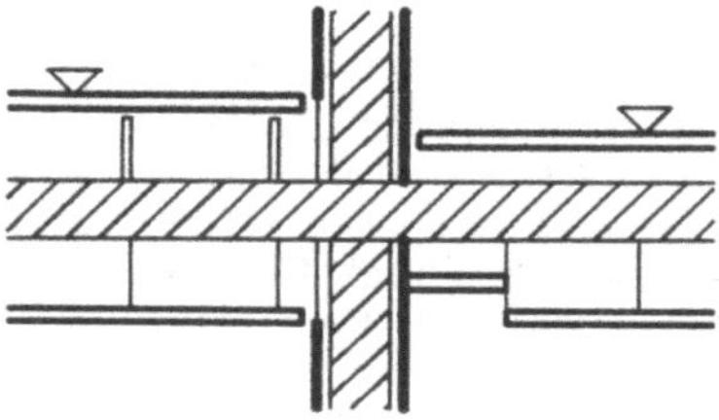

Bild 3: *Vorschlag des Verfassers zur Bestimmung der Wandhöhe: Sonderregelung; für große Aufbau- bzw. Anhängehöhen (linke Bildhälfte), Estrichaufbauten und geringe Höhen abgehängter Decken gelten die allgemeinen Regelungen zur Maßbestimmung bis zu den begrenzenden Rohbauteilen (rechte Bildhälfte)*

Putzarbeiten an **Fassaden** werden nach den Maßen der hergestellten Putzfassade abgerechnet. Das Verputzen von Schornsteinköpfen stellt eine Einzelleistung dar. Die entsprechenden Teilflächen werden nicht zum Flächenmaß des Außenputzes gerechnet.

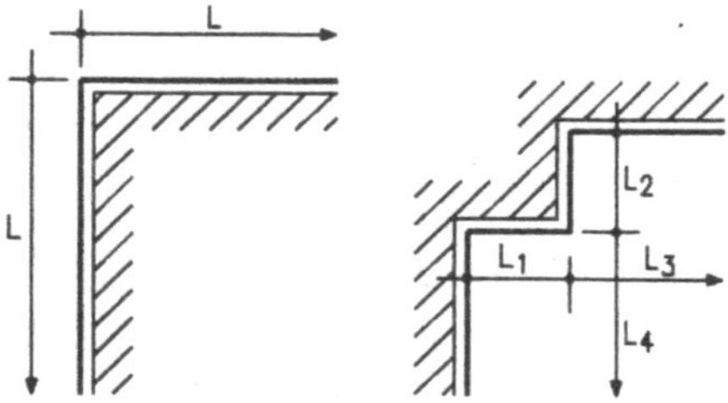

Bild 4: *Außen- und Innenecke, Grundriss*

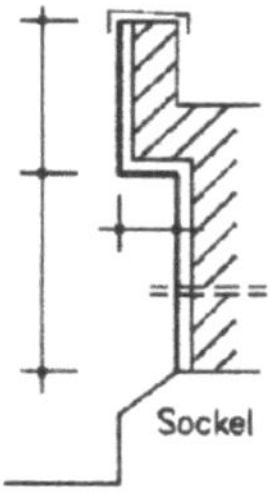

Bild 5: *Fassadenschnitt*

Fachwerkfassaden

Die Grundregel für Putzarbeiten an Fassaden, mit einer Abrechnung nach den Maßen der geputzten Flächen, gilt auch für Fachwerkfassaden. Bezugsmaße sind demnach die vertikalen Gebäudeaußenkanten und die unteren Abschlüsse der Fläche an Sockel und Dach. Innerhalb dieser Fläche gelegene, einzelne Fachwerkteile bis einschließlich 30 cm Breite werden dabei übermessen. Für die Bestimmung der Größe von Öffnungen sind die lichten Maße zwischen Holzbauteilen zu berücksichtigen.

In der Fassade sichtbare Balkenköpfe in der Höhe von Deckenbalkenlagen führen dort i. d. R. zu einer Vielzahl kleinformatiger Gefache zwischen Schwelle und Rähm. Diese Flächen sollten für eine angemessene Leistungsvergütung nach Anzahl mit Größenangaben ausgeschrieben bzw. abgerechnet werden. Der Ermittlung von Flächenmaßen und Längenmaßen sind immer die größten Maße der Bauteile zugrunde zu legen. Bei Wandanschlüssen, umlaufenden Friesen, Faschen, An- und Einarbeitungen von vorhandenen Bauteilen kann dies auch ggf. das abgewickelte Bauteilmaß sein.

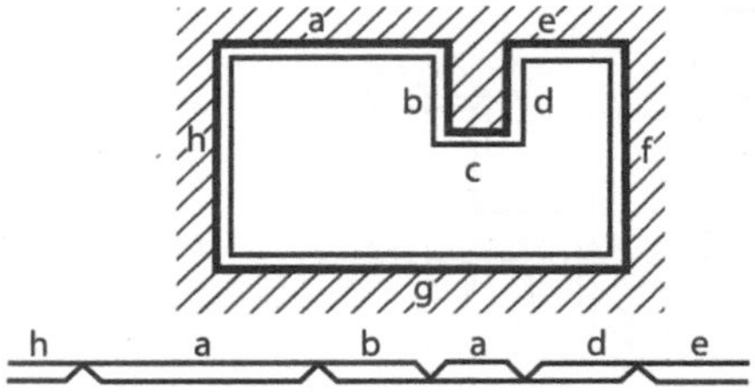

***Bild 6:** Deckenspiegel, umlaufender Randfries, Abwicklungslänge*

Wand- und Deckenflächen, gewölbt

Die Wandhöhe von überwölbten Räumen wird bis zum Gewölbeanschnitt, bei den Schildwänden bis zur „2/3-Line“ am Gewölbestich ermittelt.

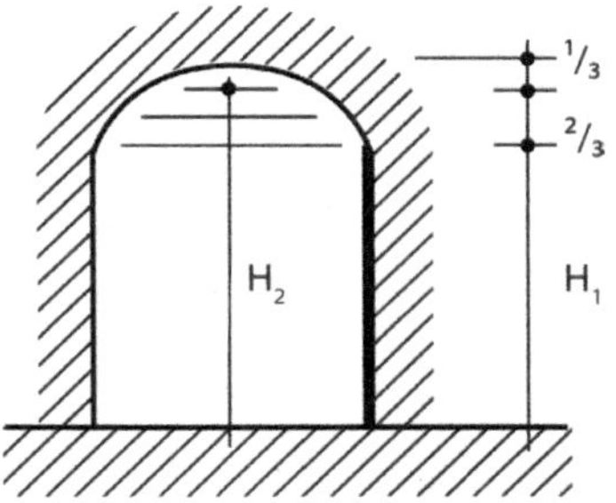

H_1 = Höhe der Seitenwand
H_2 = Höhe der Schildwand

Bild 7: *Wandhöhen*

Die **Deckenfläche** von gewölbten Decken ist mit den Maßen der abgewickelten Untersicht abzurechnen. Für die Berechnung der Abwicklungslänge kann bei einem kreisförmigen Gewölbe die Berechnungsformel für die Ermittlung der Länge eines Kreisabschnitts herangezogen werden.

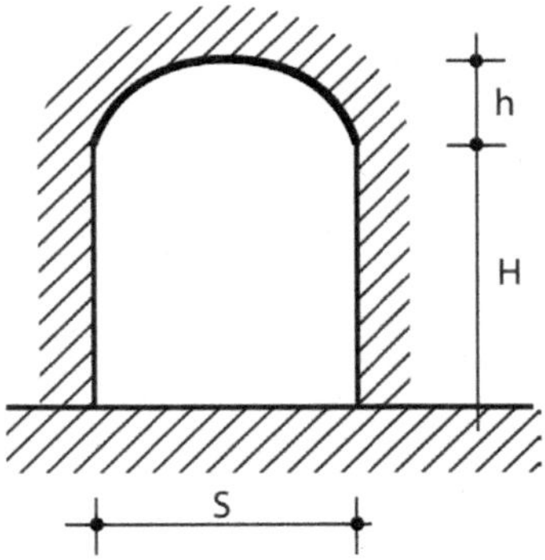

Bild 8: *Gewölbedecke*

Aussparungen, Nischen und Öffnungen in Decken, Wänden, Decken- und Wandbekleidungen, Vorsatzschalen, leichten Außenwandbekleidungen etc. werden bis zu einer Einzelgröße bis einschließlich 2,5 m^2 bei der Ermittlung der Fläche übermessen.

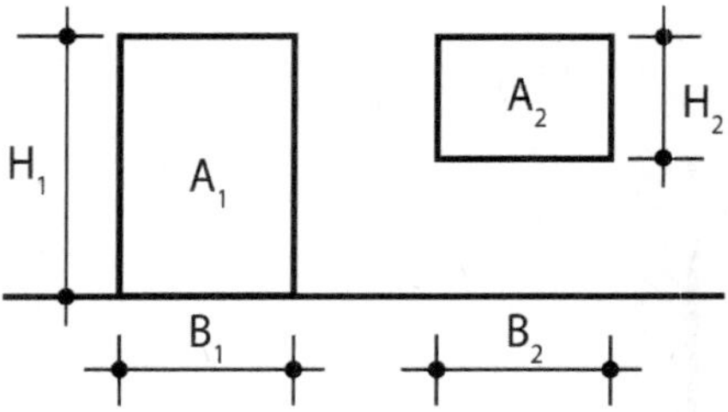

$$A_1 = H_1 * B_1 > 2.5\ m^2 = \text{Abzug}$$
$$A_2 = H_2 * B_2 < 2.5\ m^2 = \text{übermessen}$$

***Bild 9:** Abzugs- /bzw. Übermessungsregel*

Leistungen an ganz oder teilweise behandelten Leibungen von Öffnungen, Nischen oder Aussparungen, sind unabhängig von der Einzelgröße nach ATV 5.2.2 als eigenständige Leistungsposition zu erfassen.

Kombination von behandelten Nischen und Öffnungen mit verschiedenen Größenzuordnungen:

	Nische < 2,5 m²	**Nische > 2,5 m²**	**Öffnung < 2,5 m²**	**Öffnung > 2,5 m²**
Nische < 2,5 m²	übermessen, Rückfläche gesondert abrechnen	–	beide übermessen	Nische übermessen, Öffnung abziehen, Rückfläche der Nische gesondert abrechnen
Nische > 2,5 m²	–	abziehen	–	Nische und Öffnung abziehen, Rückfläche der Nische gesondert abrechnen
Öffnung < 2,5 m²	beide übermessen	–	übermessen	–
Öffnung > 2,5 m²	Nische übermessen, Öffnung abziehen, Rückfläche der Nische gesondert abrechnen	Nische und Öffnung abziehen, Rückfläche der Nische gesondert abrechnen	–	abziehen

In allen Fällen sind die Leibungen gesondert anzurechnen!

Nischen

Für Rückflächen von Nischen sind deren Maße, unabhängig, ob die Nische mit der Wandfläche übermessen wurde, gesondert zu ermitteln und als Flächenmaß abzurechnen.

Die Leibungsfläche ist gesondert zu ermitteln und abzurechnen.

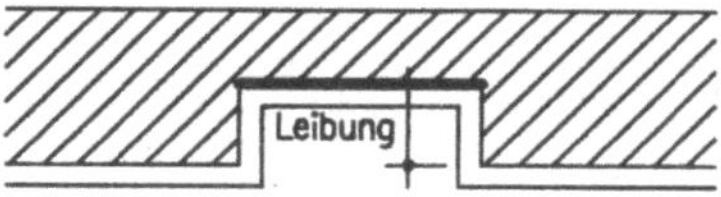

Bild 10: *Rückfläche einer Nische*

Liegen Öffnungen, Nischen und Aussparungen aneinander, so erfolgt deren Bearbeitung nach den jeweiligen Einzelmaßen bzw. entsprechenden Übermessungs- oder Abzugsregelungen.

Zusammenhängende Teilflächen von Öffnungen (z. B. Balkontür mit nebenliegendem Fenster) oder Aussparungen werden wie eine Fläche für die Einstufung der Größe bewertet.

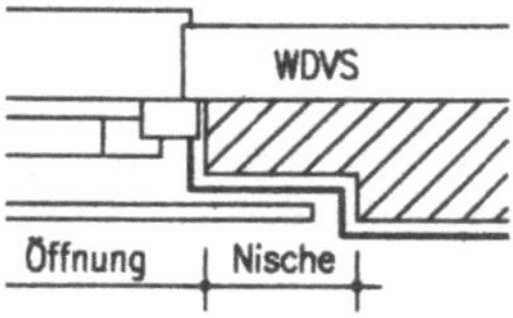

Bild 11: *Nische neben Fenster*

Leibungen an Fenstern und Türen

Die verputzten Flächen von Leibungen werden gesondert nach Längenmaß, getrennt nach dem Breitenmaß der Leibung, mit den größten Bauteilmaßen abgerechnet.

Wandvorlagen, Unterzüge, Fachwerke

In Wand- und Deckenflächen integrierte andere Bauteile aus Holz, Stahl oder Aluminium, z. B. bei Fachwerkkonstruktionen, Podeste, Unterzüge, Gesimse, Balkonplatten, Putzbänder, Gurte u. Ä., werden bei der Erfassung der Wand- und Deckenfläche übermessen, wenn deren Einzelbreite nicht mehr als 30 cm beträgt. Als Einzelbreite für die Einstufung gilt nur die

Ansichtsbreite des entsprechenden Bauteils, nicht dessen Abwicklungsbreite.

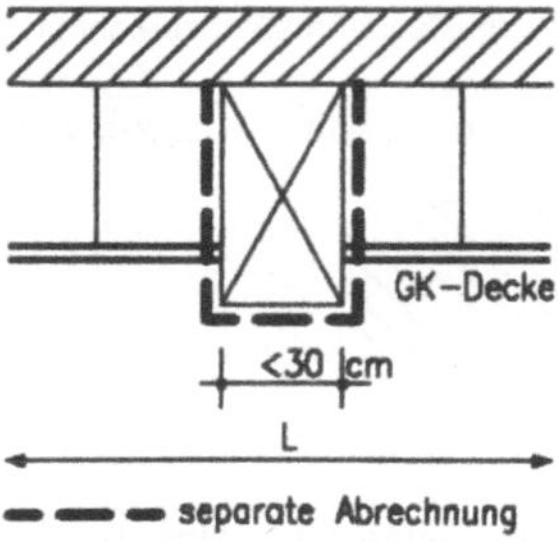

Bild 12: *Akustikputz auf abgehängter Gipsplattendecke*

Gesimse, Faschen, Fenster- und Türumrahmungen u. Ä.

Gesimse, Umrahmungen, Faschen u. ä. längenorientierte, innerhalb einer Wandfläche angeordnete Bauteile werden, gem. der Angabe im Leistungsverzeichnis, getrennt nach Abwicklungsfläche und mit der größten Bauteillänge als Besondere Leistung nach ATV Ziffer 4.2.33 und 4.2.34 abgerechnet.

Bei der Ermittlung der Wandfläche werden diese Bauteile bis zu einer Breite von 30 cm Ansichtsfläche übermessen.

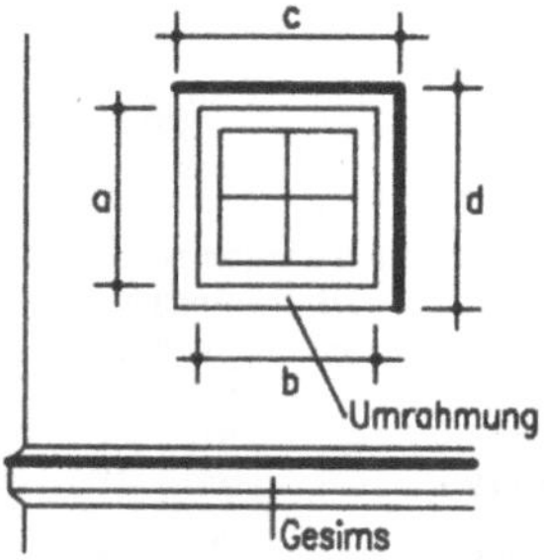

Bild 13: *Wandfläche mit Fenster und Fries*

Bestimmung des Öffnungsmaßes: Fläche = a * b
Länge der Umrahmung: 2 * (c + d)

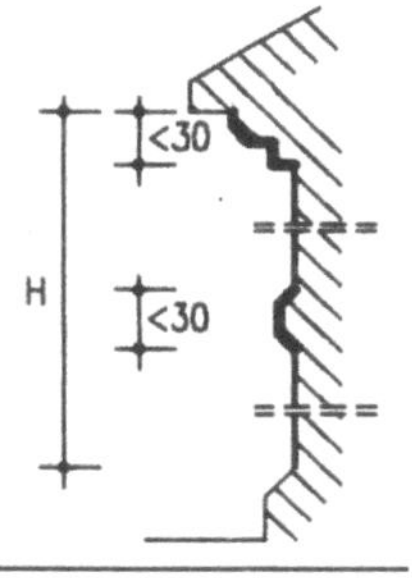

***Bild 14:** Fassadenschnitt, bearbeitete Putzfassade = H*

Stuckgesimse

In Stuckgesimse eingearbeitete Gehrungen, Kreuzungen Verkröpfungen und Endungen werden bei der Bestimmung des Längenmaßes gem. ATV Ziffer 5.4.3 übermessen. Die übermessenen Formteile sind als Einzelteile nach Anzahl, getrennt nach Form und Größe, gem. ATV, Ziffer 4.2.34 als Besondere Leistung abzurechnen.

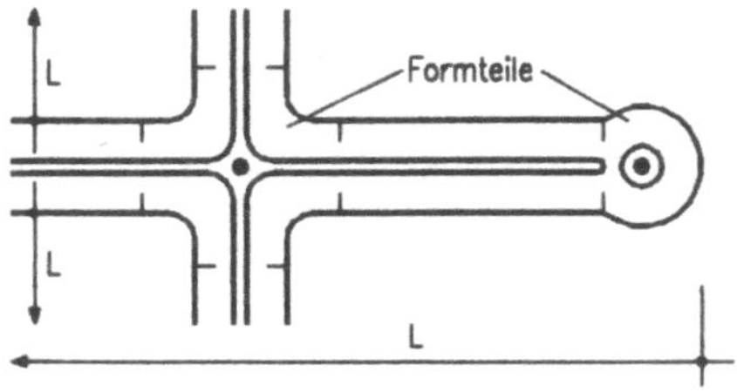

***Bild 15:** Formteil, Kreuzung, Ende eines Deckenornaments*

Einzelfläche in beliebiger Form

Unregelmäßige und vieleckige verputzte Einzelflächen werden mit dem Flächenmaß des kleinsten umschriebenen Rechtecks abgerechnet. Die längste Bauteilkante sollte dabei eine Bezugskante des Rechtecks bilden.

Flächen in Kreis-, Dreieck-, Trapez- und Rautenform sind von dieser Regelung ausgenommen. Bei der Ermittlung von Einzelflächen dürfen sich die Flächen nicht überschneiden.

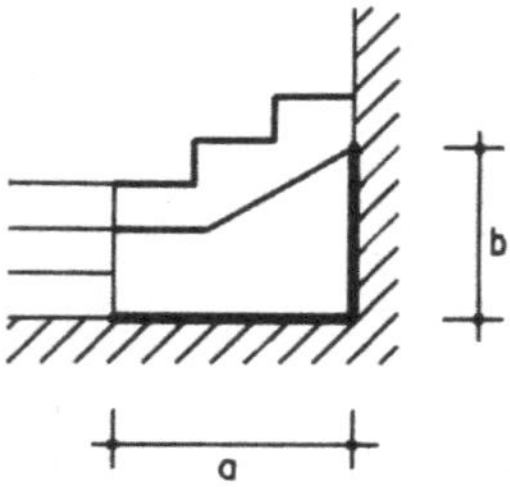

***Bild 16:** Beispiel: Kleine Verschnittflächen unter Treppenläufen, hier Putzarbeiten auf Ausmauerung unter der Treppenlaufplatte, Fläche = a x b*

Fugen

Bei der Ermittlung von Flächenmaßen und Längenmaßen für Gesimse und dergleichen werden Fugen übermessen. Das Herstellen von Anschluss-, Bewegungs- und Scheinfugen und Fugendichtungen sind Besondere Leistungen und mit den größten Bauteilmaßen nach Längenmaß abzurechnen.

Ergänzung – Besondere Leistungen

Zur Herstellung einer fertigen Putzleistung mit durchschnittlichen Anforderungen sind i. d. R. zur Vorbereitung des Untergrunds bestimmte Maßnahmen zu treffen, die in der ATV unter Ziffer 4 als Besondere Leistungen aufgeführt sind. Dabei handelt es sich im Wesentlichen um

- Ansetzen und Einputzen von Putzleisten,
- Ansetzen und Einputzen von An- und Abschlussprofilen,
- Herstellen von Kanten ohne Profile,
- Herstellen von Kehlen und Gesimsen,
- Herstellen von Fugen als Anschluss-, Bewegungs- und Scheinfugen.

Die Leistungen werden nach Längenmaß abgerechnet. Für die Bestimmung der Längen gelten die allgemeinen Regelungen zur Maßermittlung nach dem größten, ggf. abgewickelten Bauteilmaß.

Darüber hinaus können weitere Besondere Leistungen erforderlich sein, die sich aus den besonderen Anforderungen oder Gegebenheiten der Baustelle, den Vorleistungen anderer Gewerke oder den Wetterverhältnissen ergeben.

- **Putzgewebe**
  Das Einarbeiten von Fugenüberspannungen, Streifenbewehrungen oder Streifenputzträgern bis einschließlich 1 m Breite werden nach Längenmaß und Breitenstaffelung abgerechnet.

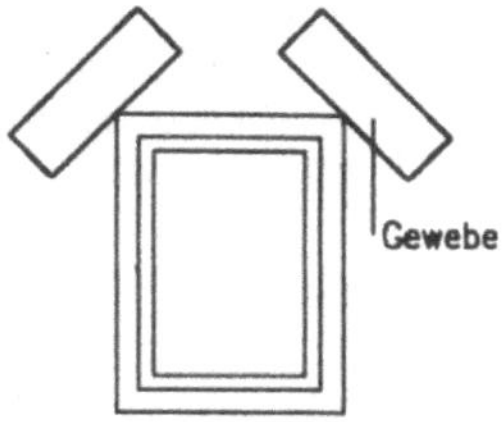

Bild 17: *Diagonalbewehrung*

- **Herstellen von Anschlüssen**
  Das Herstellen von Putzanschlüssen an andere Bauteile, wie z. B. Lüftungsgitter, Wanddurchdringungen, oder Einbauten, wie Dachflächenfenster, wird mit den abgewickelten Längenmaßen abgerechnet.
- **Zuschnitte**
  Das Zuschneiden von leichten Putzträgerplatten oder Putzträgergeweben (Streckmetall) wird mit dem Längenmaß der Schnittkanten abgerechnet. Die Abrechnung für das mechanische Befestigen ist nach Flächenmaß des zugeschnittenen Teils vorzunehmen.

Putzmehrstärken

In Leistungsverzeichnissen werden häufig zur Abrechnung von Putzarbeiten auf unebenen Untergründen einzelne Positionen mit gestaffelten Dickenangaben zu Putzmehrstärken aufgenommen. Die Abrechnung dieser Leistungen nach Flächenmaß erfordert i. d. R. eine gemeinsame Feststellung/Aufmaß von Auftragnehmer und Auftraggeber bzw. dessen Bevollmächtigten, unmittelbar zum Zeitpunkt der Ausführung. Dies vermeidet bei späterer Vorlage des Aufmaßes durch den Auftragnehmer etwaige Diskussionen über die tatsächlichen Flächenanteile.

Alternativ kann durch eine Vergleichsberechnung von Verbrauchsmengen, bezogen auf die Flächeneinheit mit „Regelputzstärke" und den tatsächlich verbrauchten Mengen, ein Mehrverbrauch für die Herstellung größerer Putzstärken näherungsweise ermittelt werden. Entsprechende Baustellen-Lieferscheine können dazu als Abrechnungsgrundlage herangezogen werden. In allen Fällen sind die Flächen ermittelter Putzmehrstärken in Abstufungen von je 5 mm zu erfassen.

Übermessungsregeln nach ATV DIN 18350, Ziffer 5.3

Bei der Ermittlung der abrechnungsfähigen Mengen sind die nachstehenden aufgeführten Bauteile bzw. Konstruktionsmerkmale besonders zu beachten. Abhängig von der für die Leistung zutreffenden Abrechnungseinheit und Einzelgröße der „Unterbrechung" sind die Maße und Mengen der genannten Bauteile der jeweiligen Einzelleistung zu übermessen.

	Übermessen werden:
Flächenmaß	Aussparungen, (z. B. Öffnungen), auch raumhoch und Nischen bis einschließlich 2,5 m² Einzelgröße
	Unterbrechungen in der zu bearbeitenden Fläche bis einschließlich 30 cm Einzelbreite
	Fugen
Längenmaß	Unterbrechungen bis einschließlich 1,0 m Einzellänge

Für die Ermittlung der Größe der Aussparung gelten deren kleinste Maße.

Stahlbauarbeiten

Anwendungsbereich

Die Ausführungen von Stahlbauarbeiten sind im Allgemeinen nach den Regeln der ATV „Stahlbauarbeiten" DIN 18335 abzurechnen. Die ATV umfasst Leistungen im Zusammenhang mit der Herstellung von Konstruktionen des konstruktiven Ingenieurbaus im Hoch- und Tiefbau und bei Stahlverbundbauten. Zu den Arbeiten nach dieser Norm zählen auch die Leistungen der Vorbereitung von Stahloberflächen und das Aufbringen einer Grundbeschichtung. Dazu ist bei der Ausführung ergänzend die ATV DIN 18364 „Korrosionsschutzarbeiten an Stahlbauten" sinngemäß anzuwenden. Für die Abrechnung dieser Leistungen gelten die Regelungen der ATV 18335.

Die Bestimmungen der DIN 18299 „Allgemeine Regelungen für Bauarbeiten jeder Art" sind stets zusätzlich zu den spezifischen Vorgaben des Einzelgewerks zu berücksichtigen. Bei Widersprüchen gelten die gewerkebezogenen Regelungen der DIN 18335 vorrangig.

Für Metallbauarbeiten sind die durch die Allgemeinen Technischen Vertragsbedingungen der DIN 18360 „Metallbauarbeiten" festgelegten Vorgaben zur Abrechnung zu beachten, diese gelten nicht für Stahlbauarbeiten. Für Maßnahmen zum Korrosionsschutz gelten die Regeln nach DIN 18364 „Korrosionsschutzarbeiten an Stahlbauten".

Checkliste Abrechnungseinheiten nach ATV DIN 18335

In Leistungsverzeichnissen gelten gem. Ziffer 0.5 der ATV die folgenden Abrechnungseinheiten für die Ausführung von Stahlbauarbeiten und alle damit in direkter Verbindung stehenden Nebenleistungen und Besonderen Leistungen.

	Stahlbauarbeiten
	Raummaß (m³)
	Verbundteile aus Stahl und Beton bzw. Stahlbeton
	Flächenmaß (m²)
	Stahlbauteile
	Verbundteile aus Stahl und Beton bzw. Stahlbeton
	Lagerkörper, Übergangskonstruktionen u. ä. besondere Bauteile
	Längenmaß (m)
	Stahlbauteile
	Verbundteile aus Stahl und Beton bzw. Stahlbeton
	Lagerkörper, Übergangskonstruktionen u. ä. besondere Bauteile
	Anzahl (Stück)
	Stahlbauteile
	Verbundteile aus Stahl und Beton bzw. Stahlbeton
	Kopfbolzendübel
	Lagerkörper, Übergangskonstruktionen u. ä. besondere Bauteile
	Masse (kg, t)
	Stahlbauteile
	Lagerkörper, Übergangskonstruktionen u. ä. besondere Bauteile

Abrechnungsgrundregeln nach ATV DIN 18335, Ziffer 5 „Abrechnung“

Nach DIN 18299 „Allgemeine Regelungen für Bauarbeiten jeder Art“ kann die Ermittlung der abzurechnenden Leistung grundsätzlich nach Zeichnung oder auch nach den Ergebnissen eines örtlichen Aufmaßes erfolgen, wenn keine aussagekräftigen Zeichnungen vorliegen.

Stahlbauteile oder Verbundteile aus Stahl und Beton können nach Ziffer 0.5 wahlweise nach Rauminhalt, Flächenmaß, Längenmaß oder Anzahl ausgeschrieben sein. Die Wahl der Abrechnungseinheit ist abhängig von der Form und Gestaltung des Bauteils sowie aus der damit verbundenen Möglichkeit für eine angemessene Kalkulation.

Für die verschiedenen Bauteile und Konstruktionen sind in der ATV unter Ziffer 5.2 die zu berücksichtigenden Flächen-, Längen- und Raumbegrenzungen für die Ermittlung von Einzelmaßen festgelegt.

Abrechnung nach Gewicht

Für die Abrechnung von Leistungen nach dem Gewicht des bearbeiteten bzw. gefertigten Werkstücks sind die Gewichte durch **Berechnung** nach Zeichnungsmaßen und Stücklisten zu ermitteln.

Für die verschiedenen Profile und Werkstoffe sind die nachstehenden Größen- und Gewichtverhältnisse für die Abrechnung anzusetzen. Sie sind auch für Kleinteile entsprechend gültig.

Stahl/Blech/Guss	Abrechnungsgrundlage
Genormte Profile	Gewicht nach DIN-Normen
Andere nicht genormte Profile	Gewicht nach Angaben in Profilbüchern der Hersteller
Bleche, Breitflachstahl und Bandstahl	Gewicht je 1 m^2 und 1 mm Bandstahl Dicke

Stahl/Blech/Guss	Abrechnungsgrundlage
Stahl	7,85 kg
Formstücke aus Stahl aus Gusseisen (Grauguss)	Dichte 7,85 kg/dm³ 7,25 kg/dm³

Bei der Gewichtsermittlung von Konstruktionen aus zusammengesetzten Bauteilen bleiben nach ATV Ziffer 5.2.3 die Verbindungsmittel, wie Schrauben, Nieten und dergleichen, unberücksichtigt.

Das Konstruktionsgewicht ist für die Einzelstücke, abhängig von Materialart, Profilart, Querschnittsform und Form des fertiggestellten Werkstücks, insbesondere bei Blechen, zu ermitteln. Ausschnitte und einspringende Ecken werden bei der Bestimmung der Bauteilgröße übermessen.

Form- und Stabstahl

Bei Form- und Stabstahlstücken ist die größte Werkstücklänge und der volle Querschnitt für die Gewichtsermittlung zu berücksichtigen.

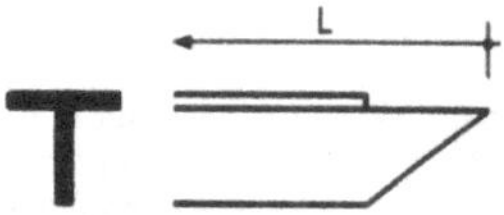

***Bild 1:** Formstahl*

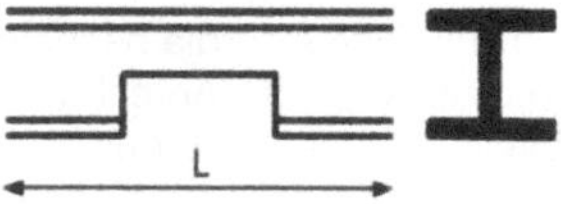

***Bild 2:** Formstahl mit Ausschnitt*

Flachstahl bis 180 mm Breite

Bei Werkstücken aus Flachstahl mit einer Breite bis 180 mm gilt die längste Werkstücklänge als Abrechnungsmaß für die rechnerische Gewichtsermittlung.

***Bild 3:** Flachstahl mit Schrägschnitten*

Gerader Flachstahl über 180 mm Breite und Bleche

Flachstähle über 180 mm Breite und Bleche werden nach der Fläche des kleinsten umschriebenen Vielecks abgerechnet. Die Fläche ist aus geraden oder nach außen gekrümmten Linien zu bilden. Ausschnitte und einspringende Ecken werden übermessen. Allseitig umschlossene Ausschnitte innerhalb der Fläche einer Blechtafel werden ebenfalls übermessen.

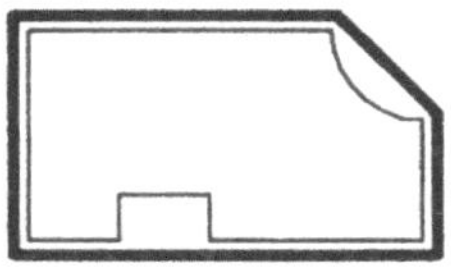

***Bild 4:** Blechzuschnitt*

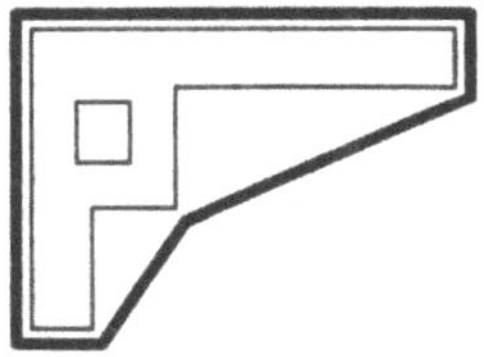

***Bild 5:** Blechzuschnitt mit umschlossener Aussparung*

***Bild 6:** Flachstahl über 180 mm Breite*

Anschlüsse und Verbindungsbauteile

Bei Formstücken aus zusammengesetzten, z. B. verschweißten Blechen, Anschluss- oder Verbindungslaschen werden die Flächen der jeweiligen Einzelstücke separat ermittelt.

A B D E F G K L M N P S T V W Z

	Tapezierarbeiten
	Behandeln von Teilflächen mit Differenzierung nach Flächenanteilen bis einschließlich 10 % der Bauteilfläche, mehr als 10 % bis einschließlich 30 % der Bauteilfläche und mehr als 30 % der Bauteilfläche
	Längenmaß (m) getrennt nach Bauart und Maßen
	Leibungen
	Fugen
	Treppenwangen
	Hohlkehlen unter Angabe von Höhe und Ausladung
	Unterzüge, Umrahmungen, Faschen und dergleichen
	Deckel für Rollladenkästen
	Pfeiler, Lisenen, Stützen, Unterzüge, Vorlagen und dergleichen mit einer Breite bis 1 m je Ansichtsfläche
	Blenden, Gardinenleisten und dergleichen
	Leisten, Konsolen, Borten, Profile und dergleichen
	Kunststofffolie, Spannstoffe
	Abschneiden des Überstandes von Randdämmstreifen
	Anpassen an Bauteile und Einbauteile
	Überbrückung von Putz- und Betonrissen
	Anzahl (Stück) getrennt nach Bauart und Maßen
	Decken, Wände, Böden und Bekleidungen bis 2,5 m^2 Einzelgröße
	Feldeinteilungen an Wänden, Türen und dergleichen
	tapezierte, bespannte oder bekleidete Einzelflächen
	Leisten, Gardinenleisten und dergleichen
	Profile, Ornamente, z. B. Rosetten
	Tapeten in Rollen, Spannstoffe in Ballen

Abrechnungsgrundregeln nach ATV DIN 18366, Ziffer 5 „Abrechnung“

Die Ermittlung der abzurechnenden Leistung kann grundsätzlich nach Zeichnung oder auch nach den Ergebnissen eines örtlichen Aufmaßes erfolgen (siehe DIN 18299). Die Abrechnung nach Zeichnung (Nennmaße) setzt die Vorlage einer detaillierten und bemaßten Ausführungszeichnung mit Darstellung der fertigen Oberflächen zur Aufnahme von Tapeten voraus. Als Abrechungsgrundlage ist die Zeichnung nur dann heranzuziehen, wenn die zeichnerischen Darstellungen mit der Bauausführung übereinstimmen. Für die verschiedenen Bauteile und Konstruktionen sind in der ATV unter Ziffer 5 die zu berücksichtigenden Flächen-, Längen- und Raumbegrenzungen für die Ermittlung der Einzelmaße festgelegt.

Wände und Decken

Tapezierarbeiten und Arbeiten für das Vorbereiten von Untergründen auf Innenflächen ohne begrenzende Bauteile werden mit den Maßen der ungeputzten, ungedämmten und unbekleideten Flächen abgerechnet.

Werden behandelte Flächen durch andere Bauteile begrenzt, sind die Maße bis zu den sie begrenzenden, ungeputzten und unbekleideten Bauteilen, z. B. Rohfußoden oder Rohdecke, für die Massenermittlung anzusetzen.

Können die Rohbaumaße nicht bestimmt werden, sind die Maße der behandelten Flächen für die Massenermittlung heranzuziehen.

Systemböden, Trockenunterböden Vorsatzschalen und Unterdecken sind als begrenzende Bauteile anzusehen.

Wand- und Deckenflächen, eben

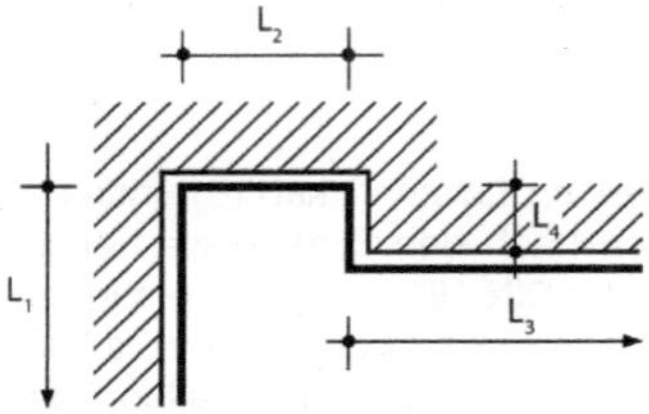

Bild 1: *Tapezieren von verputzten Wandflächen und unbekannten Rohbaumaßen*

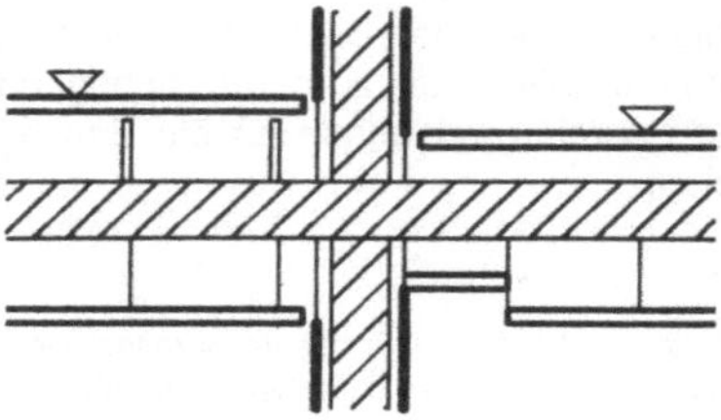

Bild 2: *Bestimmung der Wandhöhe*

Werden behandelte Flächen durch Gesimse, Friese, Eckverbände, Faschen u. Ä. abgeschlossen, so sind die Maße dieser Bauteile bis zu einer Breite bis einschließlich 30 cm zur behandelten Fläche hinzuzurechnen.

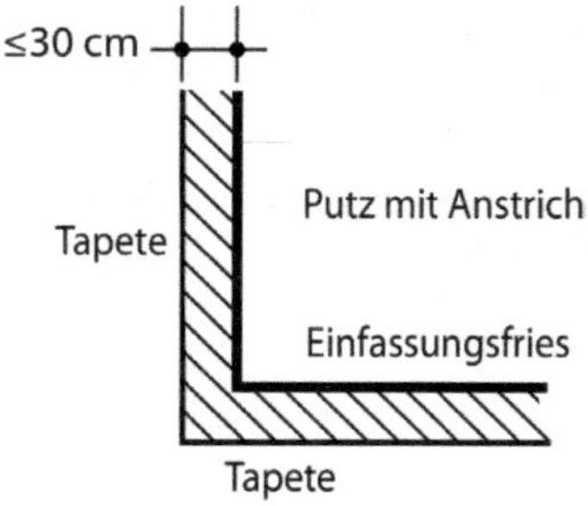

Bild 3: *Ansicht Wandfläche mit Tapetenfläche, eine Putzfläche mit Fries umschließend*

Alle mit der Oberflächenbehandlung in Verbindung stehenden anderen Arbeiten, wie z. B. Untergrundvorbehandlungen und Untertapeten, werden mit den gleichen Maßen der fertigen Oberflächen angerechnet.

Für die Ermittlung der Wandhöhe werden Fußleisten, Sockelfliesen u. Ä. bis zu einer Höhe von 10 cm übermessen.

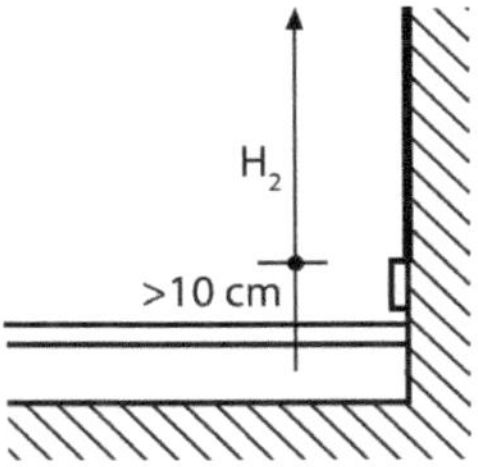

Bild 4: *Sockelhöhe > 10 cm → Abzug von Wandhöhe*

Wand- und Deckenflächen, gewölbt oder schiefwinklig

Für Wand- und Deckenflächen in überwölbten Räumen oder nicht rechtwinkligen Räumen gelten die Abrechnungsregeln zu ebenen, geradlinigen Wänden bzw. Decken entsprechend.

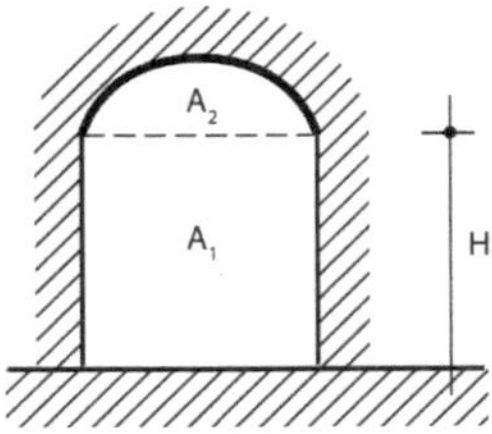

Bild 5: *Wandhöhen eines überwölbten Raums, Flächenermittlung der Stirnwandfläche: $A_1 + A_2$ (nach Kreissegmentformel → Anhang)*

Leibungen

Leistungen an ganz oder teilweise behandelten Leibungen von Öffnungen, Nischen oder Aussparungen sind als eigenständige Leistungsposition zu erfassen.

Die Abrechnung ist im Regelfall nach Längenmaß, getrennt für die jeweilige Leibungsbreite, vorzunehmen.

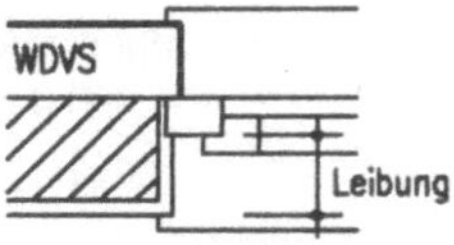

Bild 6: *Fensterleibung*

Aussparungen, Nischen und Öffnungen in Decken, Wänden, Decken- und Wandbekleidungen werden nach ATV 5.3 bei einer Einzelgröße über 2,5 m² bei der Ermittlung der Gesamtfläche abgezogen. Behandelte Rückflächen von Nischen werden unabhängig von deren Flächenabzug oder Übermessen bei der Gesamtwandfläche zusätzlich gesondert gerechnet.

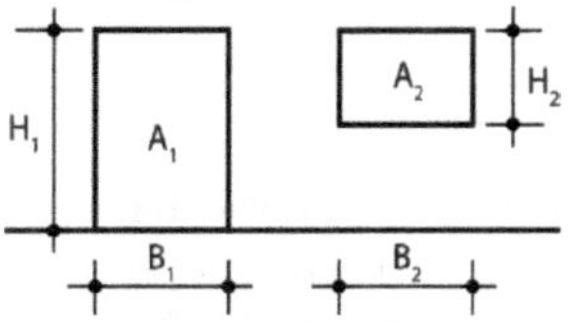

$A_1 = H_1 * B_1 > 2.5\ m^2$ = Abzug
$A_2 = H_2 * B_2 < 2.5\ m^2$ = übermessen

Bild 7: *Abzugs-/bzw. Übermessungsregel*

Nischen

Für Rückflächen von Nischen sind deren Maße, unabhängig davon, ob die Nische mit der Wandfläche übermessen wurde, gesondert zu ermitteln, und die Leistung als Flächenmaß abzurechnen.

Die Leibungsfläche von Nischen mit einer Einzelgröße unter oder über 2,5 m² ist immer als eigenständige Leistung abzurechnen.

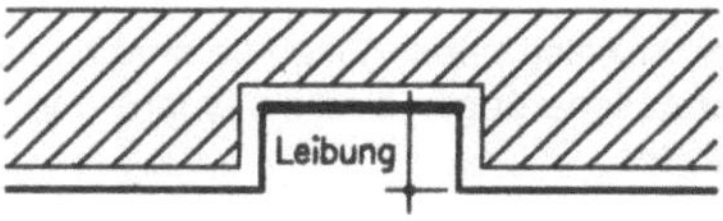

Bild 8: *Rückfläche einer Nische, Leibung und unbekannten Rohbaumaßen*

Liegen verschiedenartige Öffnungen, Nischen und Aussparungen direkt aneinander, ist deren Aufnahme in die Flächenberechnung abhängig von den jeweiligen Einzelmaßen (Einzelgröße der Fläche größer oder kleiner 2,5 m^2).

Zusammenhängende Teilflächen von gleichartigen Öffnungen (z. B. Balkontür mit nebenliegendem Fenster ohne Zwischenpfeiler) oder Aussparungen werden für die Einstufung der Größe als eine Fläche bewertet. Die Abrechnung der Bearbeitung von Leibungen an diesen Flächen erfolgt unabhängig von deren Übermessung oder dem Abzug.

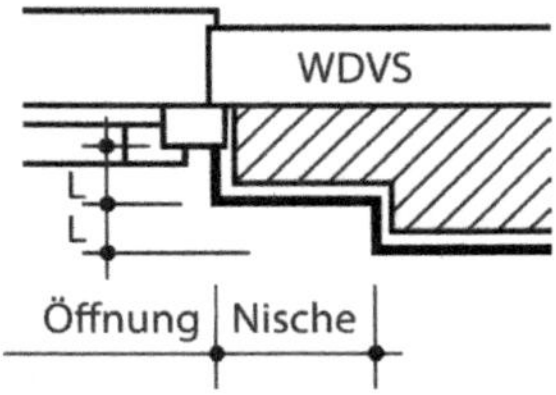

***Bild 9:** Nische neben Wandöffnung und unbekannten Rohbaumaßen*

Wandvorlagen, Unterzüge, Fachwerke

In Wand- und Deckenflächen integrierte andere Bauteile aus Holz, Stahl oder Aluminium, z. B. bei Fachwerkkonstruktionen, nicht deckengleiche Unterzüge u. Ä. werden bei der Erfassung der Wand- und Deckenfläche übermessen, wenn deren Einzelbreite nicht mehr als 30 cm beträgt. Als Einzelbreite für die Einstufung gilt nur die Ansichtsbreite des entsprechenden Bauteils, nicht dessen Abwicklungsbreite.

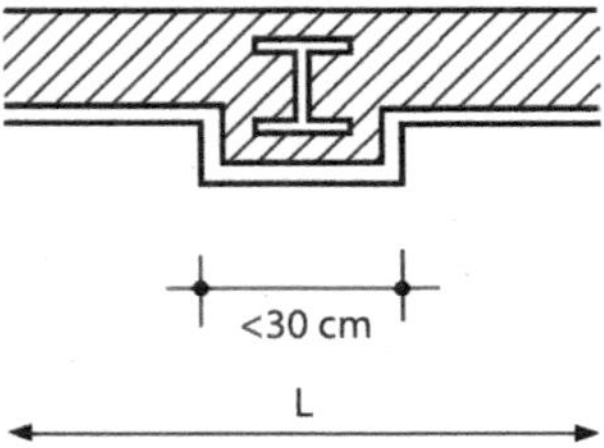

***Bild 10:** Verputzter Unterzug in Betondecke und unbekannten Rohbaumaßen*

Beispiel: Die Abwicklungsfläche des Unterzugs wird bei einer tapezierten Deckenfläche übermessen, auch wenn der Unterzug nicht tapeziert ist.

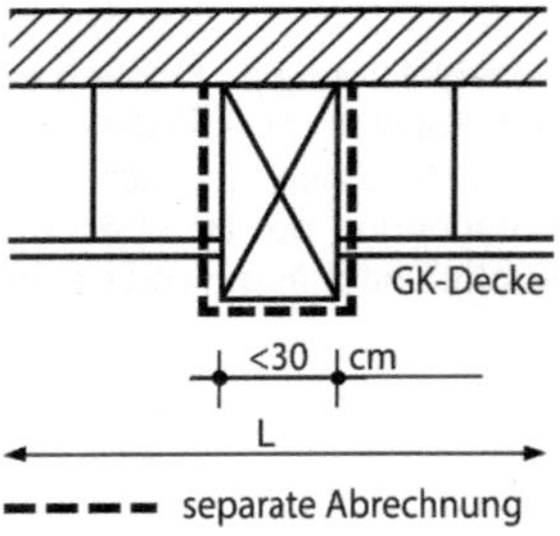

***Bild 11:** Holzbalken und abgehängte Gipskartondecke*

Gesimse, Umrahmungen

Für die Längenermittlung von behandelten Bauteilen wie Gesimse und Faschen sind die größten Bauteilmaße anzusetzen. Gegebenenfalls sind die Abwicklungsmaße bei der Mengenermittlung zu berücksichtigen.

Gesimse, Umrahmungen, Faschen u. ä. längenorientierte, innerhalb einer Wandfläche angeordnete Bauteile werden bei einer Einzelbreite bis einschließlich 30 cm bei der Bestimmung der Wandfläche übermessen. Diese Regelung gilt auch dann, wenn diese Bauteile nicht behandelt werden.

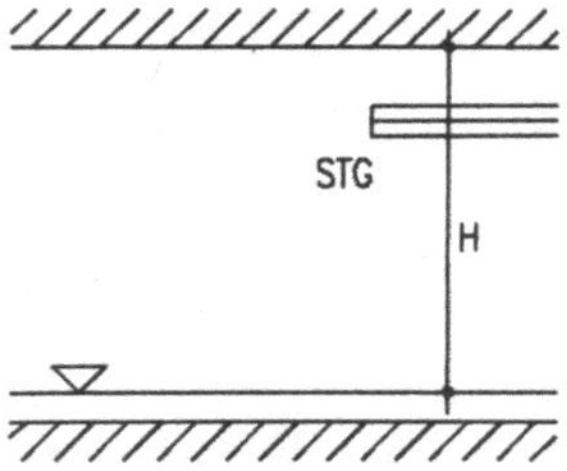

***Bild 12:** Wandfläche mit Sandsteingesims (STG) für Gesimsbreite ≤ 30 cm und unbekannter Dicke des Fußbodenaufbaus*

Beispiel: Tapezierte Wandfläche mit nicht tapeziertem Sandsteingesims (STG) → die Fläche des nicht bearbeiteten Sandsteingesimses wird übermessen, ggf. bei Malerarbeiten nach Abwicklungsbreite und größter Länge abgerechnet.

Die Behandlung und Herstellung von Gehrungen, Kreuzungen, Enden und Verkröpfungen von Dekorprofilen, Bordüren und Rosetten wird immer gesondert gerechnet.

Trennwände, Türen, Bekleidungen

Für die Flächenermittlung von Tapezierarbeiten an Trennwänden (TW), Türen und sonstigen Bekleidungen sind die Maße zur Flächenbestimmung je bearbeitete Seite aufzunehmen.

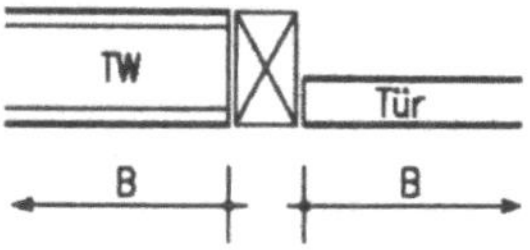

Bild 13: *Trennwand und Tür*

Vieleckige Einzelflächen

Die Flächenermittlung für Tapezierarbeiten auf vieleckigen Einzelflächen ist nach dem Maß des kleinsten umschriebenen Rechtecks vorzunehmen. Diese Regelung gilt jedoch nicht für Flächen mit den geometrischen Formen Kreis, Dreieck, Trapez und Raute.

Rollladenkästen, Türen

Bei Tapezierungen an Rollladenkästen, auf Türblättern u. Ä. die mit vorgegebenen Maßen nach Anzahl angerechnet werden, bleiben Abweichungen von den angegebenen Maßen bis jeweils 5 cm für Höhe und Breite unberücksichtigt.

Beispiel:

Leistungsverzeichnis: 1 Stück Rollladenkasten: Höhe 25 cm, Breite 1,25 m

Ausführung: Höhe 30 cm, Breite 1,28 m

→ keine gesonderte Berechnung

Behandlung von Teilflächen

Leistungen, die für die Behandlung von nicht zusammenhängenden Teilflächen mit einem bestimmten prozentualen Flächenanteil eines Gesamtbauteils ausgeschrieben sind, sind mit dem Maß des Gesamtbauteils abzurechnen.

Lieferung von Stoffen

Werden Tapezierarbeiten getrennt nach Einheitspreisen für Zeitaufwand (Stundenlöhne) und für die Lieferung von Materialien wie Tapeten, Untertapeten, Klebemittel u. Ä. abgerechnet, so ist für die Bestimmung des Materialverbrauchs die erforderliche Menge für eine wirtschaftliche Ausnutzung dieser Materialien zugrunde zu legen. Als verbrauchte Materialien sind alle verbrauchten Rollen sowie nicht weiter verwertbare Restlängen von Rollen und Abschnitte (Zuschnittreste), die auch für Kleinflächen nicht weiter verwertbar sind, anzusehen.

Auch in Längsrichtung zugeschnittene Tapetenbahnen gelten als verbraucht, wenn diese zur Herstellung eines einheitlichen Tapetenmusters (z. B. bei Türanschlüssen oder Raumecken) benötigt wurden.

Von einer Stückelung der Tapetenbahnen in Längs- oder Querrichtung ist auch bei Tapeten mit einheitlicher Oberflächenstruktur (z. B. Raufaser- oder Glasfasertapete) nicht auszugehen.

Übermessungsregeln nach ATV DIN 18366, Ziffer 5.3

Bei der Ermittlung der abrechnungsfähigen Mengen sind die nachstehenden aufgeführten Bauteile bzw. Konstruktionsmerkmale besonders zu beachten. Abhängig von der für die Leistung zutreffenden Abrechnungseinheit und Einzelgröße der „Unterbrechung“ sind die Maße und Mengen der genannten Bauteile der jeweiligen Einzelleistung unberücksichtigt zu lassen bzw. von der Gesamtmenge abzuziehen.

	Übermessen werden:
Flächenmaß	Aussparungen, Öffnungen und Nischen bis einschließlich 2,5 m^2 Einzelgröße
	Fugen
Längenmaß	Unterbrechungen in der zu tapezierenden Fläche durch andere Bauteile mit einer Einzelbreite bis einschließlich 30 cm
	Unterbrechungen bis einschließlich 1,0 m Einzellänge

Tischlerarbeiten

Anwendungsbereich

Die Ausführungen von Tischlerarbeiten sind im Allgemeinen nach den Regeln der ATV „Tischlerarbeiten“ DIN 18355 abzurechnen. Die ATV umfasst Leistungen für das Herstellen und Einbauen von Bauteilen aus Holz, Kunststoff und Holz-Metall-Konstruktionen. Im Wesentlichen sind dies Bauteile wie Tore und Türen einschließlich Zargen, Fenster und Fensterelemente, Klappläden und Trennwände. Außerdem sind die Bekleidungen von Wänden und Decken, das Herstellen von Schrankwänden, sonstigen Einbaumöbeln und Innenausbauten (z. B. Fensterbänke, Abschlussprofile, Deckleisten u. Ä.) sowie der Einbau von Dämmstoffen. Die Behandlung der Oberflächen von Innen- und Außenbauteilen mit Grundanstrichen, Holzschutzanstrichen oder Beizen sind ebenfalls durch die Allgemeinen Technischen Vertragsbedingungen geregelt.

Die Inhalte der DIN 18299 „Allgemeine Regelungen für Bauarbeiten jeder Art“ sind stets zusätzlich zu den spezifischen Regelungen zu berücksichtigen. Bei Widersprüchen gelten die gewerkebezogenen Regelungen der DIN 18355 vorrangig.

Eventuell i. V. m. Tischlerarbeiten beauftragte Leistungen mit Holzwerkstoffen, wie z. B. Parkettarbeiten, das Herstellen und Einbauen von Treppen, Holzfußböden, Fußleisten, Schalungen, Verschläge und dergleichen, unterliegen den jeweiligen Allgemeinen Technischen Vertragsbedingungen der entsprechenden Gewerke (Parkettarbeiten, Zimmer- und Holzbauarbeiten).

Ausdrücklich ausgeschlossen sind auch Verglasungsarbeiten, Außenwandbekleidungen mit Unterkonstruktionen und Beschlagarbeiten.

Checkliste Abrechnungseinheiten nach ATV DIN 18355

In Leistungsverzeichnissen gelten gem. Ziffer 0.5 der ATV die folgenden Abrechnungseinheiten für die Ausführung von Tischlerarbeiten und alle damit in direkter Verbindung stehenden Nebenleistungen und Besonderen Leistungen.

	Tischlerarbeiten
	Flächenmaß (m^2) getrennt nach Bauart und Maßen
	Wand- und Deckenbekleidungen
	Oberflächenbehandlungen
	Längenmaß (m) getrennt nach Bauart und Maßen)
	Leisten
	Blenden
	An- und Abschlussprofile
	Abdichtungen, Schattenfugen
	Leibungsbekleidungen und dergleichen
	Anzahl (Stück) getrennt nach Bauart und Maßen
	Fenster
	Türen, Tore
	Einbauschränke
	Fensterbänke und dergleichen
	Rollladendeckel

	Tischlerarbeiten
	Fensterläden
	Futter und Bekleidungen
	Zargen
	Oberflächenbehandlungen
	Aussparungen für Stützen, Pfeilervorlagen, Installations- und Einbauteile und dergleichen

Abrechnungsgrundregeln nach ATV DIN 18355, Ziffer 5 „Abrechnung"

Die Ermittlung der abzurechnenden Leistung kann grundsätzlich nach Zeichnung oder auch nach den Ergebnissen eines örtlichen Aufmaßes erfolgen. Die Abrechnung nach Zeichnung (Nennmaße) setzt die Vorlage einer detaillierten und bemaßten Ausführungszeichnung und deren Übereinstimmung mit der tatsächlichen Bauleistung voraus. Für die verschiedenen Bauteile und Konstruktionen sind in der ATV unter Ziffer 5 die zu berücksichtigenden Flächen-, Längen- und Raumbegrenzungen für die Ermittlung der Einzelmaße festgelegt.

Wand- und Deckenbekleidungen, ebene Flächen

Für die Ermittlung der Flächen von Wand- und Deckenbekleidungen sind bei Flächen mit **begrenzenden Bauteilen** die Maße der bekleideten bzw. zu bekleidenden Flächen zu berücksichtigen.

Als Begrenzung sind dabei die Kanten des ungeputzten begrenzenden Bauteils zugrunde zu legen. Diese Regelung gilt außer für Decken- und Wandbekleidungen auch für Unterkonstruktionen, eingebaute Dämmstoffschichten, Vorsatzschalen und Unterdecken. Vorsatzschalen aus Gipskartonplatten oder anderen flächigen Bauteilen gelten als begrenzende Bauteile, sofern diese nicht durch die Leistung der Tischlerarbeiten durchbrochen oder unterschnitten werden.

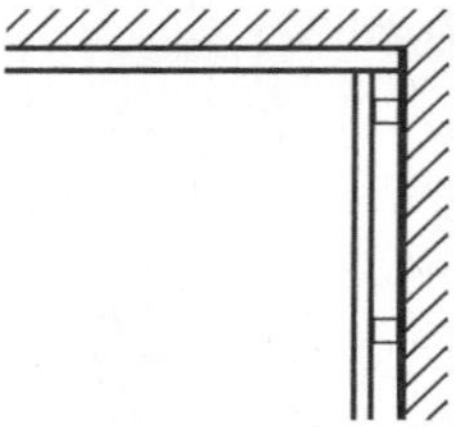

Bild 1: *Wandbekleidung, Deckenanschluss*

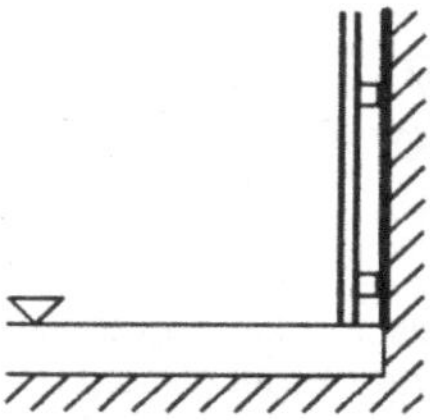

Bild 2: *Wandbekleidung, Bodenanschluss*

Für **Flächen ohne begrenzende Bauteile** sind die Maße der hergestellten Flächen in der Massenermittlung zu berücksichtigen.

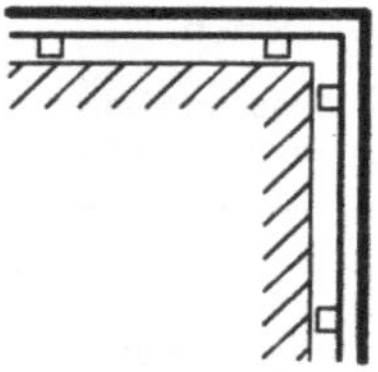

Bild 3: *Innenraum, Wandaußenecke*

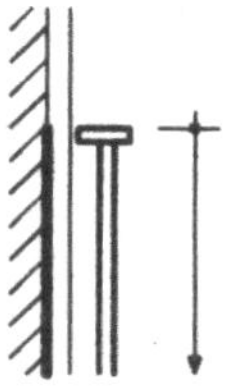

***Bild 4:** Innenraum, Wandbekleidung mit oberer Abschlussleiste, Teilfläche auf einer verputzten Innenwand*

Bei der Bestimmung des Maßes für **Wandhöhen** sind Fußleisten o. ä. Konstruktionen mit einer Höhe bis zu 10 cm zu übermessen.

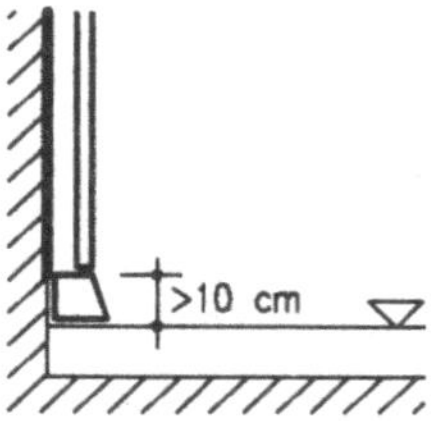

***Bild 5:** Wandbekleidung, Installationskanal als Sockelprofil, Höhe > 10 cm*

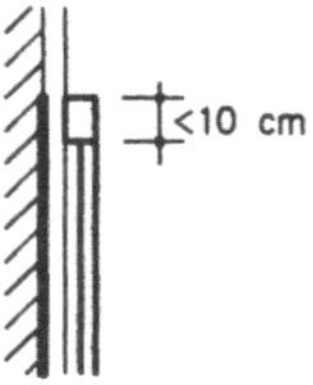

***Bild 6:** Oberer Abschluss mit Abschlussleiste, Höhe < 10 cm*

Aussparungen, Nischen und Öffnungen in Decken- und Wandbekleidungen und leichten Außenwandbekleidungen werden bis zu einer Einzelgröße von bis zu 2,5 m² bei der Ermittlung der Fläche übermessen.

Längenmaße für Flächenermittlungen oder für Einzelleistungen mit Längenmaßabrechnung sind nach der größten Länge des Bauteils zu bestimmen.

Für Bauteile oder Flächen mit Vor- und Rücksprüngen sind entsprechend die Abwicklungslängen zu berücksichtigen.

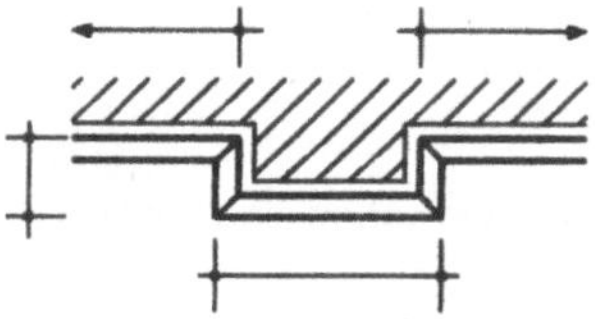

***Bild 7:** Dekorleiste in Wandbekleidung*

Fassaden

Fassadenflächen als leichte Außenwandbekleidung sind nach den Außenmaßen der fertiggestellten bzw. geplanten fertigen Bekleidung zu bestimmen. Aussparungen bis 2,5 m^2 Einzelgröße werden übermessen. Für die Ermittlung der Einzelgröße sind die kleinsten Maße der Aussparung anzusetzen.

Grenzen Außenwandbekleidungen an verputzte andere Bauteile an, so gilt die allgemeine Grundregel, dass die Maßbegrenzung durch die Oberfläche des unverputzten angrenzenden Bauteils gebildet wird.

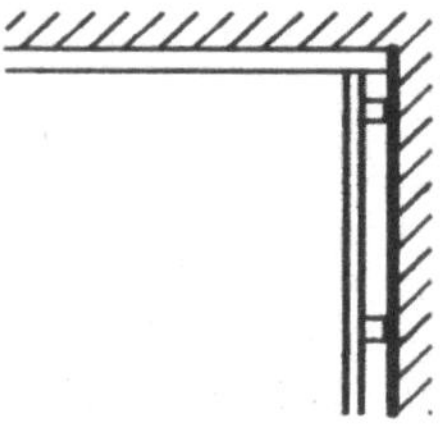

***Bild 8:** Fassade mit leichter Außenwandbekleidung*

Trennwände, Fenster, Türen, Einbauschränke

Die Bauteilmaße für nicht tragende Trennwände, Einbauschränke, Fenster und Türen sind nach deren Maßen festzustellen.

Sonstige Bauteile

Für alle anderen im Vortext nicht näher bestimmten Einzelleistungen von Tischlerarbeiten sind die größten Bauteillängen, evtl. auch als abgewickelte Längen, zur Bestimmung der Abrechnungsgröße maßgebend.

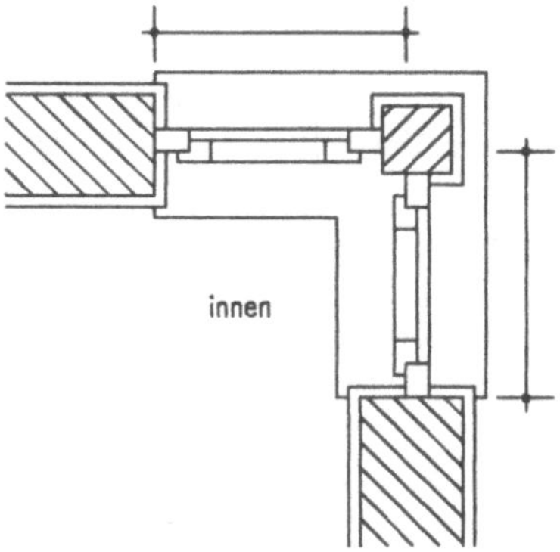

***Bild 9:** Innenfensterbank*

Böden

Öffnungen und Aussparungen in Böden mit einer Einzelgröße bis zu 0,5 m^2 werden bei der Berechnung der Bodenfläche übermessen.

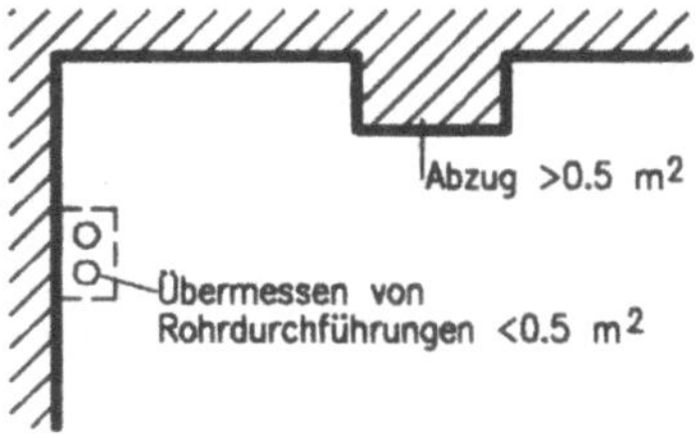

***Bild 10:** Wandvorlage, Rohrdurchführung*

Aussparungen, Nischen und Öffnungen in Decken- und Wandbekleidungen und leichten Außenwandbekleidungen werden bis zu einer Einzelgröße bis zu 2,5 m^2 bei der Ermittlung der Fläche übermessen.

Für die Anwendung der „Übermessungsregeln" gem. ATV Ziffer 5.3 ist auch bei unmittelbar zusammenhängenden verschiedenartigen Aussparungen bzw. Öffnungen jede Fläche separat zu erfassen.

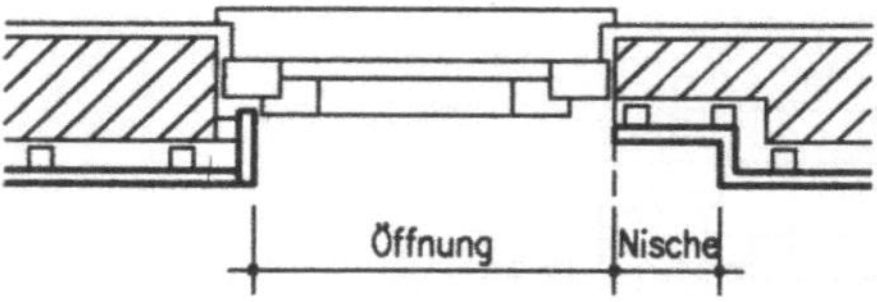

Bild 11: *Nische neben Öffnung*

Liegen Aussparungen anteilig in Flächen, die getrennt angerechnet werden, sind die jeweiligen Einzelgrößen für die Bestimmung der Übermessungsgröße maßgebend.

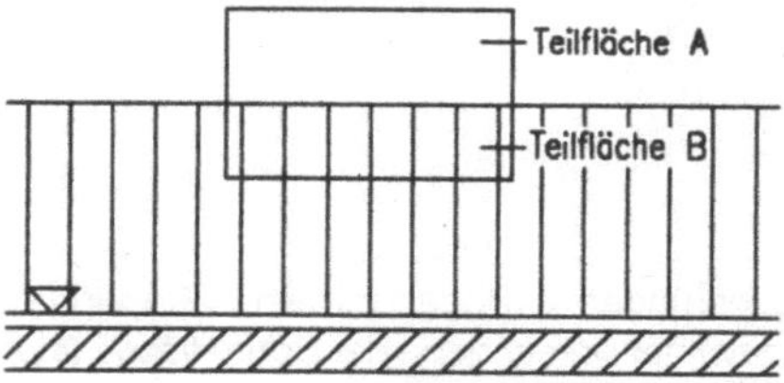

Bild 12: *Wandbekleidung auf Wandfläche mit Öffnung, z. B. Durchreiche*
Teilfläche A für die Bestimmung der Übermessungsgröße Wandputz.
Teilfläche B für die Bestimmung der Übermessungsgröße Wandbekleidung.

Besonders herzustellende Aussparungen für Einzelleuchten, Lichtbänder, Lüftungsgitter, Luftauslässe, Revisionsöffnungen, Schalter und Steckdosen nach ATV Ziffer 0.5.3 sind getrennt nach Bauart und Maßen und gesondert nach Anzahl abzurechnen.

Nischenrückflächen

Für ganz oder teilweise bekleidete Nischen sind die Maße der bekleideten Rückfläche, unabhängig davon, ob die Nische mit der Wandfläche übermessen wurde, gesondert zu ermitteln und als Flächenmaß abzurechnen.

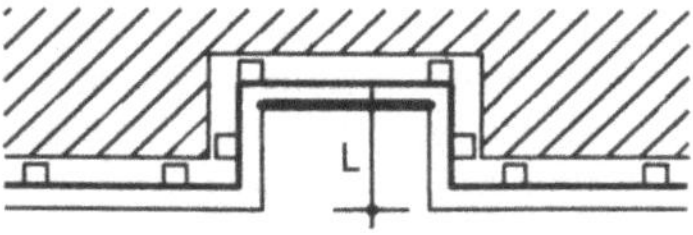

Bild 13: *Nischenrückfläche*

Unterbrechungen

Werden flächige oder linienförmige Bauteile einer Leistung durch andere einbindende Bauteile „gestört“, handelt es sich um eine Unterbrechung.

Unterbrechungen, z. B. durch Fachwerkteile, Vorlagen, Stützen, Lattungen u. Ä., sind bis zu einer Einzelbreite von 30 cm bei Flächenermittlungen zu übermessen.

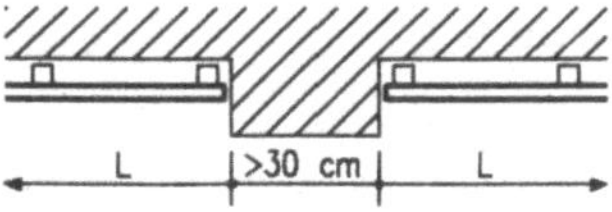

Bild 14: *Bekleidung einer Wandfläche mit Pfeilervorlage*

Bekleidungen und Konstruktionen aus Paneelen, Latten u. Ä.

Bauartbedingte Zwischenräume in Bauteilen oder Konstruktionen aus Latten, Brettern, Paneelen, Lamellen u. Ä. werden bei der Flächenermittlung nicht abgezogen.

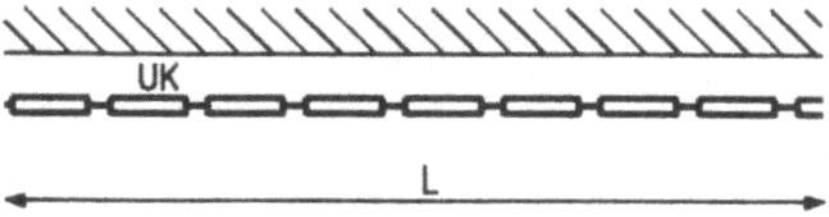

Bild 15: *Deckenbekleidung mit Holzpaneelelementen*

Fugen

Bei Leistungen mit einer Abrechnung nach Flächenmaß sind Fugen zu übermessen.

Maßabweichungen

Für Türen, Fenster, Tore oder entsprechende Bauteile sind Mehr- oder Mindermengen durch Maßabweichungen in Breite und Höhe bis zu jeweils 5 % des Maßes, jedoch nur bis maximal 50 mm, ohne gesonderte Vergütung als Nebenleistung nach ATV Ziffer 4.1.6 in der Abrechnung nicht zu erfassen, wenn

1. die Notwendigkeit der Abweichung bereits vor dem Fertigungsbeginn feststeht oder der Auftragnehmer diese hätte feststellen müssen oder
2. die Abweichung nicht zu einer statisch relevanten Konstruktionsänderung führt oder
3. in allen Positionen das Rahmenaußenmaß einheitlich abweicht.

Übermessungsregeln nach ATV DIN 18355, Ziffer 5.3

Bei der Ermittlung der abrechnungsfähigen Mengen sind die nachstehenden aufgeführten Bauteile bzw. Konstruktionsmerkmale besonders zu beachten. Abhängig von der für die Leistung zutreffenden Abrechnungseinheit und Einzelgröße der „Unterbrechung" sind die Maße und Mengen der genannten Bauteile der jeweiligen Einzelleistung unberücksichtigt zu lassen bzw. von der Gesamtmenge abzuziehen.

	Übermessen werden:
Flächenmaß	Aussparungen, z. B. Öffnungen (auch raumhoch), Nischen bis einschließlich 2,5 m^2 Einzelgröße, Aussparungen in Böden bis einschließlich 0,5 m^2 Einzelgröße
	Fugen
Längenmaß	Unterbrechungen bis einschließlich 1,0 m Einzellänge

A B D E F G K L M N P S T V W Z

Trockenbauarbeiten

Anwendungsbereich

Die Ausführungen von Trockenbau sind im Allgemeinen nach den Regeln der ATV „Trockenbauarbeiten“ DIN 18340 abzurechnen. Die ATV gilt für das Herstellen von offenen und geschlossenen Deckenbekleidungen und Unterdecken; außerdem für die Errichtung von Trenn-, Montage- und Systemwänden, Innendämmungen, Trockenputz, Brandschutzbekleidungen, Vorsatzschalen und sonstige Wandbekleidungen. Der Einbau von Fertigteilestrichen, Trockenunterböden, Doppel- und Hohlböden und die Montage von Zargen, Türen und anderen Einbauteilen werden ebenfalls durch die ATV geregelt. Auch Trockenbauarbeiten in Verbindung mit dem Einbau von Flächenheiz- und Kühlsystemen gehören ebenfalls zum Anwendungsbereich der ATV.

Die Inhalte der DIN 18299 „Allgemeine Regelungen für Bauarbeiten jeder Art“ sind stets zusätzlich zu den spezifischen Regelungen zu berücksichtigen. Bei Widersprüchen gelten die gewerkebezogenen Regelungen der DIN 18340 vorrangig.

Checkliste Abrechnungseinheiten nach ATV DIN 18340

In Leistungsverzeichnissen gelten gem. Ziffer 0.5 der ATV die folgenden Abrechnungseinheiten für die Ausführung von Trockenbauarbeiten und alle damit in direkter Verbindung stehenden Nebenleistungen und Besonderen Leistungen.

Andere Leistungen, die i. V. m. Trockenbauarbeiten, ggf. auch durch den gleichen Unternehmer, ausgeführt werden, sind nach den jeweiligen Regelungen der entsprechenden ATV abzurechnen. Dies sind Putz- und Stuckarbeiten, Estricharbeiten, Tischlerarbeiten, Metallbauarbeiten, Maler- und Lackierarbeiten, Bodenbelagsarbeiten sowie Konstruktionen des Holzbaus.

	Trockenbauarbeiten
	Schwert- und Reduzierelemente mit einer Breite bis einschließlich 1 m
	gleitende Decken-, Wand- und Bodenabschlüsse
	verstärkte Unterkonstruktionen, z. B. Weitspannträger mit einer Länge über 2 m
	Wandabzweigungen, Bekleidungen der Stirnseiten bei freien Wandenden und freien Deckenabschlüssen
	Einbinden von Wand- und Deckenkonstruktionen in Decklagen von begrenzenden Bauteilen
	Anarbeiten und Anpassen an vorhandene Bauteile bzw. Einarbeiten von Einbauteilen mit einer Länge bis einschließlich 1 m je einzuarbeitende Seite in Decken und Wandflächen, z. B. bei Stützen, Pfeilervorlagen, Unterzügen, Rohren, Installationskanälen, Tür- und Fensterelementen, Dachflächenfenstern
	Ausbildung von Innen- und Außenecken mit einer Länge > 1 m
	Anschluss-, Bewegungs- und Gebäudetrennfugen
	Dichtungsbänder, Dichtungsprofile, Verfugungen
	Trennstreifen bei Anschlüssen an Bauteile und Einbauteile
	Profile, Kanten, Leisten, Randwinkel, Wandwinkel, Sockelleisten, Randstreifen und dergleichen
	zurückgesetzte und hinterlegte Sockelanschlüsse über 1 m Einzellänge
	Ausschnitte in Innendämmungen, z. B. für Leitungen, Leitungskanäle
	**Anzahl (Stück)** getrennt nach Bauart und Maßen
	Flächen bis einschließlich 5 m^2

	Trockenbauarbeiten
	Aussparungen für Türen, Fenster, Revisionsklappen
	sonstige Aussparungen mit einer Länge bis einschließlich 2 m und einer Breite bis einschließlich 0,5 m, z. B. für, Nischen, Stützen, Pfeilervorlagen, Rohre, Einzelleuchten, Lichtkuppeln, Lüftungsauslässe, Schalter, Steckdosen, Kabel, Einbauteile
	Unterkonstruktionen, Verstärkungen, Aussteifungen, Auswechselungen und Überbrückungen mit einer Länge bis einschließlich 2 m für Auf- und Einbauteile, z. B. für Türen, Oberlichter, Trag- und Führungsschienen, Beleuchtungsbänder, Revisionsöffnungen, Hängeschränke, Bodenaufbauten, Ausklinkungen, angeschnittene Kassetten und Paneele
	Einbau von Fenstern, Revisionsklappen, Einzelleuchten, Lüftungsgittern, Luftauslässen, Tragständern, Zargen, Türen und dergleichen
	verstärkte Unterkonstruktionen, z. B. Weitspannträger mit einer Länge bis einschließlich 2 m
	Schließen von Aussparungen bis einschließlich 5 m^2
	Anpassen und Anarbeiten an vorhandene Bauteile bzw. Einarbeiten von Einbauteilen mit einer Länge bis einschließlich 1 m je einzuarbeitende Seite in Decken und Wandflächen, z. B. bei Tür- und Fensterelementen, Dachflächenfenstern, Unterzügen, Installationskanälen, Rohren, Stützen, Pfeilervorlagen
	luftdichte Anschlüsse an Einbauteile und Installationen
	zurückgesetzte und hinterlegte Sockelanschlüsse bis einschließlich 1 m Einzellänge, z. B. an Stützen, Pfeilern, Nischen
	Sonderformate, z. B. Passplatten
	Aussparungen, Revisionsöffnungen für Anschlüsse von Registermodulen
	Revisionswerkzeug, Reserveelemente und dergleichen
	Richtungswechsel von Wänden und Friesen, Gehrungen von Profilen und dergleichen, z. B. im Fugenbereich und bei Nuten

	Trockenbauarbeiten
	Ausbilden von Innen- und Außenecken bis einschließlich 1 m
	Abschlagen, Aufpicken, Aufbringen von Haftbrücken, Grundierungen, Verfestigen von Altuntergrundflächen mit einer Fläche bis einschließlich 5 m²

Abrechnungsgrundregeln nach ATV DIN 18340, Ziffer 5 „Abrechnung“

Die Ermittlung der abzurechnenden Leistung kann grundsätzlich nach Zeichnung oder auch nach den Ergebnissen eines örtlichen Aufmaßes erfolgen. Die Abrechnung nach Zeichnung (Nennmaße) setzt die Vorlage einer detaillierten und bemaßten Ausführungszeichnung und deren Übereinstimmung mit der tatsächlichen Bauausführung voraus. Für die verschiedenen Bauteile und Konstruktionen sind in der ATV unter Ziffer 5.1 die zu berücksichtigenden Flächen-, Längen- und Raumbegrenzungen für die Ermittlung der Einzelmaße festgelegt.

Wand- und Deckenflächen, eben

Die Leistungsfeststellung nach Flächenmaß gilt für Bekleidungen, Unterkonstruktionen, Dampfbremsen, Dämmstoff-, Trenn- und Schutzschichten, Schüttungen, Oberflächenbehandlungen, Schutzfolien, Haftbrücken und dergleichen. Für die Ermittlung der Leistung sind die Maße der hergestellten Bekleidungen, Beläge und Bauteile und der bekleideten Flächen zu berücksichtigen.

Bestehen Konstruktionen aus mehreren Schichten (z. B. Bekleidung, Dämmstoff, tragende Unterkonstruktion), so sind alle Schichten mit den gleichen Maßansätzen in der Abrechnung zu berücksichtigen.

Soweit für einzelne Flächen unterschiedliche Qualitätsstufen für Verspachtelungen festgelegt bzw. ausgeführt wurden, sind diese Flächen separat zu erfassen (→ Anhang Qualitätsstufen).

Bei Flächen **mit begrenzenden Bauteilen** sind die Maße der zu behandelnden Fläche zu berücksichtigen. Als Maßbegrenzung sind dabei die Kanten des ungeputzten, ungedämmten oder unbekleideten begrenzenden Bauteils anzunehmen.

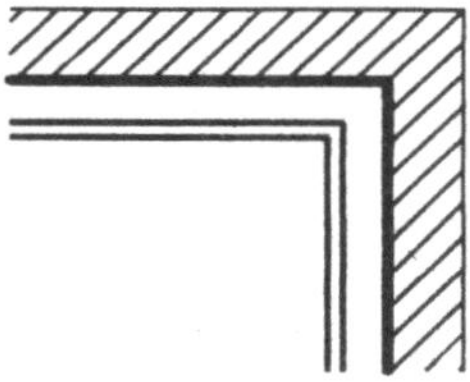

Bild 1: *Vorsatzschale mit begrenzendem Bauteil*

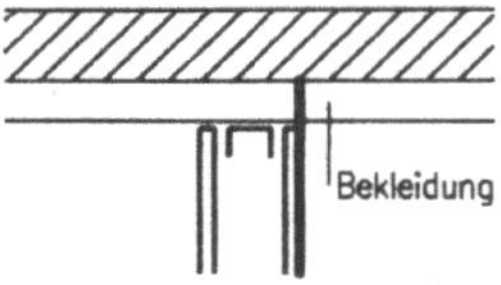

Bild 2: *Trennwandanschluss an bekleidete Wandfläche*

Als begrenzende Bauteile gelten auch raumbildende Systemböden, Trockenunterböden, Estriche, leichte Trennwände sowie Unterdecken und abgehängte Decken, wenn diese Bauteile durch das abzurechnende Bauteil nicht durchdrungen werden.

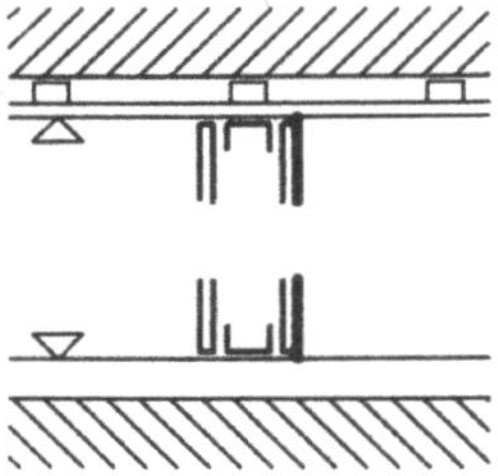

Bild 3: *Trennwandanschluss auf Estrich bzw. an Unterdecke*

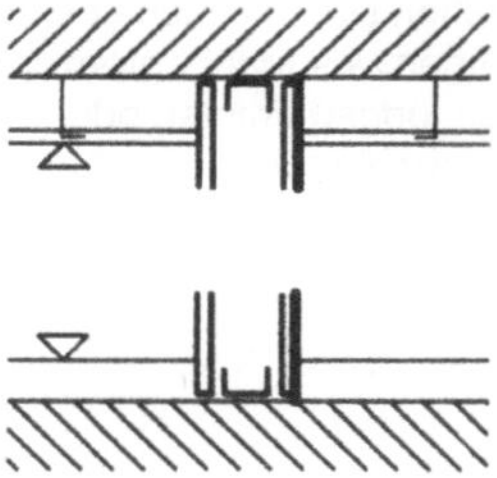

Bild 4: *Trennwandanschluss, Durchdringung von Estrich und abgehängte Decke*

Nicht durch andere Bauteile begrenzte Flächen werden nach den Maßen der fertiggestellten Konstruktion/Bekleidung bemessen.

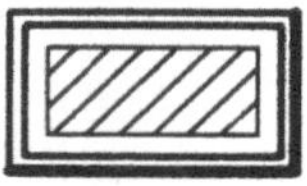

Bild 5: *Bekleidung einer Stütze*

Weitere Beispiele: frei stehende Vorsatzschalen, Wandvorlagen

Die Bestimmung der Einzelmaße für die Flächenberechnung ist nach den größten Bauteilmaßen vorzunehmen. In bestimmten Fällen ist auch das abgewickelte Bauteilmaß als größtes Bauteilmaß anzusetzen, z. B. bei einem profilierten Deckenfries mit Schrägschnitten.

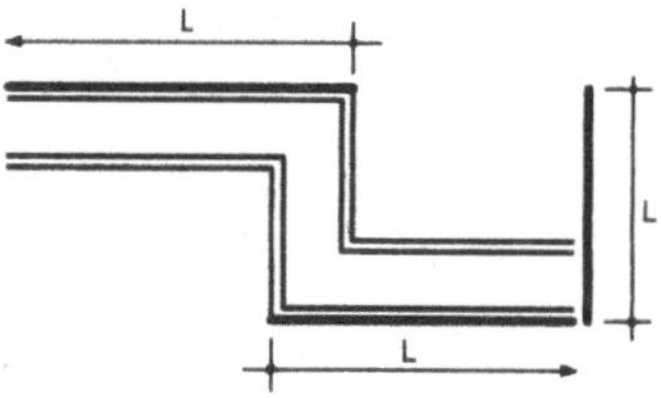

Bild 6: *Trennwandversatz*

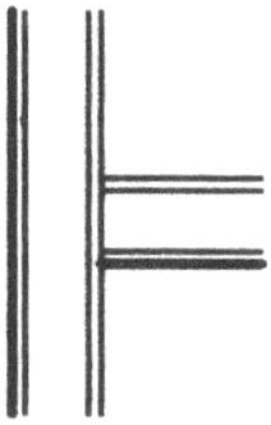

Bild 7: *Trennwandverbindung*

Aussparungen, Nischen und Öffnungen in Decken, Wänden, Decken- und Wandbekleidungen, Vorsatzschalen, Außenwandbekleidungen etc. werden nach ATV 5.3.1 bei einer Einzelgröße von bis zu 2,5 m² bei der Ermittlung der Fläche übermessen.

Für die Anwendung der „Abzugsregeln“ gem. ATV Ziffer 5.2.4 ist auch bei unmittelbar zusammenhängenden verschiedenartigen Aussparungen bzw. Öffnungen jede Fläche separat zu erfassen. Für die Bestimmung der Abzugsmaße sind die kleinsten Maße der Aussparung oder Nischen anzusetzen.

Aneinandergrenzende gleichartige Aussparungen, z. B. Rücksprünge für Einbauten, sind als zusammenhängende Fläche für die Ermittlung der Übermessungsgröße zu berechnen.

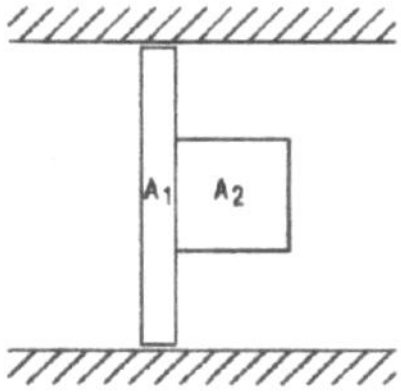

Bild 8: *Aussparung für Installationsleitung und Einbauschrank*

$A_{ges} = A_1 + A_2$

Gleichartige, nebeneinanderliegende Aussparungen, jedoch mit konstruktiver Trennung, werden zur Bestimmung der Einzelgröße getrennt gerechnet.

Bei **anteiliger „Überschneidung"** einer Aussparung mit angrenzenden, getrennt zu rechnenden Flächen ist zur Bestimmung der Übermessungsgröße die jeweils anteilige Aussparungsfläche zu ermitteln.

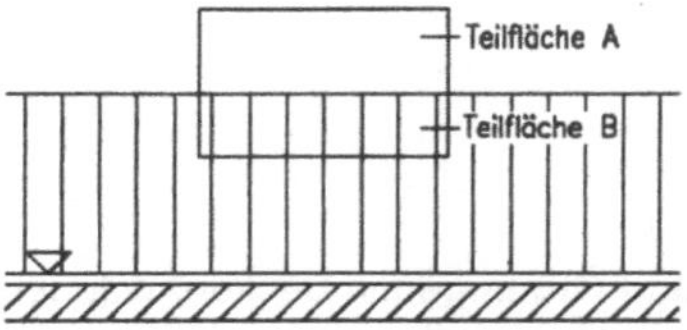

Bild 9: *Vorsatzschale (B) durch Nische unterbrochen*

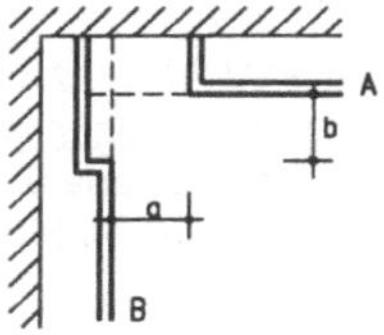

Bild 10: *Raumecke mit Vorsatzschalen*
(a) Breitenmaß für Berechnung der „Aussparungsfläche" bezogen auf die Wandfläche A, bzw.
(b) für die Wandfläche B

Nischen

Für Nischen sind die Maße der Rückfläche, unabhängig davon, ob die Nische mit der Wandfläche übermessen wurde, gesondert zu ermitteln und als Flächenmaß abzurechnen (Fläche mit begrenzendem Bauteil).

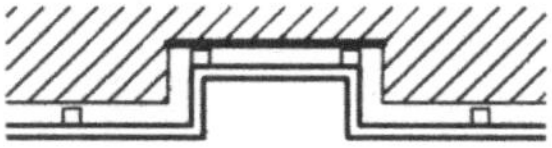

Bild 11: *Nischenrückfläche*

Sonstige Unterbrechungen

Werden flächige oder linienförmige Bauteile einer Leistung durch andere einbindende Bauteile „gestört", handelt es sich um eine Unterbrechung. Dazu ist im Gegensatz von einem „Abschluss der Leistung“ zu unterscheiden.

Bestehen Unterbrechungen in Bekleidungen oder bekleideten Flächen, z. B. durch Stützen, Fachwerkteile, Träger, Lichtbänder, Unterzüge, so sind diese Bauteile bei einer Breite bis einschließlich 30 cm zu übermessen. Für Leistungen an den vorgenannten Bauteilen sind separate Abrechnungen zu führen.

Anschlüsse, Reduzieranschlüsse, Friese, Randfriese, offene Fugen, Vertiefungen und Verkofferungen bis 30 cm Einzelbreite werden bei der Massenermittlung von Bekleidungen und bekleideten Flächen übermessen.

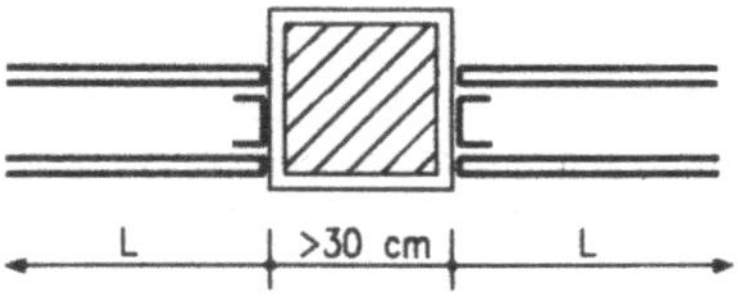

***Bild 12:** Unterbrechung, Trennwand an Stütze*

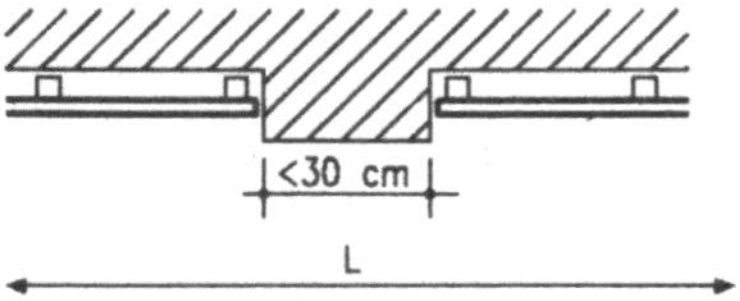

***Bild 13:** Unterbrechung, Deckenbekleidung an Unterzug*

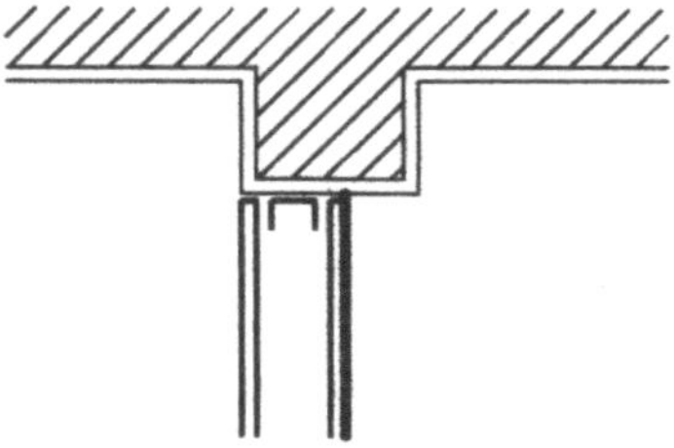

***Bild 14:** Ende der Leistung, Trennwand an Unterzug, Maßbegrenzung Rohbaukante*

Leibungen, freie Wandenden, Wandoberseiten, Schmalseiten von Schürzen

Bekleidete Leibungen von Öffnungen und Nischen mit einer **Tiefe bis einschließlich 1 m,** z. B. für Fenster, Türen, Lichtkuppeln, sind nach ATV Ziffer 0.5.2 nach Längenmaß abzurechnen.

Bekleidete Leibungen von Öffnungen und Nischen mit einer **Tiefe über 1 m,** z. B. für Fenster, Türen, Lichtkuppeln, sind nach ATV Ziffer 0.5.1 nach Flächenmaß abzurechnen.

Für die vollständige oder teilweise Bekleidung von freien Wandenden, Wandober- oder -unterseiten (Schürzen) und Leibungen erfolgt eine gesonderte Abrechnung nach ihren Maßen.

Sonderformate und Einzelteile

Sonderformate, wie z. B. Passplatten, werden gem. ATV Ziffer 5.4.1 nach Anzahl (Größe, Format etc., entsprechend der Vorgabe im LV, ATV Ziffer 0.5.3) gesondert abgerechnet.

Für Einzelteile, die nach Flächenmaß abgerechnet werden und zu deren Flächenbestimmung einfache geometrische Formen für Dreieck, Rechteck, Trapez oder Raute nicht angewendet werden können, ist die Fläche in umschreibende Rechtecke von je 1 m Breite aufzuteilen.

Gehrungen

Nach ATV Ziffer 5.4.3 werden Schnitte für die Herstellung von Gehrungen bei Fugenprofilen, Leisten usw. nur einmal pro Richtungswechsel gerechnet.

Einzelflächen bis 5 m²

Nach ATV Ziffer 5.4.4 werden alle Flächen mit einem einzelnen Flächenmaß bis einschließlich 5 m^2 getrennt gerechnet.

Übermessungsregeln nach ATV DIN 18340, Ziffer 5.3

Bei der Ermittlung der abrechnungsfähigen Mengen sind die nachstehenden aufgeführten Bauteile bzw. Konstruktionsmerkmale besonders zu beachten. Abhängig von der für die Leistung zutreffenden Abrechnungseinheit und Einzelgröße der „Unterbrechung" sind die Maße und Mengen der genannten Bauteile der jeweiligen Einzelleistung zu übermessen.

	Übermessen werden:
Flächenmaß	Aussparungen, Öffnungen (auch raumhoch), Nischen, bis einschließlich 2,5 m^2 Einzelgröße
	Aussparung in Böden bis einschließlich 0,5 m^2 Einzelgröße
	Unterbrechungen in der zu bearbeitenden Fläche durch Bauteile mit einer Einzelbreite bis einschließlich 30 cm
	Fugen
Längenmaß	Unterbrechungen bis einschließlich 1,0 m Einzellänge

Für die Bestimmung der Größen von Nischen, Öffnungen und Aussparungen sind deren kleinsten Maße zugrunde zu legen.

Qualitätsstufen (Q1 bis Q4) von verspachtelten Gipsplatten und Gipsfaserplatten

siehe → Anhang Trockenbauarbeiten

Verbauarbeiten

Anwendungsbereich

Die Ausführungen von Verbauarbeiten sind im Allgemeinen nach den Regeln der ATV „Verbauarbeiten“ DIN 18303 abzurechnen. Die ATV umfasst Leistungen für den vorübergehenden Verbau zur Sicherung der Standfestigkeit der Wände von Gräben, Baugruben und vergleichbaren Erdaushubvolumen.

Die bei Verbauarbeiten auszuführenden Erdarbeiten sind nach den Regeln der ATV DIN 18300 abzurechnen. Die ATV „Verbauarbeiten“ gilt außerdem nicht für ingenieurbiologische Sicherungsbauweisen und Verbau an unterirdischen Hohlräumen.

Die Inhalte der DIN 18299 „Allgemeine Regelungen für Bauarbeiten jeder Art“ sind stets zusätzlich zu den spezifischen Regelungen zu berücksichtigen. Bei Widersprüchen gelten die gewerkebezogenen Regelungen der DIN 18303 vorrangig.

Arbeiten für den dauerhaften, im Baugrund verbleibenden Verbau, z. B. Bohrpfahlwände, das Einbringen von Spundwänden, die nach Abschluss der Baumaßnahme nicht mehr gezogen werden, und das Herstellen von Rückverankerungen unterliegen den jeweils speziellen Allgemeinen Technischen Vertragsbedingungen.

Maßnahmen zur Bodenstabilsierung im Düsenstrahlverfahren oder durch Vereisung sind ebenso wie das Herstellen von Bauteilen aus Beton oder flüssigkeitsgestützen Schlitzen nicht Gegenstand der ATV.

Checkliste Abrechnungseinheiten nach ATV DIN 18303

In Leistungsverzeichnissen gelten gem. Ziffer 0.5 der ATV die folgenden Abrechnungseinheiten für die Ausführung von Verbauarbeiten und alle damit in direkter Verbindung stehenden Nebenleistungen und Besonderen Leistungen.

	Verbauarbeiten
	Flächenmaß (m^2)
	Herstellen, Vorhalten und Beseitigen des Verbaus, Ausfachungen, Grabenverbaugeräte und dergleichen
	Längenmaß (m)
	Träger, Abschlüsse und Anschlüsse an angrenzende Bauwerke, Gurtungen, Aussteifungen, Stahlzugbänder und Verbände
	Anzahl (Stück)
	Aussparungen, Ankerkopfkonstruktionen, Überfahrten, Fußgänger und Behelfsbrücken, Messungen, Dokumentationen
	Masse (kg, t)
	Aussteifungen, Gurtungen, Stahlzugbänder, Verbände und Träger

Abrechnungsgrundregeln nach ATV DIN 18303, Ziffer 5 „Abrechnung“

Die zuverlässige Ermittlung der abzurechnenden Leistung kann i. d. R. nur durch ein örtliches Aufmaß erfolgen.

Verbaufläche

Das Herstellen, Vorhalten und Beseitigen von temporären Verbaukonstruktionen wird wahlweise nach der Fläche oder der Wandlänge des Verbaus abgerechnet.

Verbautiefe

Als Verbautiefe gilt das Maß zwischen dem oberen Rand des Verbaus und einem unteren Bezugspunkt. Für die Lage/Vorgabe der oberen und unteren Höhenbezugspunkte gilt folgende Systematik:

Verbauart	Verbautiefe	
	Höhenbezugspunkt am Verbau	
	unten	oben
Grabenverbau nach DIN 4124	planmäßige Grabensohle	vorgegebene Oberseite
Teilweiser Grabenverbau	Unterkante Verbauteil	vorgegebene Oberseite
Einbindender Kanaldielenverbau	Unterkante statisch erforderliche Einbindetiefe	vorgegebene Oberseite
Spundwände und Bohrpfahlwände	Unterkante statisch erforderliche oder vorgegebene Einbindetiefe	vorgegebene Oberseite
Ausfachungen	vorgegebene Baugrubensohle, bei fehlender Vorgabe nach dem tiefsten Sohlenpunkt im Verbaufeld	vorgegebene Oberseite, bei fehlender Höhenangabe nach Vorgabe DIN 4124

Die Verbautiefe wird bestimmt durch die Lage der oberen und unteren Höhenbezugspunkte.

Einzelleistungen

Werden im Verbau Einzelleistungen nach Längenmaß abgerechnet, so gelten folgende Grundregeln.

An Verbauankern und Erdnägeln wird das Längenmaß zwischen dem verbauseitigen Anschluss an die Unterfläche der Anker oder Nagelplatte und dem erdseitigen Ende des Verbauankers bzw. Erdnagels bestimmt.

Die Längenmaße von Gurtungen und Aussteifungen sind in den Achsen der Bauteile zu ermitteln.

Die vertikale Länge (= Höhe) von aufgelösten Pfahlwänden und Trägerbohlwänden wird zwischen der Unterkante der statisch erforderlichen oder planerisch vorgegebenen Einbindetiefe bis zur vorgegeben Oberseite der Verbaus ermittelt. Bei fehlenden Angaben zum oberen Rand sind die entsprechenden Vorgaben der DIN 4124 anzuwenden. Nach Abschnitt 4.3.1 ist bei Baugruben und Gräben mit mehr als 2,0 m Tiefe der Verbau mit mindestens 10 cm Überstand zur Geländeoberkante auszuführen. Für Baugruben- und Grabentiefen bis 2,0 m kann der obere Verbaurand in einer Höhe von 5 cm über Geländeoberfläche enden.

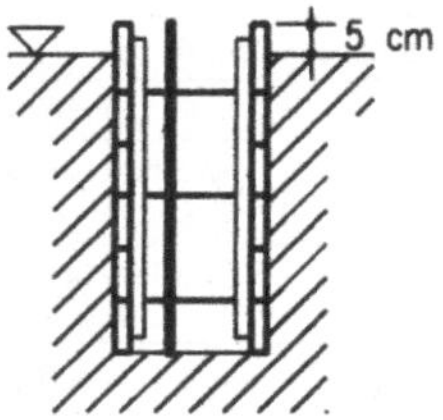

Bild 1: *Einfacher Grabenverbau, Tiefe < 2,0 m*

Herstellen, Vorhalten und Beseitigen des Verbaus

Zur Sicherung von Baugruben und Gräben hergestellte Verbaukonstruktionen werden i. d. R. nach Abschluss der Arbeiten/ Fertigstellung des Bauwerks bzw. der Bauwerksteile wieder entfernt. Die Gesamtleistung „Verbau" umfasst in diesen Fällen nur die Vorhaltung (An- und Abtransport, Einbau, Zwischenlagerung auf der Baustelle u. Ä.) der dazugehörenden Stoffe zur Sicherung der Baugruben-/Grabenwand.

Die erforderlichen tragenden, stützenden, aussteifenden Konstruktionen, besondere Rammprofile, Rückverankerungen u. Ä. sind nach den entsprechenden Arbeitsverfahren und den Regelungen der ATV für „Ramm-, Rüttel- und Pressarbeiten“, „Bohrarbeiten“ oder „Einpressarbeiten“ abzurechnen.

Für Verbaukonstruktionen, die über einen längeren Zeitraum genutzt werden, kann die getrennte Ausschreibung/Abrechnung für das Herstellen und Beseitigen bzw. das Vorhalten sinnvoll sein.

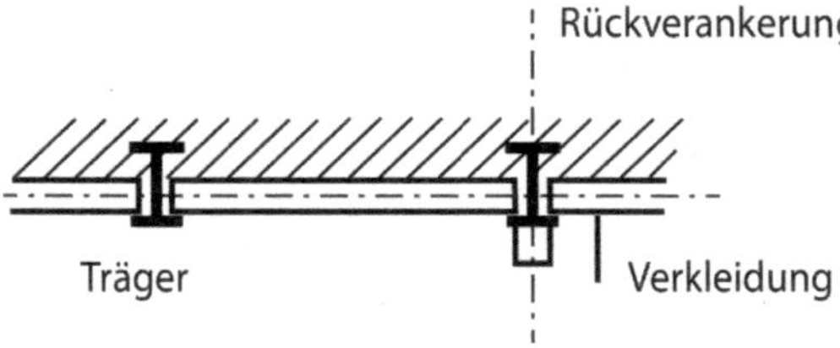

Bild 2: *Leistungszuordnung bei Verbaukonstruktionen*

Verkleidung	DIN 18303
Träger	DIN 18301 und DIN 18304
Rückverankerung	DIN 18301 und DIN 18309

Aussparungen

Aussparungen für Leitungen i. Ä. bis zu einer Einzelgröße von 1 m^2 werden bei der Ermittlung des Flächenmaßes für den Verbau übermessen.

Vorhaltung des Verbaus

Für die Abrechnung der Vorhaltung des Verbaus sind folgende Regelungen nach ATV DIN 18303, Ziffer 5.2.4 zu den relevanten Zeitpunkten zu beachten:

- Vorhaltzeitbeginn ab dem Tag nach dem Einbau des letzten vertikalen Bauelementes für einen festgelegten Bauabschnitt.
- Vorhaltezeitende: Auftraggeberseitige Vorgabe zum Beginn des Rückbaus, frühestens nach drei Werktagen zum Zeitpunkt des Zugangs der Freigabemitteilung beim Unternehmer.
- Die Vorhaltezeit für Aussteifung und Gurtungen beginnt mit der Fertigstellung der jeweiligen Ebene im Bauabschnitt.

A B D E F G K L M N P S T V W Z

Verglasungsarbeiten

Anwendungsbereich

Die Ausführungen von Verglasungsarbeiten sind im Allgemeinen nach den Regeln der ATV „Verglasungsarbeiten", DIN 18361 abzurechnen. Diese gilt für die Verarbeitung und Montage von Glaserzeugnissen und von lichtdurchlässigen Kunststoffplatten sowie die Komponenten, die für die Ausführung erforderlich sind. Neben den vorgenannten Verglasungen unterliegen auch Verglasungen mit Profilbauglas, Kunstverglasungen mit Blei-, Messing- und Leichtmetallprofilen sowie Ganzglaskonstruktionen (lastübertragende geklebte Verglasungen) den Regelungen der ATV.

Üblicherweise werden für neue Fensterkonstruktionen die Gesamtanforderungen an das Fenster beschrieben und als solche Elemente werden diese auch getrennt nach Bauart mit einer Größenbeschreibung nach Anzahl abgerechnet.

Die Inhalte der DIN 18299 „Allgemeine Regelungen für Bauarbeiten jeder Art" sind stets zusätzlich zu den spezifischen Regelungen zu berücksichtigen. Bei Widersprüchen gelten die gewerkebezogenen Regelungen der DIN 18361 vorrangig.

Eventuell i. V. m. Verglasungsarbeiten notwendige Beschlagarbeiten werden nach ATV DIN 18357 „Beschlagarbeiten" abgerechnet. Glasbausteine und Glasdachziegel zählen nicht zu den Baustoffen, die im Rahmen der ATV DIN 18361 behandelt werden.

Checkliste Abrechnungseinheiten nach ATV DIN 18361

In Leistungsverzeichnissen gelten gem. Ziffer 0.5 der ATV die folgenden Abrechnungseinheiten für die Ausführung von Verglasungsarbeiten und alle damit in direkter Verbindung stehenden Nebenleistungen und Besonderen Leistungen.

	Verglasungsarbeiten
	Flächenmaß (m^2) getrennt nach Glaserzeugnissen, Glasdicken und Scheibengrößen
	Verglasungen von Fenstern, Türen, Fensterwänden und Glasfassaden
	Überkopfverglasungen
	Glaskonstruktionen
	Blei-, Messing- und Leichtmetallverglasungen
	Bearbeitung von Glasflächen
	Beschichtung von Glasflächen
	Spiegel
	lichtdurchlässige Kunststoffplatten
	Längenmaß (m) getrennt nach Glaserzeugnissen und Glasdicken
	Bearbeitung von Glaskanten
	Abdichten von Glasanschlussfugen
	Anzahl (Stück) getrennt nach Glaserzeugnissen, Glasdicken, Scheibengrößen und Größe des verglasten Bauteils
	Verglasungen mit Mehrscheiben-Isolierglas
	Verglasungen von Fenstern, Türen, Brüstungen und Umwehrungen
	Überkopfverglasungen, Horizontalverglasungen
	betretbare/begehbare Gläser
	Glaskonstruktionen
	Blei-, Messing- und Leichtmetallverglasungen

	Verglasungsarbeiten
	Stabilisierungsstreifen aus Glas
	lichtdurchlässige Kunststoffplatten
	Ausschnitte, Bohrungen und Eckabrundungen, getrennt nach Maßen
	Spiegel
	Aquarien, Vitrinen, Duschkabinen

Abrechnungsgrundregeln nach ATV DIN 18361, Ziffer 5 „Abrechnung“

Verglasungsflächen

Für die Ermittlung der Leistung sind die Maße der Scheiben einschließlich Glasfalz entscheidend. Die tatsächlich ausgeführten Scheibengrößen sind nach den Flächen einschließlich der Glasfalzmaße abzurechnen. Die ermittelte Länge in Zentimetern ist auf eine durch drei teilbare Zahl aufzurunden. Kleinere als 0,25 m² große Scheiben werden mit der Fläche 0,25 m² abgerechnet.

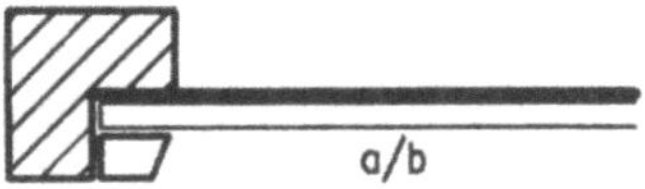

***Bild 1:** Scheibengröße einschließlich Glasfalzmaße*

Beispiel:

Aufmaß:	a = 102 cm	b = 25 cm
Abrechnung:	a = 105 cm	b = 30 cm

Mehrscheiben-Isolierverglasung, Verbundsicherheitsglas und vorgespannte Gläser

Bei Mehrscheibenisoliergläsern, Verbundsicherheitsgläsern und vorgespannten Gläsern werden Mindestflächen von 0,5 m² auch für kleinere Flächenmaße abgerechnet.

A B D E F G K L M N P S T V W Z

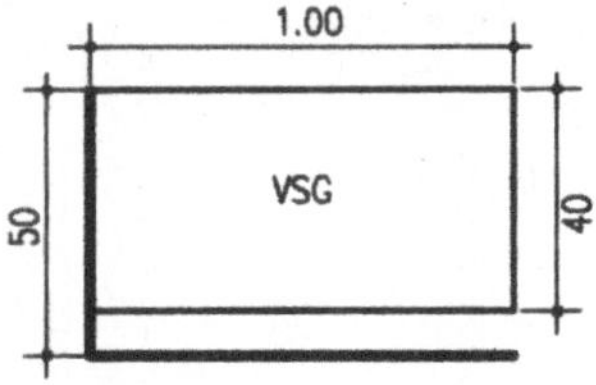

***Bild 2:** Mindestfläche 0,50 m²*

Bei Verglasungen mit Profilbauplatten und lichtdurchlässigen Kunststoffplatten werden Sprossen, unabhängig von der Sprossenbreite, sowie bewegliche Flügel übermessen. Die Scheibengröße richtet sich nach den äußeren Scheibenbegrenzungen in horizontaler und vertikaler Richtung, einschließlich des jeweiligen Falzmaßes.

***Bild 3:** Sprossenfenster, zweiflüglig*

Bei Blei-, Messing- und Leichtmetallverglasungen werden Metallfassungen unabhängig von ihrer Einzelbreite übermessen. Für die jeweiligen Einzelfelder ist die Scheibengröße einschließlich des Glasfalzmaßes anzurechnen.

Bild 4: *Bleiverglasung als Festverglasung (unten) und im Fensterflügel (oben)*

Profilbauglas und lichtdurchlässige Platten

In Flächen aus Profilbauglas und lichtdurchlässigen Kunststoffplatten integrierte Sprossen oder bewegliche Flügel werden bei einer Abrechnung nach Flächenmaß übermessen.

Kantenbearbeitung

Die Längenmaße für Kantenbearbeitung sind aus den ermittelten Breiten und Längen für die Berechnung des Flächenmaßes der Verglasung zu bestimmen.

Schrägschnitte, Sonderformate

Scheibenformate ohne rechte Winkel oder mit bogenförmigem Randverlauf werden nach den Maßen des kleinsten umschriebenen Rechtecks für die Abrechnung abgerechnet.

Bild 5: *Glasfläche mit Schrägschnitt*

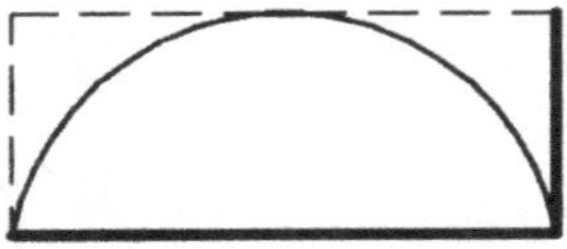

***Bild 6:** Glasfläche mit Bogenschnitt*

Scheibengröße

Werden Scheiben in einer von der Ausschreibung abweichenden festgelegten Größe ausgeführt, ist zunächst das Maß der Abweichung zu ermitteln. Bei einer Größenabweichung von weniger als 20 mm in Länge und 20 mm in Breite werden die Maße für die Abweichung bzw. für eine geänderte Abrechnung nach Anzahl nicht relevant.

Verkehrswegebauarbeiten – Oberbauschichten ohne Bindemittel

Anwendungsbereich

Die Ausführungen von Verkehrswegebauarbeiten mit Oberbauschichten ohne Bindemittel sind im Allgemeinen nach den Regeln der ATV „Verkehrswegebauarbeiten – Oberbauschichten ohne Bindemittel“ DIN 18315 abzurechnen. Die ATV umfasst Leistungen für das Befestigen von Straßen, Wegen und Flächen aller Art. Dazu gehören auch Höfe und Plätze, Bahnsteige und Gleisanlagen sowie Flugbetriebsflächen. Die ATV betrifft im Straßenbau die Herstellung von Trag- und Deckschichten und Schichten aus frostunempfindlichen Baustoffen, im Gleisanlagenbau sowie für Flugbetriebsstätten und Bahnsteigen die Herstellung von Frost- und Planumschutzschichten.

Das Verbessern und Verfestigen des Unterbaus und des Untergrunds sowie die Herstellung von Gleisbettungen unterliegen nicht den Regelungen dieser ATV.

Die Inhalte der DIN 18299 „Allgemeine Regelungen für Bauarbeiten jeder Art“ sind stets zusätzlich zu den spezifischen Regelungen zu berücksichtigen. Bei Widersprüchen gelten die gewerkebezogenen Regelungen der DIN 18315 vorrangig.

Die Abrechnung von Einzelleistungen und Schichtenaufbauten zur Herstellung von Verkehrswegen im Bereich des Oberbaus ist abhängig vom Baustoff der ausgeführten Schicht und nach den Regeln verschiedener Allgemeiner Technischer Vertragsbedingungen einzuordnen.

Der Oberbau besteht meist aus mehreren Schichten, die nach dem gewählten Material der Nutzebene, der vorgesehenen Verkehrsbelastung, der Wasserdurchlässigkeit des Materials, der Oberflächenbefestigung (Deck- und Tragschicht) und den anstehenden Bodenverhältnissen des Untergrunds aufzubauen sind. Die Tabelle gibt einen Überblick über die Schichten, Baustoffe und entsprechende Einordnung in die DIN-Normen der VOB Teil C.

	Bezeichnung	Material, Baustoff	DIN
Oberbau	Deckschicht	Platten, Pflaster mit Bettung	18318
		Gussasphalt/ Asphaltbeton	18317
		Beton	18316
	Tragschicht	Beton	18316
		Kies	18315
		Asphaltbinder	18317
		Schotter mit hydraulischem Bindemittel	18316
	Frostschutzschicht		18315
Unterbau	Unterlage (Untergrund)	anstehender Boden oder Material eines Bodenaustauschs	
	Rohplanum		18300

Checkliste Abrechnungseinheiten nach ATV DIN 18315

In Leistungsverzeichnissen gelten gem. Ziffer 0.5 der ATV die folgenden Abrechnungseinheiten für die Ausführung von Verkehrswegebauarbeiten und alle damit in direkter Verbindung stehenden Nebenleistungen und Besonderen Leistungen.

	Verkehrswegebauarbeiten – Oberbauschichten ohne Bindemittel
	**Raummaß (m^3)** getrennt nach Art, Stoffen und Maßen
	Planumschutzschichten für Gleisanlagen
	Tragschichten

	Verkehrswegebauarbeiten – Oberbauschichten ohne Bindemittel
	Tragschichten aus unsortierten Baustoffgemischen
	Schichten aus frostunempfindlichem Material
	Flächenmaß (m^2) getrennt nach Art, Stoffen und Maßen
	Nachverdichten der Unterlage
	Herstellen der planmäßigen Höhenlage, Neigung und der festgelegten Ebenheit der Unterlagen
	Planumschutzschichten für Gleisanlagen
	Tragschichten
	Deckschichten
	Tragschichten aus unsortierten Baustoffgemischen
	Schichten aus frostunempfindlichem Material
	behelfsmäßige Zugänge und Zufahrten, Anrampungen und Befestigungen
	Anzahl (Stück)
	Probenahmen für Kontrollprüfungen
	behelfsmäßige Zufahrten und Zugänge, Anrampungen und Befestigungen
	Gewicht (t)
	Planumschutzschichten für Gleisanlagen
	Tragschichten
	Tragschichten aus unsortierten Baustoffgemischen
	Schichten aus frostunempfindlichem Material
	behelfsmäßige Zufahrt und Zugänge, Anrampungen und Befestigungen

Abrechnungsgrundregeln nach ATV DIN 18315, Ziffer 5 „Abrechnung“

Die Ermittlung der abzurechnenden Leistung kann gem. DIN 18299 „Allgemeine Regelungen zu Bauarbeiten jeder Art“ grundsätzlich nach Zeichnung oder auch nach den Ergebnissen eines örtlichen Aufmaßes erfolgen. Die Abrechnung nach Zeichnung (Nennmaße) setzt die Vorlage einer detaillierten und bemaßten Ausführungszeichnung und deren Übereinstimmung mit der Bauleistung voraus. Für die Schichten und Einbauten sind in der ATV unter Ziffer 5 die zu berücksichtigenden Flächen-, Längen- und Raumbegrenzungen festgelegt.

Abgerechnet werden die Leistungen mit den Maßen der hergestellten ungebundenen Schichten.

Die Leistungen für die Herstellung von Zufahrten, Zugängen, Anrampungen und Befestigungen sind nur für die Ersterstellung abrechnungsfähig.

Oberbauschichten aus unsortierten Baustoffgemischen, Tragschichten, Deckschichten

Bei der Abrechnung nach Flächenmaß sind Einbauten oder Aussparungen bis 1,0 m² Einzelgröße sowie Schienen zu übermessen.

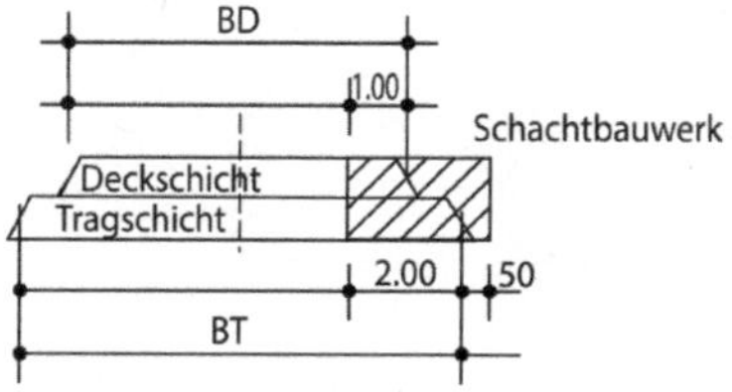

***Bild 1:** Querprofil aus Trag- und Deckschicht, ohne Randeinfassung*

Die Breite der Schichten ist in der Mitte der Böschungslinie zu ermitteln.

BD = Breite der Deckschicht, ggf. lagenweise aufgebracht
BT = Breite der Tragschicht, ggf. lagenweise aufgebracht

Beispiel:

Das Schachtbauwerk mit der Abmessung 2,0 m * 2,5 m bindet in unterschiedlichen Flächenanteilen in die Schichten ein. Daher ist in der Tragschicht das Bauwerk mit 4,00 m^2 und in der Deckschicht mit 2,00 m^2 vom Gesamtflächenmaß der jeweiligen Schicht abzuziehen.

Eine Abrechnung nach Raummaß, die alternativ für Oberbauschichten aus unsortierten Baustoffgemischen, Tragschichten und Planumschutzschichten, jedoch nicht für Deckschichten zulässig ist, lässt das Raummaß von Durchdringungen mit einer Durchdringungsfläche bis 1,0 m^2 unberücksichtigt.

Die Ermittlung der Leistungslänge ist bei bogenförmigem Fahrbahnverlauf in der Mittelachse der Fahrbahnbreite vorzunehmen.

Tragschichten im Straßen- und Wegebau

In hergestellten Schichten eingebaute Leitungen, Sickerkörper, Steinpackungen und Ähnliches werden bei einer Abrechnung nach Flächen- oder Raummaß dann übermessen, wenn deren äußerer Querschnitt maximal 0,1 m^2 beträgt.

Rückenstützen für Bord- oder Begrenzungssteine werden für Abrechnung von Schichten nach Flächen- oder Längenmaß grundsätzlich übermessen.

Neben den Regelungen der DIN 18315 besteht für die Abrechnung von Tragschichten im Straßenbau eine Zusätzliche Technische Vertragsbedingung (ZTV T-StB 95).

Verkehrswegebauarbeiten – Oberbauschichten mit hydraulischen Bindemitteln

Anwendungsbereich

Die Ausführungen von Verkehrswegebauarbeiten sind im Allgemeinen nach den Regeln der ATV „Verkehrswegebauarbeiten – Oberbauschichten mit hydraulischen Bindemittel" DIN 18316 abzurechnen. Die ATV umfasst Leistungen im Zusammenhang mit der Herstellung von Trag- und Deckschichten für Plätze, Höfe, Straßen und Wege aller Art. Die Flächen von Flugbetriebstätten sowie Bahngleisen durch Gleisanlagen zählen ebenso zum Anwendungsbereich der ATV. Vorbereitende Maßnahmen wie das Verbessern und Verfestigen des Untergrunds und des Unterbaus unterliegen nicht dieser ATV.

Die Inhalte der DIN 18299 „Allgemeine Regelungen für Bauarbeiten jeder Art" sind stets zusätzlich zu den spezifischen Regelungen zu berücksichtigen. Bei Widersprüchen gelten die gewerkebezogenen Regelungen der DIN 18316 vorrangig.

Checkliste Abrechnungseinheiten nach ATV DIN 18316

In Leistungsverzeichnissen gelten gem. Ziffer 0.5 der ATV die folgenden Abrechnungseinheiten für die Ausführung von Verkehrswegebauarbeiten und alle damit in direkter Verbindung stehenden Nebenleistungen und Besonderen Leistungen.

	Verkehrswegebauarbeiten – Oberbauschichten mit hydraulischen Bindemitteln
	Raummaß (m^3) getrennt nach Art, Stoffen und Maßen
	Schichten zum An- oder Ausgleichen der Höhenlage
	Flächenmaß (m^2) getrennt nach Art, Stoffen und Maßen
	Nachverdichten der Unterlage
	Herstellen der planmäßigen Höhenlage, Neigung und der festgelegten Ebenheit der Unterlage
	Reinigen
	Tragschichten und Betondecken
	Bewehrung, entsprechend den Bewehrungsplänen und Stahllisten
	Nachbehandlung der Oberfläche von Betondecken
	Längenmaß (m) getrennt nach Art, Stoffen und Maßen
	Fugenherstellung und -verguss, getrennt nach den verschiedenen Arten der Fugenausbildung, einschließlich Verdübelung und Verankerung
	Verdübelung und Verankerung der verdübelten oder verankerten Fugen für den Fall der gesonderten Abrechnung
	Anzahl (Stück) getrennt nach Art, Stoffen und Maßen
	Verdübelung und Verankerung der verdübelten oder verankerten Fugen für den Fall der gesonderten Abrechnung
	Probenahmen für Kontrollprüfungen
	Masse (t) getrennt nach Art, Stoffen und Maßen
	Schichten zum An- oder Ausgleichen der Höhenlage
	Bewehrung, entsprechend den Bewehrungsplänen und Stahllisten

Abrechnungsgrundregeln nach ATV DIN 18316, Ziffer 5 „Abrechnung“

Die Ermittlung der abzurechnenden Leistung kann gem. DIN 18299 grundsätzlich nach Zeichnung oder auch nach den Ergebnissen eines örtlichen Aufmaßes erfolgen. Die Abrechnung nach Zeichnung (Nennmaße) setzt die Vorlage einer detaillierten und bemaßten Ausführungszeichnung und deren Übereinstimmung mit der tatsächlichen Bauleistung voraus. Für die verschiedenen Schichten und Einbauten sind in der ATV unter Ziffer 5 die zu berücksichtigenden Flächen-, Längen- und Raumbegrenzungen für die Ermittlung der Einzelmaße festgelegt.

Ausgleichschichten

Schichten zum Ausgleich der Höhenlage werden nach Raummaß abgerechnet.

Die Abrechnung und Bestimmung des Raummaßes der fertiggestellten Ausgleichschicht ist auf den ermittelten Höhenpunkten eines Flächennivellements vor bzw. nach Herstellung der Schicht aufzubauen.

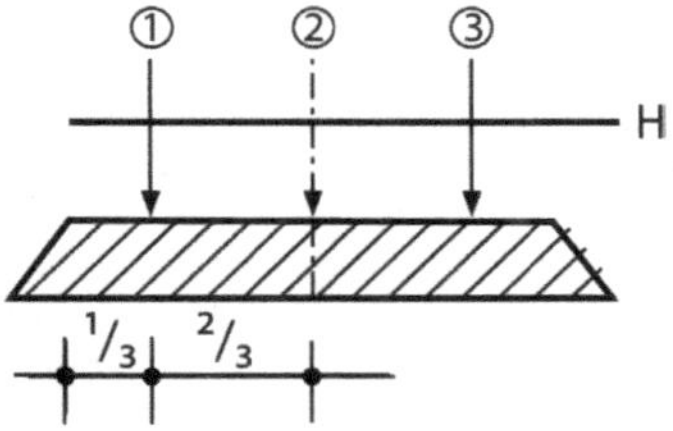

***Bild 1:** Höhennivellement nach ZTVT-StB*

Unterlage

Das Nachverdichten der Unterlage, die Herstellung der planmäßigen Höhenlage, Oberflächenneigung und Ebenheit sind Leistungen, die im Flächenmaß abgerechnet werden.

In die Fläche einbezogene Aussparungen oder Einbauteile bis 1 m² Einzelgröße werden bei der Flächenermittlung übermessen.

Tragschichten, Betondecken

Tragschichten und Betondecken werden nach den Maßen der fertigen Flächen abgerechnet.

In die Fläche einbezogene Aussparungen oder Einbauteile bis 1 m^2 Einzelgröße werden bei der Flächenermittlung übermessen. Dies betrifft auch die theoretische Minderfläche aus den Breiten- bzw. Längenmaßen von hergestellten Fugen und in die Fläche eingebundenen Schienen, soweit im Schienenzwischenraum keine andere Bauweise oder ein Materialwechsel besteht.

Werden Verfestigungen ausgeführt, die für den weiteren Aufbau als Tragschichten dienen, so ist eine Mindestdicke von 10 cm nach ATV Ziffer 3.3.1.4 erforderlich.

Bewehrung

Für die Bestimmung der Abrechungsmenge sind die Angaben in den Bewehrungsplänen maßgebend. Erfolgt die Abrechnung nach Flächenmaß, so sind Flächen mit Überdeckungen nur mit der einfachen Fläche in die Mengenberechnung aufzunehmen. Bei der Abrechnung nach Gewicht sind folgerichtig die Stahlmengen einer Doppelbelegung bzw. Überdeckung ebenfalls nur einfach zu berücksichtigen.

Fugen, Verdübelungen

Bei der Abrechnung von Fugen nach Längenmaß sind Durchdringungen der Fugen, unabhängig von der Länge der Unterbrechung, zu übermessen.

Bei einer Abrechnung der Verdübelung oder Verankerung von Fugen nach Anzahl ist im Leistungsverzeichnis i. d. R. eine standardisierte Längenangabe (z. B. Straßenbreite, Rastermaß bei Flächenteilungen o. Ä.) enthalten. Durchdringungen der Fugen sind dann ebenfalls nicht zu berücksichtigen.

Tragschichten im Straßenbau

Neben den Regelungen der DIN 18315 bis 18317 besteht für die Abrechnung von Tragschichten im Straßenbau eine Zusätzliche Technische Vertragsbedingung (ZTVT-StB 95).

Grundsätzlich können Abrechnungen nach Einbaugewicht oder Einbaudicke erfolgen. Bei Einbauflächen über 6.000 m^2 wird i. d. R. nach Einbaugewicht abgerechnet. Für Abrechnungen nach Einbaudicke soll im Leistungsverzeichnis das Messverfahren geregelt sein.

Darüber hinaus sind in der ZTVT-StB Regelungen zum Aufmaß getroffen. Demnach wird bei abgeböschten Rändern von Tragschichten bis zur Mitte der vorgeschriebenen Böschungslinien bemessen. Die Messungen sind regelmäßig über die Längenentwicklung der Einbaufläche verteilt vorzunehmen. Der Messabstand beträgt im Normalfall 50 m, bei der Entnahme von Bohrkernen sind Abstände der Messstellen bis zu 200 m möglich.

Bei einem Nivellement sind je Messprofil drei Messpunkte zu erfassen (Fahrbahnachse, in den beiden äußeren Drittelpunkten der halben Fahrbahnbreite → Bild 1). Bohrkerne sind je Messstelle wechselnd von links über mittig nach rechts zu ziehen.

Erfolgt die Abrechnung über ein festgelegtes flächenbezogenes Einbaugewicht, hat der Unternehmer für jede Schicht das entsprechende Einbaugewicht zu belegen. Der Nachweis erfolgt i. d. R. durch die Vorlage von Wiegescheinen/Lieferscheinen über das gesamte Baulos je Schicht.

Ausgeführte Mehreinbaugewichte können je nach auszuführenden Oberbauschichten auch zum Ausgleich von Mindereinbaugewichten darunter liegender Schichten herangezogen werden. Bestehen darüber hinaus weiter Mehreinbaugewichte, werden diese nicht vergütet, wenn der Auftraggeber dazu keinen Auftrag erteilt hat.

Mindereinbaugewichte sind von der Gesamtleistung abzuziehen, sofern sie nicht durch Mehreinbaugewichte anderer Schichten oder Schichten der Decke ausgeglichen wurden.

Die Ausführung von vertraglich vereinbarten Einbaudicken (cm) ist für jede Schicht nachzuweisen. Die Einbaudicke wird bestimmt aus dem arithmetischen Mittel aller Einzelwerte der Messungen mit einer Verteilung über das gesamte Baulos. Dabei sind Mehrdicken nur bis zu einem Wert von 3,0 cm über dem Soll-Wert in der Bildung des Mittelwerts zu berücksichtigen.

Ausgeführte Mehreinbaudicken können je nach auszuführenden, Oberbauschichten auch zum Ausgleich von Mindereinbaudicken darunter liegender Schichten herangezogen werden. Bestehen darüber hinaus weiter Mehreinbaudicken, werden diese nicht vergütet, wenn der Auftraggeber dazu keinen Auftrag erteilt hat.

Mindereinbaudicken sind von der Gesamtleistung abzuziehen, sofern sie nicht durch Mehreinbaudicken anderer Schichten ausgeglichen wurden.

Verkehrswegebauarbeiten – Oberbauschichten aus Asphalt

Anwendungsbereich

Die Ausführungen von Verkehrswegebauarbeiten sind im Allgemeinen nach den Regeln der ATV „Verkehrswegebauarbeiten – Oberbauschichten aus Asphalt" DIN 18317 abzurechnen. Die ATV umfasst Leistungen im Zusammenhang mit dem Befestigen von Plätzen, Höfen, Straßen und Wegen aller Art, ebenso für Bahnsteige und Gleisanlagen und Flugbetriebsflächen. Im Einzelnen werden die Ausführungen, Stoffe, Prüfungen und Abrechnungen von Tragschichten, Tragdeckschichten, Binderschichten, Deckschichten oder Oberflächenschutzschichten und Deckschichten von Brücken durch die Inhalte der ATV geregelt.

Die Vorgaben aus der DIN 18299 „Allgemeine Regelungen für Bauarbeiten jeder Art" sind stets zusätzlich zu den spezifischen Regelungen zu berücksichtigen. Bei Widersprüchen gelten die gewerkebezogenen Regelungen der DIN 18317 vorrangig.

Die ATV gilt nicht für Arbeiten mit pechhaltigen Ausbaustoffen und mit Gussasphalt. Das Verbessern und Verfestigen des Unterbaus und des Untergrunds wird nicht durch die ATV bestimmt.

Checkliste Abrechnungseinheiten nach ATV DIN 18317

In Leistungsverzeichnissen gelten gem. Ziffer 0.5 der ATV die folgenden Abrechnungseinheiten für die Ausführung von Verkehrswegebauarbeiten und alle damit in direkter Verbindung stehenden Nebenleistungen und Besonderen Leistungen.

	Verkehrswegebauarbeiten – Oberbauschichten aus Asphalt
	Flächenmaß (m^2) getrennt nach Art, Stoffen und Maßen
	Nachverdichten der Unterlage
	Reinigen
	Ansprühen mit bitumenhaltigen Bindemitteln
	Asphalttragschichten, Asphalttragdeckschichten, Asphaltbinderschichten, Deckschichten aus Asphalt, Oberflächenbehandlungen
	Bearbeiten der Oberflächen von Deckschichten aus Asphalt
	Längenmaß (m) getrennt nach Art, Stoffen und Maßen
	Fugenherstellung und Fugenverguss
	Anzahl (Stück)
	Probenahmen für Kontrollprüfungen
	Masse (t)
	Herstellen der planmäßigen Höhenlage, Neigung und der festgelegten Ebenheit der Unterlage aus Asphalt
	Ansprühen mit bitumenhaltigen Bindemitteln
	Schichten zum Angleichen oder Ausgleichen der Höhenlage
	Asphalttragschichten, Asphalttragdeckschichten, Asphaltbinderschichten, Deckschichten aus Asphalt, Oberflächenbehandlungen

Abrechnungsgrundregeln nach ATV DIN 18317, Ziffer 5 „Abrechnung“

Die Ermittlung der abzurechnenden Leistung kann grundsätzlich nach Zeichnung oder auch nach den Ergebnissen eines örtlichen Aufmaßes erfolgen.

Die Abrechnung nach Zeichnung (Nennmaße) setzt die Vorlage einer detaillierten und bemaßten Ausführungszeichnung und deren Übereinstimmung mit der Bauleistung voraus. Für die Schichten und Einbauteile sind in der ATV unter Ziffer 5 die zu berücksichtigenden Flächen-, Längen- und Raumbegrenzungen festgelegt.

Alle Schichten

Bei Schichten, die nach Flächenaufmaß abgerechnet werden, sind Aussparungen und Einbauten bis zu 1 m^2 Einzelgröße zu übermessen. Fugen und Schienen werden ebenfalls übermessen.

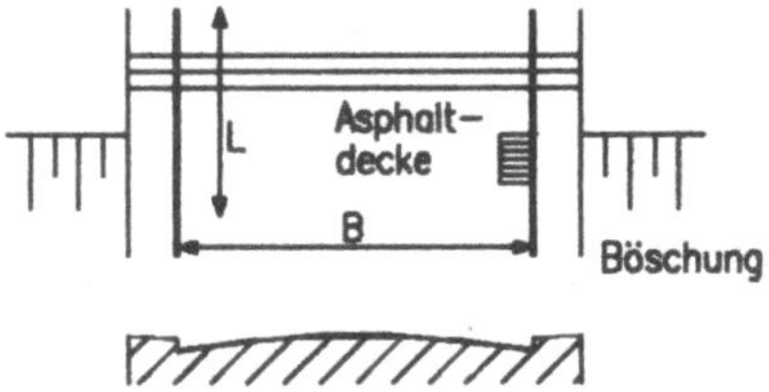

Bild 1: *Brückenaufsicht mit Fugen am Brückenwiderlager*
*Straßenablauf: 0,30 * 0,50 m < 1,0 m^2 → übermessen*

Tragschichten im Straßenbau

Neben den Reglungen der DIN 18315 bis 18317 besteht für die Abrechnung von Tragschichten im Straßenbau eine Zusätzliche Technische Vertragsbedingung (ZTVT-StB 95).

Grundsätzlich können Abrechnungen nach Einbaugewicht oder Einbaudicke erfolgen. Bei Einbauflächen über 6.000 m^2 wird i. d. R. nach Einbaugewicht abgerechnet. Für Abrechnungen nach Einbaudicke soll im Leistungsverzeichnis das Messverfahren geregelt sein.

Darüber hinaus sind in der ZTVT-StB Regelungen zum Aufmaß getroffen. Demnach wird bei abgeböschten Rändern von Tragschichten bis zur Mitte der vorgeschriebenen Böschungslinien bemessen. Die Messungen sind regelmäßig über die Längenentwicklung der Einbaufläche verteilt vorzunehmen. Der Messabstand beträgt im Normalfall 50 m, bei der Entnahme von Bohrkernen sind Abstände der Messstellen bis zu 200 m möglich.

Bei einem Nivellement sind je Messprofil drei Messpunkte zu erfassen (Fahrbahnachse, in den beiden äußeren Drittelpunkten der halben Fahrbahnbreite). Bohrkerne sind je Messstelle wechselnd von links über mittig nach rechts zu ziehen.

Erfolgt die Abrechnung über ein festgelegtes flächenbezogenes Einbaugewicht, hat der Unternehmer für jede Schicht das entsprechende Einbaugewicht zu belegen. Der Nachweis erfolgt i. d. R. durch die Vorlage von Wiegescheinen/Lieferscheinen über das gesamte Baulos je Schicht.

Ausgeführte Mehreinbaugewichte können je nach auszuführenden Oberbauschichten auch zum Ausgleich von Mindereinbaugewichten darunter liegender Schichten herangezogen werden. Bestehen darüber hinaus weiter Mehreinbaugewichte, werden diese nicht vergütet, wenn der Auftraggeber dazu keinen Auftrag erteilt hat.

Mindereinbaugewichte sind von der Gesamtleistung abzuziehen, sofern sie nicht durch Mehreinbaugewichte anderer Schichten oder Schichten der Decke ausgeglichen wurden.

Die Ausführung von vertraglich vereinbarten Einbaudicken (cm) ist für jede Schicht nachzuweisen. Die Einbaudicke wird bestimmt aus dem arithmetischen Mittel aller Einzelwerte der Messungen mit einer Verteilung über das gesamte Baulos. Dabei sind Mehrdicken nur bis zu einem Wert von 3,0 cm über dem Soll-Wert in der Bildung des Mittelwerts zu berücksichtigen.

Ausgeführte Mehreinbaudicken können je nach auszuführenden Oberbauschichten auch zum Ausgleich von Mindereinbaudicken darunter liegender Schichten herangezogen werden. Bestehen darüber hinaus weiter Mehreinbaudicken werden diese nicht vergütet, wenn der Auftraggeber dazu keinen Auftrag erteilt hat.

Mindereinbaudicken sind von der Gesamtleistung abzuziehen, sofern sie nicht durch Mehreinbaudicken anderer Schichten ausgeglichen wurden.

Besondere Leistungen

Zu den häufigsten ausgeschriebenen Besonderen Leistungen bei Arbeiten im Bestand gehören:

- Schneiden, Fräsen, Ausbilden von Fugen zur Herstellung von Anschlüssen an bestehende Bauteile
- Maßnahmen zum Verbund der Schichten
- Vorbehandlung der Längsnähte

Übermessungsregeln nach ATV DIN 18317, Ziffer 5.3

Bei der Ermittlung der abrechnungsfähigen Mengen sind die nachstehend aufgeführten Bauteile bzw. Konstruktionsmerkmale besonders zu beachten. Abhängig von der für die Leistung zutreffenden Abrechnungseinheit und Einzelgröße der „Unterbrechung" sind die Maße und Mengen der genannten Bauteile der jeweiligen Einzelleistung unberücksichtigt zu lassen bzw. von der Gesamtmenge abzuziehen.

	Übermessen werden:
Raum- und Flächenmaß	Aussparungen und Einbauten bis einschließlich 1 m² Einzelgröße
	Fugen
	Schienen

Vorgehängte hinterlüftete Fassaden

Anwendungsbereich

Die Ausführungen von vorgehängten hinterlüfteten Fassaden sind im Allgemeinen nach den Regeln der ATV „Vorgehängte hinterlüftete Fassaden" DIN 18351 abzurechnen. Die ATV umfasst Leistungen im Zusammenhang mit der Herstellung von hinterlüfteten Außenwandbekleidungen. Diese können z. B. an Außenbauteilen, wie Wänden, Stützen, Attiken, Unterseiten von Balkonen oder Durchfahrten, ausgeführt sein.

Die Inhalte der DIN 18299 „Allgemeine Regelungen für Bauarbeiten jeder Art" sind stets zusätzlich zu den spezifischen Regelungen zu berücksichtigen. Bei Widersprüchen gelten die gewerkebezogenen Regelungen der DIN 18351 vorrangig.

Zu den Arbeiten dieser Norm gehören nicht die Außenwandbekleidungen aus Brettern, Bohlen oder Holzschindeln (→ Zimmer- und Holzbauarbeiten), Außenwandbekleidungen mit Naturwerkstein und Betonwerkstein mit einer Nenndicke >30 mm (→ Naturwerkstein- bzw. Betonwerksteinarbeiten). Außerdem unterliegen auch Ausführungen mit Metallen (mit am Bau zu fälzenden Metallbauteilen und Metallanschlüssen), Holz-/Kunststoff oder mit Dachbekleidungsstoffen sowie Wärmedämmverbundsysteme nicht dem Anwendungsbereich dieser ATV.

Checkliste Abrechnungseinheiten nach ATV DIN 18351

In Leistungsverzeichnissen gelten gem. Ziffer 0.5 der ATV die folgenden Abrechnungseinheiten für die Ausführung von Arbeiten für vorgehängte hinterlüftete Fassaden und alle damit in direkter Verbindung stehenden Nebenleistungen und Besonderen Leistungen.

	Vorgehängte hinterlüftete Fassaden
	Flächenmaß (m^2) getrennt nach Bauart und Maßen
	Bekleidungen (mit oder ohne Unterkonstruktion und/oder Dämmstoffschichten, getrennt nach Windlastbereichen)
	Unterkonstruktion sowie Bekleidungen auch im Bereich erhöhter Lasten, getrennt nach Windlastbereichen
	Dämmstoffschichten
	Folien, Vliese und dergleichen
	Ausgleichsschichten, Trennschichten
	Vorbehandlung des Untergrunds
	nachträgliche Oberflächenbehandlung
	Längenmaß (m) getrennt nach Bauart und Maßen
	Blenden, Attikabekleidungen, Abdeckungen sowie andere streifenförmige Bekleidungen, z. B. an Traufen, Gesimsen, Balkonen, Pfeilern, Unterzügen und Stützen
	Leibungen, Fensterbänke
	Sockel- und Sturzausbildungen
	Bearbeiten von Kanten
	An- und Abschlussprofile, Lüftungsprofile, Schutzgitter an Lüftungsöffnungen
	Abschottungen
	Brand- und Windsperren
	An- und Abschlüsse sowie Eckausbildungen
	Ausbilden und Schließen von Bewegungs- und Bauteilfugen
	Abdichten von Bauwerksfugen oder deren Abdeckungen
	Abdichtungsstreifen bei Anschlüssen an Fenstern, Metallfassungen, Mauerabdeckungen und dergleichen

	Vorgehängte hinterlüftete Fassaden
	streifenförmige Trenn- und Dämmstoffschichten und dergleichen
	Zuschnitte von Bekleidungen und Dämmungen, z. B. an schrägen An- und Abschlüssen, an begrenzenden Bauteilen
	Anzahl (Stück) getrennt nach Bauart und Maßen
	Bekleidungen besonderer Bauteile, z. B. an Balkonen, Fundamentsockeln, Säulen, Pfeilern
	Formteile, Fensterbänke und dergleichen
	Endstücke
	besondere Unterkonstruktionen und Verankerungen
	Einzelbauteile, Zierplatten und dergleichen
	Aussparungen, z. B. für Leuchten, Luftauslässe, Rohrdurchführungen, Steckdosen, Fensterbankaufkantungen
	Schließen von Installationsdurchgängen und dergleichen
	Verstärkungen an Bauteilen, z. B. im Bereich von Aussparungen oder Ecken
	verbleibende Gerüstanker
	nachträglich zu montierende Teile, z. B. nach dem oder beim Abbau der Gerüste
	Masse (kg, t)
	Kleineisenteile

Die ATV umfasst Leistungen im Zusammenhang mit der Herstellung von hinterlüfteten Außenwandbekleidungen. Diese können z. B. an Außenbauteilen, wie Wänden, Stützen, Attiken, Decken, Unterseiten von Balkonen oder Durchfahrten, ausgeführt sein. Für vergleichbare Bauteile im Innenbereich von Gebäuden gelten die Regelungen der ATV ebenfalls.

Für Bauteile und Bekleidungen aus Naturwerkstein, Betonwerkstein, Brettern und Bohlen, Dachdeckungsstoffen, Metallen und Dämmungen gelten die Regelungen der gewerkespezifischen ATV. Es gilt außerdem die ATV DIN 18229, bei Widersprüchen die ATV DIN 18351 vorrangig.

Abrechnungsgrundregeln nach ATV DIN 18351, Ziffer 5 „Abrechnung“

Die Ermittlung der abzurechnenden Leistung kann grundsätzlich nach Zeichnung oder auch nach den Ergebnissen eines örtlichen Aufmaßes erfolgen. Die Abrechnung nach Zeichnung (Nennmaße) setzt die Vorlage einer detaillierten und bemaßten Ausführungszeichnung und deren Übereinstimmung mit der tatsächlichen Leistung voraus. Für die verschiedenen Bauteile und Konstruktionen sind in der ATV unter Ziffer 5.1 die zu berücksichtigenden Flächen-, Längen- und Raumbegrenzungen für die Ermittlung der Einzelmaße festgelegt.

Fassadenflächen

☐ Die Ermittlung von Fassadenflächen mit Bekleidungen ist nach den Außenmaßen der fertigen Oberfläche vorzunehmen.

Die Feststellung der Einzelmaße erfolgt an den größten Bauteilabmessungen. Die Flächenbestimmung der Fassadenfläche gilt auch für die hergestellten Unterkonstruktionen, Wärmedämmungen, Abdichtungsschichten, Oberflächenbehandlungen u. Ä., auch wenn deren tatsächliche Abmessungen nicht der eigentlichen Fassadenfläche entsprechen, z. B. an Pfeilervorlagen oder Gesimsen.

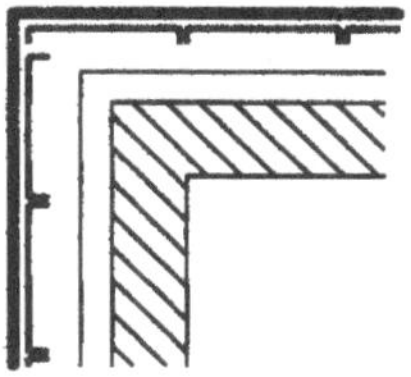

Bild 1: *Außenecke und Leibung*

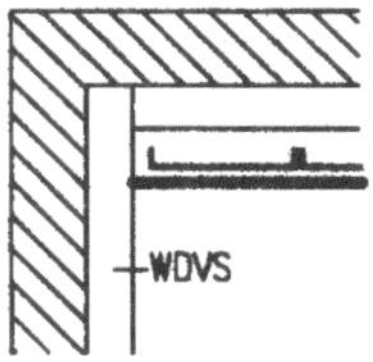

Bild 2: *Innenecke, Materialwechsel*

Einzelflächen, Sonderformate

Für nicht rechteckige, vieleckige, auch unregelmäßige oder ausgeklinkte Bekleidungselemente werden zur Ermittlung der Fläche die Maße des kleinsten umschriebenen Rechtecks aufgenommen.

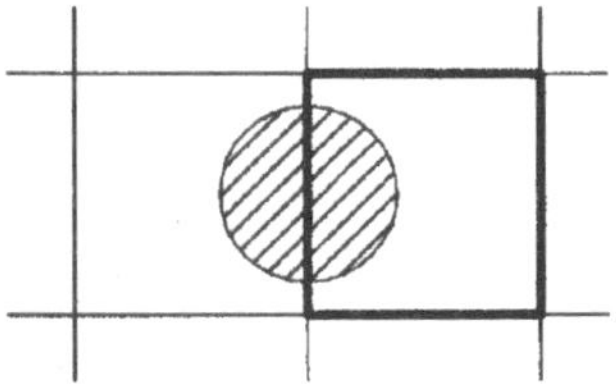

Bild 3: *Passstücke für Stützenanschluss, Deckenuntersicht*

Sonderformate, wie z. B. Passplatten, Zierplatten u. Ä., werden nach Anzahl und entsprechender Leistungsbeschreibung zu Format und Größe gesondert abgerechnet. In der Flächenermittlung zur Fassade werden Passplatten übermessen.

Längenorientierte Bauteile und Leistungen

Für die Bestimmung der Gesamtlängen von Leistungen, wie z. B. das Abdichten von Bauwerksfugen, Ausbilden von Bewegungsfugen in der Bekleidung, Fensterbänke u. a. m., ist die größte Bauteillänge maßgebend, bei gebogenen Bauteilen die äußere abgewickelte Bauteillänge.

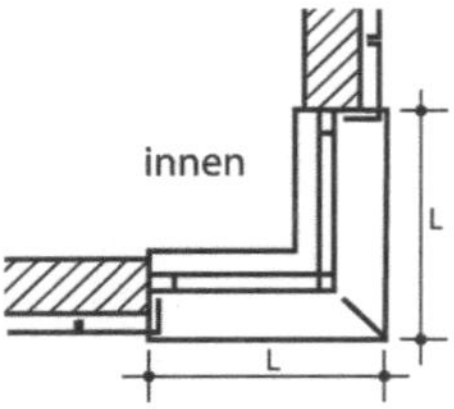

Bild 4: *Gebäudeecke mit Außenfensterbank*

Bild 5: *Metallbekleidung einer Stütze*

Sturzbekleidungen, Leibungsbekleidungen, Fensterbänke und Fensterzargen

Für Leibungen mit Abrechnung nach Längenmaß und festgelegten Breiten sind die tatsächlichen, größten Leibungslängen zu berücksichtigen.

Im Interesse einer transparenten Preiskalkulation sind gem. ATV Ziffer 0.5 Leibungen, getrennt mit Angabe der Breitenmaße nach Längenmaß, auszuschreiben.

Die vorgenannten Bauteile werden gesondert abgerechnet, unabhängig davon, ob die betreffende Aussparung übermessen wird oder nicht.

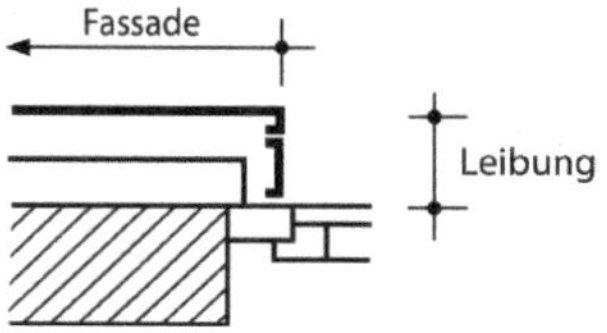

***Bild 6:** Leibungstiefe*

Nischen

Bekleidete Nischen mit Einzelgrößen unter bzw. maximal 2,5 m², ermittelt in der Ebene der fertigen Wandoberfläche, werden übermessen und in der Massenermittlung der Fassadenfläche berücksichtigt.

Aussparungen, Nischen und Öffnungen werden nach ATV 5.3.1 bis zu einer Einzelgröße von 2,5 m² bei der Ermittlung der Fläche übermessen.

Für die Anwendung der Übermessungsregeln gem. ATV Ziffer 5.3 ist auch bei unmittelbar zusammenhängenden verschiedenartigen Aussparungen bzw. Öffnungen jede Fläche separat zu erfassen.

Die Flächen von Aussparungen gleicher Art, die durch andere bauliche Elemente gebildet oder getrennt werden, sind zur Beurteilung nach der Übermessungsregel getrennt zu ermitteln.

Liegen Aussparungen anteilig in Flächen, die getrennt abgerechnet werden (Bsp.: Öffnung mit angrenzender Nische), sind die jeweiligen Einzelgrößen für die Bestimmung der Übermessungsgröße maßgebend.

Unterbrechungen, nicht bekleidete Flächen

Wird die Fassade durch einzelne Bauteile, wie z. B. nicht bekleidete Stützen, Unterzüge u. Ä., in ihrer Fläche unterbrochen, werden die unbekleideten Flächen mit Einzelbreiten bis einschließlich 30 cm bei der Berechnung der Fassadenfläche übermessen.

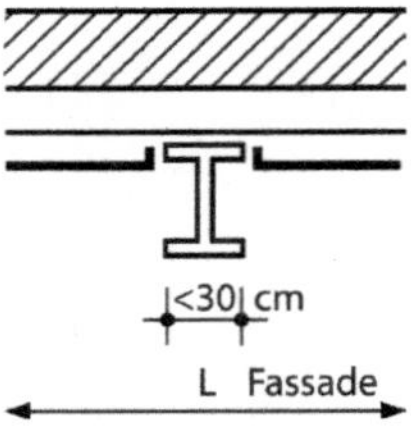

***Bild 7:** Unterbrechung der Fassadenfläche durch Stahlprofil*

Fugen

In die Fassade übernommene konstruktive Fugen des Bauwerks oder Fugenteilungen der Fassadenbekleidung sind bei der Bestimmung der Fassadenfläche zu übermessen.

Anrechnung nach Masse

Für die Abrechnung von Stahlbauteilen nach Gewicht sind folgende Berechnungsansätze zu berücksichtigen:

- für genormte Profile: die theoretische Masse nach DIN-Normen
- für andere Profile: die Masse aus den Profilhandbüchern der Hersteller
- für Formstücke aus Stahl und Stahlguss: die Dichte von 7,85 kg/dm³
- für Formstücke aus Gusseisen: die Dichte von 7,25 kg/dm³
- für Bleche, Bandstähle und Breitflachstähle, je 1 m² und 1 mm Dicke:
  - aus Stahl: 7,85 kg
  - aus nichtrostendem Stahl: 7,90 kg
  - aus Aluminium: 2,70 kg
  - aus Kupfer, Messing: 9,00 kg

Werden feuerverzinkte Stahlelemente abgerechnet, ist für die Gewichtszunahme durch die Verzinkung ein Zuschlag mit 5 % der Stahlmasse zu berücksichtigen.

Für Kleineisenteile bis 15 kg Einzelgewicht kann die Masse durch Wiegen bestimmt werden.

Die Gewichte von Schrauben, Nieten und Schweißnähte bleiben stets unberücksichtigt.

Übermessungsregeln nach ATV DIN 18351, Ziffer 5.3

Bei der Ermittlung der abrechnungsfähigen Mengen sind die nachstehend aufgeführten Bauteile bzw. Konstruktionsmerkmale besonders zu beachten. Abhängig von der für die Leistung zutreffenden Abrechnungseinheit und Einzelgröße der „Unterbrechung“ sind die Maße und Mengen der genannten Bauteile der jeweiligen Einzelleistung zu übermessen.

	Übermessen werden:
Flächenmaß	Aussparungen für Öffnungen, Nischen bis einschließlich 2,5 m² Einzelgröße. Es sind zur Berechnung der Einzelgröße die kleinsten Maße der Aussparung zu berücksichtigen.
	Unterbrechungen der Fassadenfläche durch Bauteile bis einschließlich 30 cm Einzelbreite
	Fugen
	Passplatten
Längenmaß	Unterbrechungen bis einschließlich 1,0 m Einzellänge
	Fugen

Wärmedämm-Verbundsysteme

Anwendungsbereich

Die Ausführungen von Wärmedämm-Verbundsystemen sind im Allgemeinen nach den Regeln der ATV „Wärmedämm-Verbundsysteme" DIN 18345 abzurechnen. Die ATV umfasst Leistungen im Zusammenhang mit der Herstellung von außenseitigen Wärmedämm-Verbundsystemen an Gebäuden, mit zugelassenen mineralischen Dämmstoffen und aus expandiertem Polystyrol. Die Inhalte der ATV umfassen auch die Leistungen für die Herstellung der systemabhängigen, einer Zulassung entsprechenden Oberfläche. Verputze Außenwärmedämmungen einschließlich der dazugehörenden Oberflächen sind ebenfalls nach den Regeln der DIN 18345 abzurechnen.

Die Inhalte der DIN 18299 „Allgemeine Regelungen für Bauarbeiten jeder Art" sind stets zusätzlich zu den spezifischen Regelungen zu berücksichtigen. Bei Widersprüchen gelten die gewerkebezogenen Regelungen der DIN 18345 vorrangig.

Checkliste Abrechnungseinheiten nach ATV DIN 18345

In Leistungsverzeichnissen gelten gem. Ziffer 0.5 der ATV die folgenden Abrechnungseinheiten für die Ausführung von Wärmedämm-Verbundsystemen und alle damit in direkter Verbindung stehenden Nebenleistungen und Besonderen Leistungen. Wärmedämm-Verbundsysteme bestehen aus einer Wärmedämmschicht, Armierungsschicht und einer Putzbeschichtung zur Gestaltung der Oberfläche. Die Befestigung zum tragenden Untergrund erfolgt durch Kleben oder als Besondere Leistung durch zusätzliche mechanische Befestigung.

	Wärmedämm-Verbundsysteme und Außenwärmedämmungen
	Flächenmaß (m^2) getrennt nach Bauart und Maßen
	Wärmedämm-Verbundsysteme, getrennt nach Wänden, Decken, ebenen und gebogenen Flächen
	Vorbehandeln des Untergrundes
	Ausgleichen von unebenen Untergründen
	Auffütterungen bei Flächen über 2,5 m^2 Einzelgröße
	zusätzliche flächige Bewehrungen
	Perimeterdämmungen mit einer Höhe über 1 m
	Längenmaß (m) getrennt nach Bauart und Maßen
	Leibungen
	Schürzen, Abdeckungen und dergleichen mit einer Breite bis einschließlich 1 m je Seite
	Brandriegel und Brandbarrieren bis einschließlich 1 m Breite
	Wärmedämm-Verbundsysteme an Pfeilern, Lisenen, Stützen, Unterzügen, Abtreppungen und dergleichen mit einer Breite bis einschließlich 1 m je Ansichtsfläche
	Ausschnitte für Leitungen und dergleichen
	Zuschnitte bei Schrägen sowie bei gebogenen oder andersartig geformten Bauteilen
	Perimeterdämmungen mit einer Höhe bis einschließlich 1 m
	Fensterbänke, Fenster- und Türrahmungen, Faschen, Dekorprofile, Putzbänder, Bossenfugen, Schattenfugen und dergleichen
	Hilfskonstruktionen im Bereich von Decken und Wänden zur Aufnahme von Installationsteilen, Beleuchtungskörpern und dergleichen
	Profile, Anputzleisten, Gewebewinkel und dergleichen, sowie Kantenausbildung ohne Profile
	Anschlüsse an andere Bauteile, Anschluss-, Bewegungs- und Gebäudetrennfugen, Fugendichtbänder

	Wärmedämm-Verbundsysteme und Außenwärmedämmungen
	Armierungsputze und zusätzliche flächige Bewehrungen bis einschließlich 1 m Breite
	An- und Beiarbeiten an Bau- und Einbauteilen, Dachgesimsen und dergleichen
	Abdichtungen von erdberührenden Flächen und Sockelflächen bis einschließlich 1 m Höhe
	Abdichtungsebenen unter Fensterbänken
	Dichtungsbänder, Dichtungsprofile, Ausspritzungen
	**Anzahl (Stück)** getrennt nach Bauart und Maßen
	Vorbehandlungen und Auffütterungen auf Flächen bis einschließlich 2,5 m², differenziert nach Einzelgrößen gem. WDVS
	Wärmedämm-Verbundsysteme auf Flächen bis einschließlich 2,5 m² Einzelgröße, differenziert nach Einzelflächen: ≤ 0,5 m², > 0,5 ≤ 1,00 m², > 1,00, ≤ 1,50 m², > 1,50 ≤ 2,50 m²
	Herstellen von Aussparungen für Einzelleuchten, Luftauslässe, Revisionsöffnungen, Stützen, Pfeilervorlagen, Schalterdosen, Rohrdurchführungen, Kabel, Installationsteile und dergleichen
	Einbauen von Hilfskonstruktionen oder Montagezylindern für Markisen, Werbeträger, Einzelleuchten, Revisionsöffnungen, Installationsteile und dergleichen
	Diagonalwehrungen und Armierungspfeile sowie Sturzeckwinkel an Ecken von Aussparungen
	Ecken, Gehrungen, Kreuzungen, Verkröpfungen an Endungen von Dekorprofilen
	Schließen von Verankerungsöffnungen, Gerüstankerlöchern, Öffnungen und Durchbrüchen
	Anarbeiten an Installationen, Rohre, überstehende Schalterdosen
	Befestigungsmittel, Dübel

Abrechnungsgrundregeln nach ATV DIN 18345, Ziffer 5 „Abrechnung“

Die Ermittlung der abzurechnenden Leistung kann grundsätzlich nach Zeichnung oder auch nach den Ergebnissen eines örtlichen Aufmaßes erfolgen. Die Abrechnung nach Zeichnung (Nennmaße) setzt die Vorlage einer detaillierten und bemaßten Ausführungszeichnung und deren Übereinstimmung mit der realisierten Bauleistung voraus. Für die verschiedenen Bauteile und Konstruktionen sind in der ATV unter Ziffer 5.1 die zu berücksichtigenden Flächen-, Längen- und Raumbegrenzungen für die Ermittlung der Einzelmaße festgelegt.

WDVS-Flächen

Die Flächenbestimmung von Wärmedämm-Verbundsystemen und verputzen Außenwärmedämmungen erfolgt nach den Maßen der fertig verputzten oder z. B. mit Dekorelementen belegten Oberfläche. Dies gilt auch für die Flächen mit Untergrundvorbehandlungen, Dübelungen, Auffütterungen und verputzten Außenwärmedämmungen.

Die Feststellung der Einzelmaße erfolgt an den größten Bauteilmaßen.

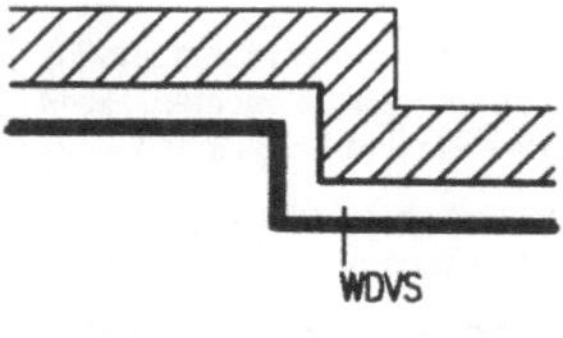

Bild 1: *Wandversprung, vertikal oder horizontal*

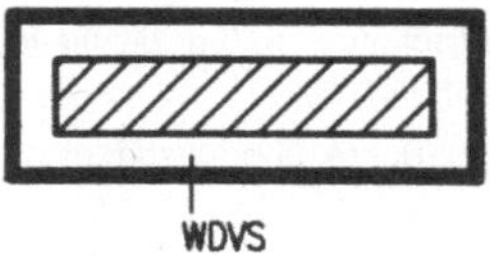

Bild 2: *Ummantelte Stütze oder Wandscheibe*

Beispiel: A = (2 a + 2 b) * h

Bei Wandanschlüssen, umlaufenden Friesen, Faschen, Gesimsen, Dachsparren o. ä. Einbauteilen kann die Maßermittlung auch als Abwicklungslänge vorgenommen werden.

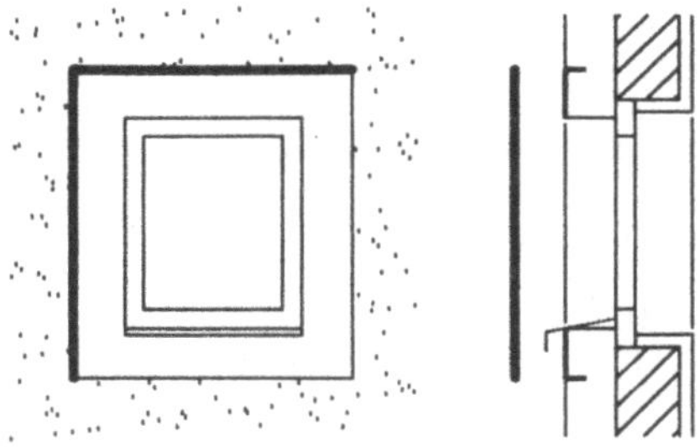

Bild 3: *Faschen*

Beispiel: L = 2 a + 2 b

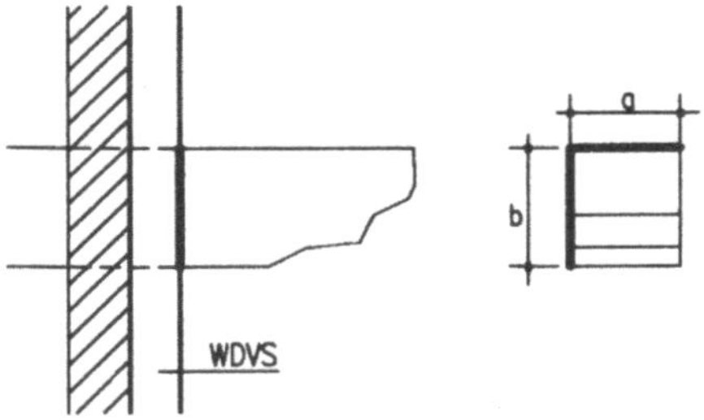

Bild 4: *An- und Einarbeitung eines vorhandenen Bauteils, z. B. massive Holzbalken*

Beispiel: L = 2 a + 2 b

Für die auszuführende Armierungsschicht (Armierungsgewebe und Armierungsputz), den Oberputz oder eine als Besondere Leistung ausgeschriebene Beschichtung (z. B. Egalisierungsbeschichtung) sind in der Abrechnung die gleichen Berechnungsansätze vorzusehen.

Einzelflächen

Einzelflächen sind i. d. R. durch die Anwendung einfacher geometrischer Grundformen zu bestimmen. Flächenformen, wie Rechteck, Dreieck, Trapez oder Raute, sind dazu geeignet.

Können diese Formen zur Massenermittlung nicht angewendet werden, sind unregelmäßige Flächen in rechteckige Flächen von 1,0 m Breite aufzugliedern.

Dekorprofile, Gehrungen, Kreuzungen u. Ä.

In das WDVS integrierte Dekorprofile oder Formteile werden bei der Flächenermittlung übermessen und nach Längenmaß oder Anzahl gesondert abgerechnet.

Gehrungen, Kreuzungen, Endungen von Dekorprofilen und Verkröpfungen sind entsprechend den in der Leistungsbeschreibung vorzusehenden Maßeinheiten gesondert abzurechnen.

Auffütterungen

Auffütterungen zum Ausgleich von Absätzen in der tragenden Unterkonstruktion zur Herstellung eines ebenen Verlegeuntergrunds für das WDVS werden bis zu 2,5 m^2 nach Anzahl und Maßbeschreibung im Leistungsverzeichnis (Dicke, Länge, Breite) abgerechnet.

Beträgt die einzelne Fläche der Auffütterung mehr als 2,5 m^2, erfolgt die Abrechnung nach Flächenmaß.

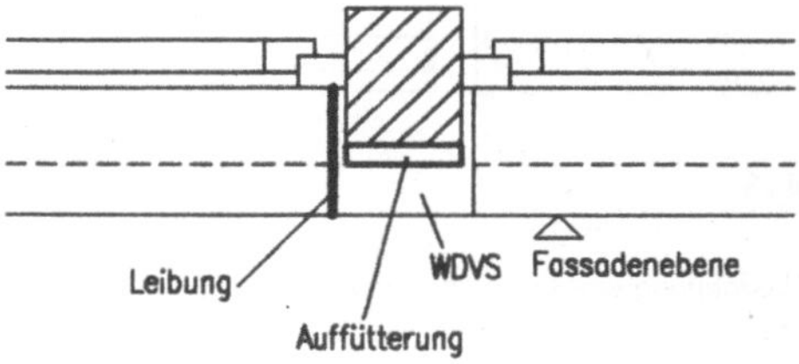

***Bild 5:** Auffütterung an nicht flächenbündigen Stützen in Fassadenflächen*

Leibungen

Für Leibungen mit Abrechnung nach Längenmaß und festgelegten Breiten sind die tatsächlichen, größten Leibunglängenmaße an der fertig hergestellten Oberfläche zu berücksichtigen.

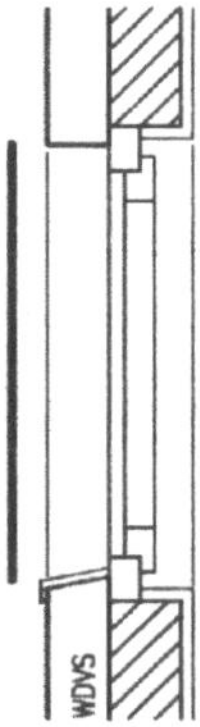

Bild 6: *Fensterleibung*

Aussparungen

Zusammenhängende Aussparungen in aneinander grenzenden Flächen werden für die Bestimmung der Abzugsfähigkeit nach deren jeweiligen Einzelgrößen beurteilt. Die Ermittlung der Größe der Aussparung ist an der Außenfläche der Fassade vorzunehmen.

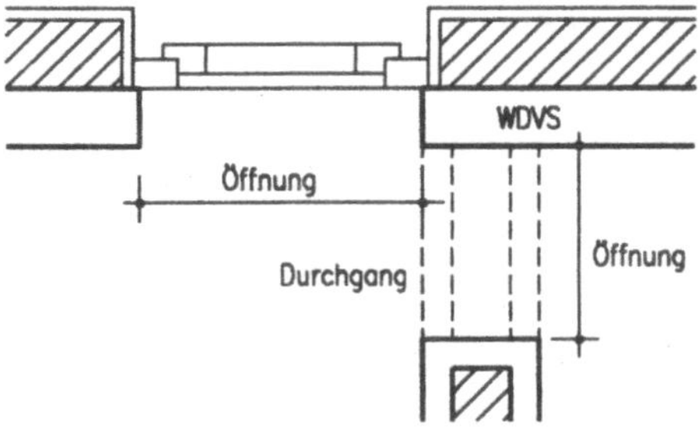

Bild 7: *Aussparungen für Fenster und Durchgang*

An Nischen angrenzende Aussparungen und Öffnungen sowie zusammenhängende verschiedenartige Aussparungen sind in der Flächenermittlung getrennt zu berücksichtigen.

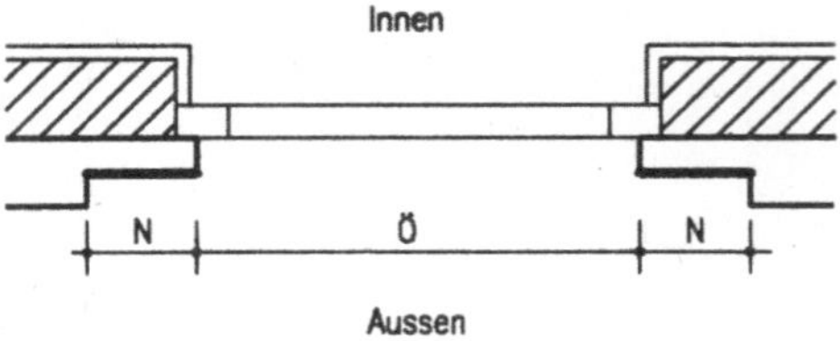

***Bild 8:** Wandgestaltung durch Rücksprünge/Nischen an Wandöffnungen*

Nischen

Nischen mit Einzelgrößen unter 2,5 m², ermittelt in der Ebene der fertigen Wandoberfläche, werden übermessen und in der Massenermittlung der Fassadenfläche berücksichtigt. Die Rückflächen von Nischen sind darüber hinaus, unabhängig von einer ggf. von der Fassadenfläche abweichenden Dämmstoffdicke, gesondert mit ihren Einzelmaßen zu ermitteln und als separate Leistungsposition abzurechnen.

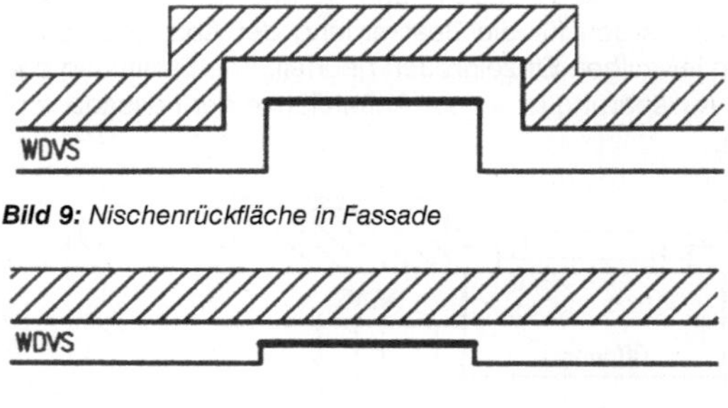

***Bild 9:** Nischenrückfläche in Fassade*

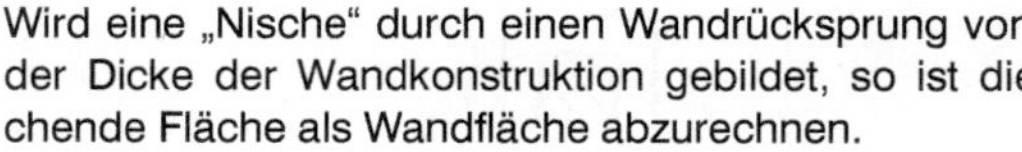

***Bild 10:** Nische durch geringere Dämmstoffdicke*

Wird eine „Nische" durch einen Wandrücksprung von mehr als der Dicke der Wandkonstruktion gebildet, so ist die entsprechende Fläche als Wandfläche abzurechnen.

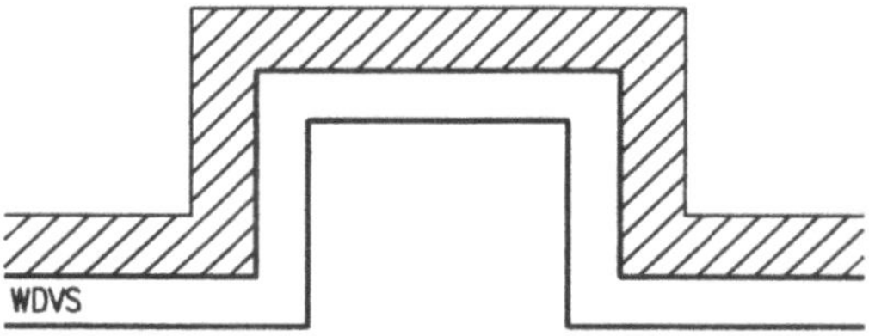

Bild 11: *Nische durch Wandrücksprung > Wanddicke*

Unterbrechungen

Wird die bearbeitete Fläche durch einzelne Bauteile, wie z. B. Stützen, Unterzüge, Balkonplatten, Podeste, Gurte, Friese, Nuten und Vertiefungen, Brandriegel u. Ä., vollständig und in der gesamten Dämmstoffdicke in ihrer Fläche unterbrochen, werden die Unterbrechungen mit Einzelbreiten bis einschließlich 30 cm bei der Berechnung der Fassadenfläche übermessen.

Bauteile, wie z. B. auskragende und nicht gedämmte Deckenplatten mit Aufbauten mit einer Höhe von mehr als 30 cm, werden bei der Ermittlung der Fassadenfläche mit ihren entsprechenden Bauteillängen bei der Ermittlung des Gesamtflächenmaßes abgezogen.

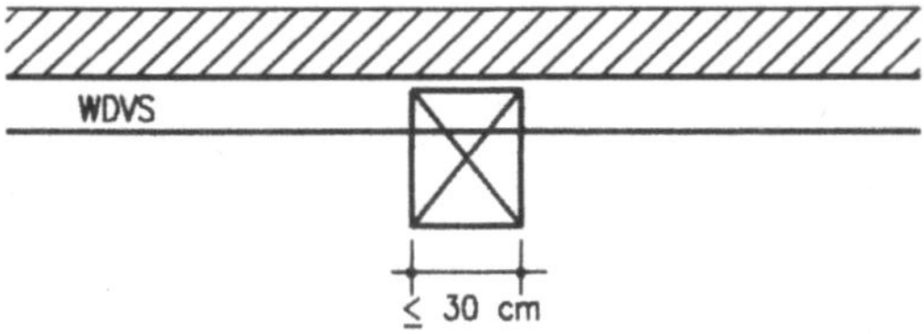

Bild 12: *Unterbrechung der Fassadenfläche durch Holzkonstruktion*

Liegt die Unterbrechung im Anschluss an eine Aussparung oder Öffnung, sind die Einzelteile getrennt zu bewerten.

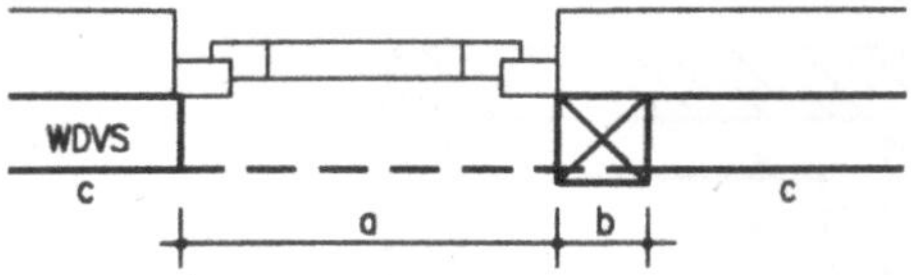

***Bild 13:** Öffnung in Wandfläche und Unterbrechung der Dämmstoffebene*

a = bestimmendes Breitenmaß für die Ermittlung der Übermessungsgröße (Übermessung bis 2,5 m²)

b = bestimmendes Breitenmaß für die Bestimmung der Unterbrechungsgröße (Übermessung bei Breite ≤ 30 cm)

Fugen

Die in der tragenden Konstruktion vorhandenen Bewegungsfugen des Bauwerks sind im Wärmedämmverbundsystem (WDVS) zu übernehmen. Die Fugen werden bei der Flächenermittlung des WDVS übermessen. Fugenausbildungen als Anschlussfugen, Bewegungs- und Gebäudetrennfugen sowie Fugendichtbänder sind nach Längenmaß in gesonderten Positionen abzurechnen.

Übermessungsregeln nach ATV DIN 18345, Ziffer 5.3

Bei der Ermittlung der abrechnungsfähigen Mengen sind die nachstehend aufgeführten Bauteile bzw. Konstruktionsmerkmale besonders zu beachten. Abhängig von der für die Leistung zutreffenden Abrechnungseinheit und Einzelgröße der „Unterbrechung" sind die Maße und Mengen der genannten Bauteile der jeweiligen Einzelleistung zu übermessen.

	Übermessen werden:
Flächenmaß	Aussparungen, Öffnungen, Nischen und Brandbarrieren bis einschließlich 2,5 m^2 Einzelgröße
	Unterbrechungen in der zu bearbeitenden Fläche durch andere Bauteile bis einschließlich 30 cm Einzelbreite
	Dekorelemente, Dekorprofile und Fugen
Längenmaß	Unterbrechungen bis einschließlich 1,0 m Einzellänge

Für die Prüfung der Einzelgrößen von Aussparungen und Öffnungen sind die kleinsten Maße der Aussparung, d. h. in der Ebene der fertiggestellten Oberfläche, festzustellen.

Zimmer- und Holzbauarbeiten

Anwendungsbereich

Die Ausführungen von Zimmer- und Holzbauarbeiten sind im Allgemeinen nach den Regeln der ATV „Zimmer- und Holzbauarbeiten" DIN 18334 abzurechnen. Die ATV umfasst alle Konstruktionen des Holzbaus und des Ingenieurholzbaus. Eingeschlossen sind auch die Arbeiten für das Behandeln von Holz und Holzkonstruktionen sowie angrenzenden Bauteilen bei bekämpfenden Holzschutzmaßnahmen und mit Holzschutzmitteln.

Der Einsatz von Holz und Holzbauteilen in anderen Gewerken wird nach den jeweiligen gewerkespezifischen Regelungen abgerechnet. Dabei handelt es sich z. B. um gestemmte Türen und Tore (Tischlerarbeiten), Schalarbeiten (Betonarbeiten), Rundhölzer oder Holzbalken im Baugrubenverbau (Verbauarbeiten), Parkettverlegung (Parkettarbeiten) und vorgehängte hinterlüftete Außenwandbekleidungen einschließlich Unterkonstruktion (vorgehängte hinterlüftete Fassaden).

Die Inhalte der DIN 18299 „Allgemeine Regelungen für Bauarbeiten jeder Art" sind stets zusätzlich zu den spezifischen Regelungen zu berücksichtigen. Bei Widersprüchen gelten die gewerkebezogenen Regelungen der DIN 18334 vorrangig.

Die Norm regelt sowohl Arbeiten mit Holz und holzhaltigen Stoffen, nicht holzhaltigen Stoffen (z. B. Gipsplatten), Dämmstoffen, Verbindungs- und Befestigungsmitteln als auch Stahlteilen und Holzschutz nach DIN 68800.

Zu den Leistungen, die der ATV unterliegen, gehören im Einzelnen:

- Verzimmerungen
- Holzhausbau, Holzrahmen- und Holztafelbau
- Fehlböden aus Latten und Brettern
- Dachschalungen
- Wand- und Deckenschalungen, die nicht sichtbar bleiben
- Wand- und Deckenbekleidungen aus Brettern oder Bohlen, die nicht der Witterung ausgesetzt sind
- Dachlattungen

- Fußböden, Unterböden, Blindböden
- Lagerhölzer und Fußleisten
- Außenwandbekleidungen
- gezimmerte Türen und Tore
- Verschläge
- Treppen

Checkliste Abrechnungseinheiten nach ATV DIN 18334

In Leistungsverzeichnissen gelten gem. Ziffer 0.5 der ATV die folgenden Abrechnungseinheiten für die Ausführung von Zimmer- und Holzbauarbeiten und alle damit in direkter Verbindung stehenden Nebenleistungen und Besonderen Leistungen.

	Zimmer- und Holzbauarbeiten
	**Raummaß (m^3)** getrennt nach Bauart und Maßen
	Holz für Verzimmerungen
	Holzschutz
	Brettschichtholz, Balkenschichtholz
	Brettstapelelemente, Brettsperrholz, Brettschichtholzelemente, z. B. für Decken
	Furnierschichtholz
	keilgezinktes Vollholz
	Bekämpfung von holzzerstörenden Organismen mit Heißluft- oder Begasungsverfahren
	**Flächenmaß (m^2)** getrennt nach Bauart und Maßen
	Wände, Böden, Verschläge
	Bekleidungen, Beplankungen, Schalungen, Lattungen, Unterkonstruktionen

	Zimmer- und Holzbauarbeiten
	vorgefertigte Flächenbauteile, Vorsatzschalen
	Brettstapelelemente und Brettsperrholz, Brettschichtholzelemente, z. B. für Decken
	Holzwerkstoffplatten und Furnierschichtholz
	Dämmstoffschichten, Dampfbremsen, Trenn- und Schutzschichten, Luft- und Winddichtheitsschichten
	Füllungen in Treppengeländern
	Oberflächenbearbeitungen, z. B. Hobeln, Schleifen
	Holzschutz
	Schwammsperrmittel
	Längenmaß (m) getrennt nach Bauart und Maßen
	Abbinden und Aufstellen, Einbauen oder Verlegen von Stützen, Balken, Trägern, Schwellen, Schienen, Leibungen, Sohlbänken, Umrahmungen, Überlagshölzern, Lagerhölzern und dergleichen
	Abgraten, Auskehlen und Abschrägen von Hölzern
	zusammengesetztes, vorgefertigtes, parallelgurtiges Holzbauteil, z. B. hölzerner I-Träger
	Fasen und Profilieren von Holzkanten
	Schneiden von Entlastungsnuten
	Schalungen und Bekleidungen, z. B. an Ortgängen, Attiken, Pfeilern, Unterzügen, Rohrleitungen, Abschottungen
	An- und Abschlüsse an angrenzende Bauteile, Eckausbildungen
	Fugenausbildungen und Fugenabdichtungen
	Fuß- und Scheuerleisten, Verleistungen
	Treppenbauteile, z. B. Wangen, Geländer, Handläufe
	Schutzschichten unter Hölzern, z. B. unter Schwellen, Balken

	Zimmer- und Holzbauarbeiten
	Wind- und Aussteifungsverbände
	Einfriedungen
	Holzschutz
	Schwammsperrmittel
	Bekämpfung von holzzerstörenden Organismen mit Mikrowellenverfahren
	**Anzahl (Stück)** getrennt nach Bauart und Maßen
	Schiftersparrenschnitte
	Abbinden und Aufstellen/Verlegen von Hölzern bei schwierigen Verzimmerungen, z. B. bei Türmen, Kuppeln, Dachgauben, geschweiften Dachflächen, Grat- und Kehlsparren
	Bearbeiten von Sparren-, Pfetten- und Balkenköpfen, z. B. Hobeln, Profilieren, Ausnehmen Auswechselungen, z. B. an Kaminen, Treppen, Dachflächenfenstern, Dachausstiegen
	Aufschieblinge, Keilhölzer und Gefälleteile
	vorgefertigte Bauteile, z. B. genagelte, gedübelte, geleimte oder andersartig verbundene Binder, Rahmen, Stützen, Unterzüge, Träger
	Verstärkungen, z. B. bei Aussparungen, Ausklinkungen, angeschnittenen Kassetten, sowie Querzugverstärkungen und angehängte Lasten
	Herstellen und/oder Schließen von Öffnungen für angehängte Einbauteile, z. B. für Stützen, Türen, Fenster, Oberlichter, Leuchten, Gitter, Revisionsklappen, Installationseinrichtungen
	Sackbohrungen, Verstöpselungen
	Einsetzen von Installations- und Einbauteilen, z. B. Dachflächenfenstern, Dachausstiegen, Einschubtreppen, Lichtbändern, Fenstern, Zargen, Türen, Toren, Läden, Schwellen, Rollladenkästen, Sonnenschutzvorrichtungen

	Zimmer- und Holzbauarbeiten
	Verschalungen und Bekleidungen an Schornsteinköpfen und dergleichen
	Treppen- und Treppenbauteile
	Beläge und Schutzabdeckungen
	Dämmstoffe und Schutzschichten an Balkenköpfen
	statisch nachzuweisende und konstruktiv erforderliche Bauteile, z. B. Dübel, Bolzen, Anker, Verbindungsmittel, Abhänger, Abstandhalter, Konsolen, Stahlblechformteile, Befestigungsmittel für Windsogsicherung
	Holzschutz
	**Masse (kg, t)**
	statisch nachzuweisende und konstruktiv erforderliche, geschweißte Bauteile aus Stahl, Profilstahl oder aus anderen Metallen, mindestens mit einer Seitenlänge > 2 m

Abrechnungsgrundregeln nach ATV DIN 18334, Ziffer 5 „Abrechnung"

Die Ermittlung der abzurechnenden Leistung kann gem. ATV DIN 18299 grundsätzlich nach Zeichnung oder auch nach den Ergebnissen eines örtlichen Aufmaßes erfolgen. Die Abrechnung nach Zeichnung (Nennmaße) setzt die Vorlage einer detaillierten und bemaßten Ausführungszeichnung und deren Übereinstimmung mit der Bauleistung voraus. Für die verschiedenen Bauteile und Konstruktionen sind in der ATV unter Ziffer 5 die zu berücksichtigenden Flächen-, Längen- und Raumbegrenzungen für die Ermittlung der Einzelmaße festgelegt.

Für die Ermittlung der Leistungen sind zu berücksichtigen die Maße

- der behandelten Bauteilabschnitte
- der hergestellten Bauteile
- der hergestellten Bekleidungen, Deckungen und Beläge

Die Grenzen für die Längenbestimmung, der abrechnungsfähigen Querschnittsmaße und der Fläche sind grundsätzlich nach der für das Bauteil zutreffenden Abrechnungseinheit festgelegt.

Zimmer- und Holzbauarbeiten erfordern zur Erstellung der Hauptleistung eine Vielzahl von Leistungen, die in der ATV als Besondere Leistungen aufgeführt sind. Die Gliederung nach Bauteilen wird daher um Einzelleistungen der Holzbearbeitung und Passarbeiten erweitert. Diese Arbeiten sind daher im Allgemeinen im Leistungsverzeichnis gesondert aufzunehmen.

Tragende und aussteifende Konstruktionen, verzimmerte Hölzer (Baurundholz, Bauschnittholz, Brettschichtholz)

Für die Mengenermittlung nach Raummaß ist der volle Holzquerschnitt ohne einen Abzug für Aussparungen, Ausklinkungen, Abschrägungen oder Querschnittsschwächungen anzunehmen. Bei der Bestimmung des Längenmaßes des Bauteils sind die anteiligen Längen von Zapfen oder anderer Holzverbindungen ebenfalls zu berücksichtigen

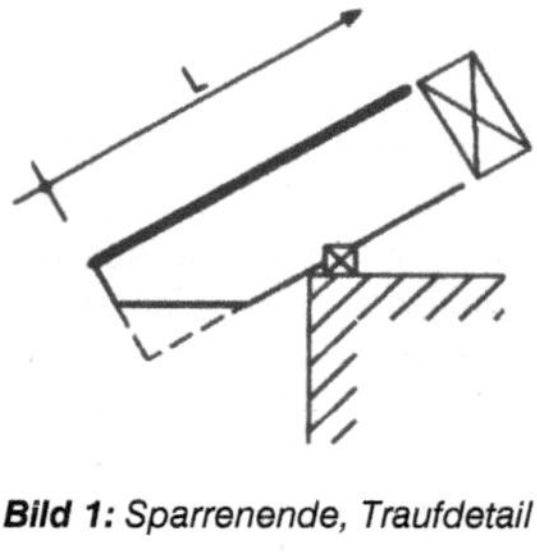

Bild 1: *Sparrenende, Traufdetail*

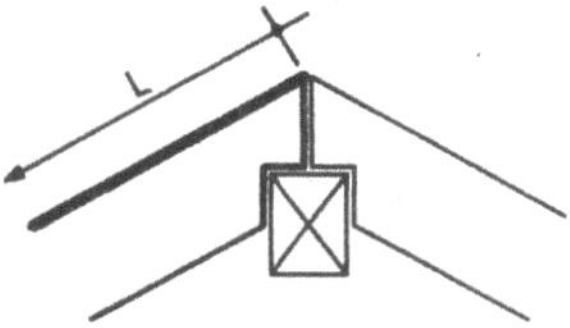

Bild 2: *Firstdetail*

Bild 3: *Kehlsparren/Gratsparren*

Bei gehobelten Hölzern sind für die Bestimmung des vollen Querschnitts die Maße des gehobelten Holzes oder Bauteils im Einbauzustand maßgebend.

Die Längenermittlung erfolgt an der größten Bauteillänge einschließlich Zapfen oder anderer ähnlicher Holzverbindungen.

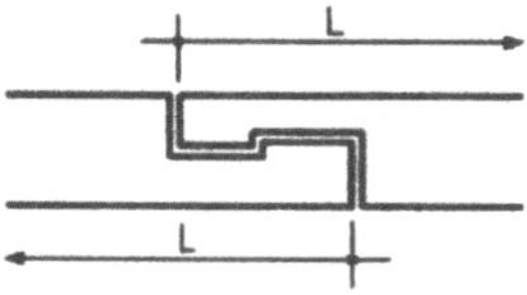

Bild 4: *Traditionelle Holzverbindung (hier: Hakenblatt)*

Werden Hölzer mit ungleichmäßigem Querschnittsbild verarbeitet, z. B. bei verleimten Holzträgern oder Brettschichtholz, so ist der volle Querschnitt auch hier nach dem Maß der größten Abmessungen für Breite, Höhe und Länge zu bestimmen.

Bild 5: *Duobalken*

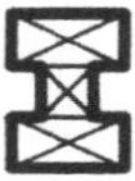

Bild 6: *Aus Einzelteilen zusammengesetzter Balkenquerschnitt*

Bild 7: *Holz-Brettschichtbinder*

Schalungen und Bekleidungen

Für die Abrechnungen von Schalungen oder Bekleidungen nach Flächenmaß sind bei Flächen mit **begrenzenden Bauteilen** die Maße der zu belegenden Fläche zu berücksichtigen.

Als Begrenzung sind dabei die Kanten des ungeputzten, ungedämmten oder unbekleideten begrenzenden Bauteils zugrunde zu legen.

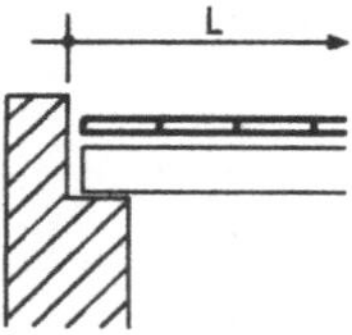

Bild 8: *Fußbodenschalung auf Holzbalken*

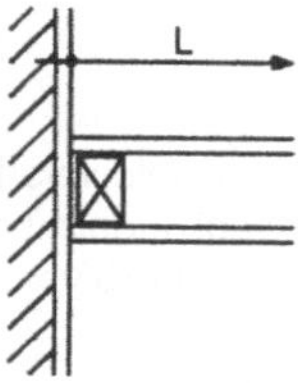

Bild 9: *Innenwand*

Für Flächen **ohne begrenzende Bauteile** sind die Maße der hergestellten Leistung (Schalung, Dämmstoffschicht u. Ä.) in der Massenermittlung zu berücksichtigen.

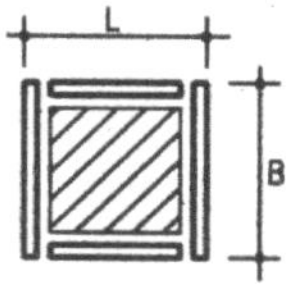

Bild 10: *Stützenbekleidung, Maße der sichtbaren Bekleidung*

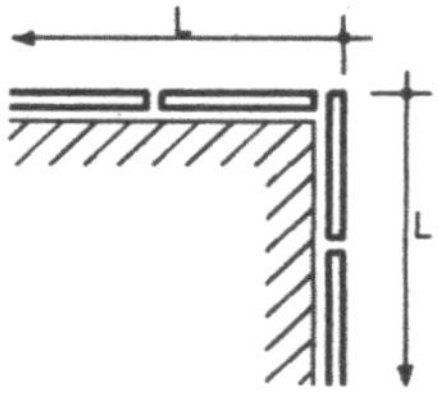

Bild 11: *Unterkonstruktion, z. B. Lattung, für Innenwandbekleidung*

Nach Zimmermannstradition bearbeitete Hölzer, sog. verzimmerte Hölzer, die nach **Längenmaß** abgerechnet werden, sind mit der größten Bauteillänge in die Mengenermittlung aufzunehmen.

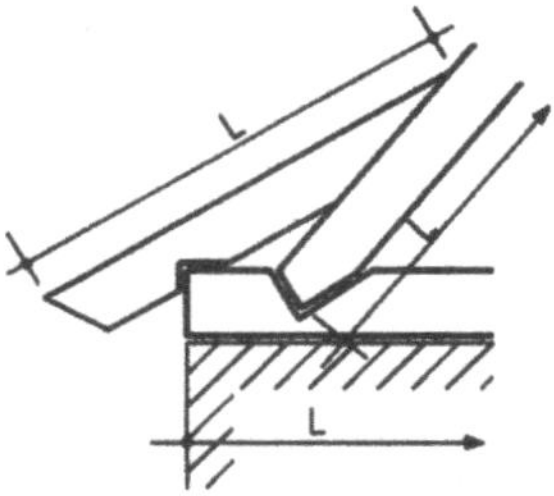

Bild 12: *Traufdetail mit Aufschiebling*

Besondere Ausformungen an den Bauteilenden, Ausklinkungen u. Ä. bleiben dabei unberücksichtigt. Die Vergütung zur Bearbeitung und Gestaltung des Bauteilendes erfolgt in separater Position. Die Abrechnung des im Beispiel dargestellten Aufschieblings erfolgt nach Anzahl und mit entsprechender maximaler Längenangabe.

A B D E F G K L M N P S T V W Z

Fassaden

Die Flächenbestimmung von Fassaden erfolgt nach den Maßen der fertigen Fassadenfläche, gemessen an deren äußerer, sichtbarer Oberfläche.

Im Zuge der Fassadenarbeiten ausgeführte Leistungen für Unterkonstruktion, Dämmungen und dergleichen werden mit den Maßen der äußeren Fassadenoberfläche abgerechnet.

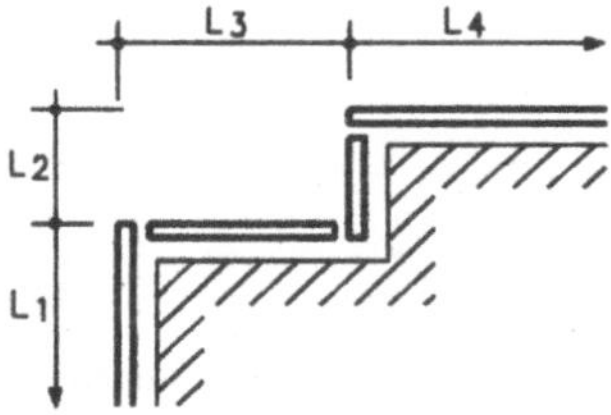

Bild 13: *Fassadenbekleidung*

Fläche = $L_1 * H_1 + L_2 * H_2 + L_3 * H_3 + ...$ usw.

Aussparungen in Fassadenflächen werden bis zu einer Einzelgröße von 2,5 m^2 übermessen. Maßgebend für die Bestimmung der „Abzugsgröße" ist die kleinste Aussparungsfläche der fertigen Bekleidung.

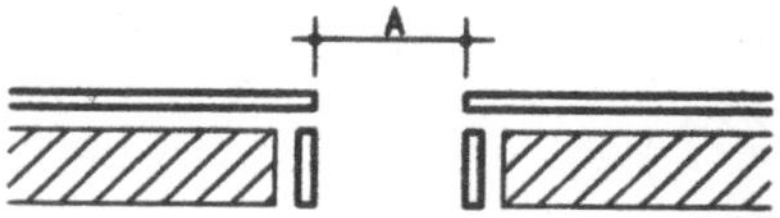

Bild 14: *Aussparung*

Wände in Holzbauweise

Die Maßbestimmung für Wände in Holzbauweise ist mit den größten Maßen bis zu den sie begrenzenden, nicht bekleideten Bauteilen vorzunehmen.

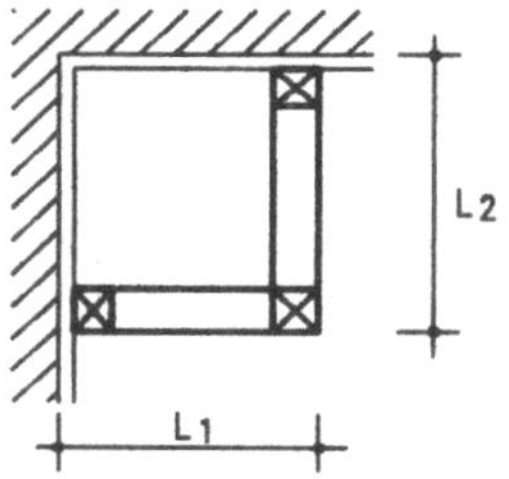

Bild 15: *Wandkonstruktion, Maße bis zu den nicht bekleideten Bauteilen (Wandlänge = L1 + L2)*

Für Wandkonstruktionen mit abgewinkelten Verbindungen untereinander oder zu anderen Bauteilen ist die größte abgewickelte Bauteillänge in die Mengenermittlung aufzunehmen.

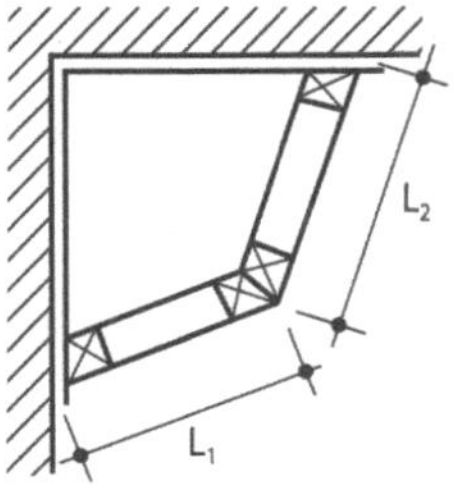

Bild 16: *Wandkonstruktion, Maße der größten abgewickelten Bauteillänge*

Durchdringungen von Wänden werden im Bereich der Durchdringung nur mit dem Anteil einer Wand erfasst. Bei Wänden ungleicher Dicke wird mit dem Maß der dickeren Wand abgerechnet.

Fläche = $L_1 * H_1 + L_2 * H_2 + L_3 * H_3$

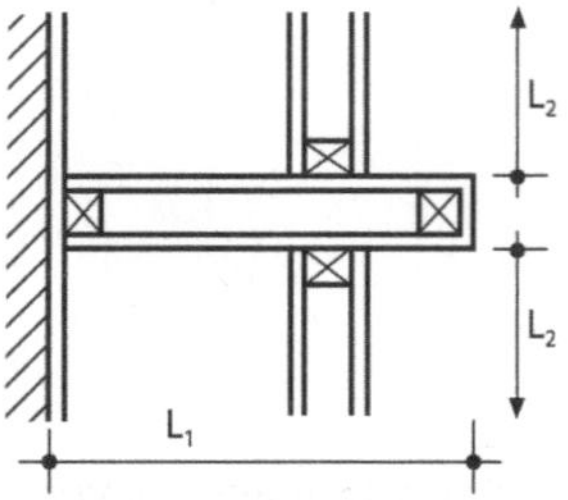

***Bild 17:** Durchdringung, Bauteilmaß zuzüglich der Putzdicke*

Flächenorientierte Bauteile, ausgenommen Böden

Bei der Flächenermittlung von Wänden, Decken, Wand- und Deckenbekleidungen sowie Vorsatzschalen sind Aussparungen bis zu einer Einzelgröße von 2,5 m^2 zu übermessen. Dies gilt auch für die Ausführung von Dämmstoffebenen, Dampfbremsen, Abdichtungen sowie Trenn- und Schutzschichten, unabhängig davon, ob es sich dabei um eine eigenständige Leistung oder um eine Teilleistung in Verbindung mit anderen Zimmerarbeiten handelt.

Für die Abrechnung nach Flächenmaß sind für alle Schichten die Maße der Bekleidung zugrunde zu legen.

Aussparungen werden nach Anzahl (Stück) abgerechnet. Die Bildung von Abrechnungsgruppen mit verschiedenen Aussparungsgrößen kann hier zweckmäßig sein.

Böden

Die Flächenbestimmung von Böden einschließlich dazugehörender sonstiger Schichten erfolgt in Innenräumen mit begrenzenden Bauteilen (Wände) bis zu den Rohbaukanten. Rücksprünge für Fensternischen oder Durchgänge sind in die Flächenermittlung unabhängig von der Einzelgröße aufzunehmen.

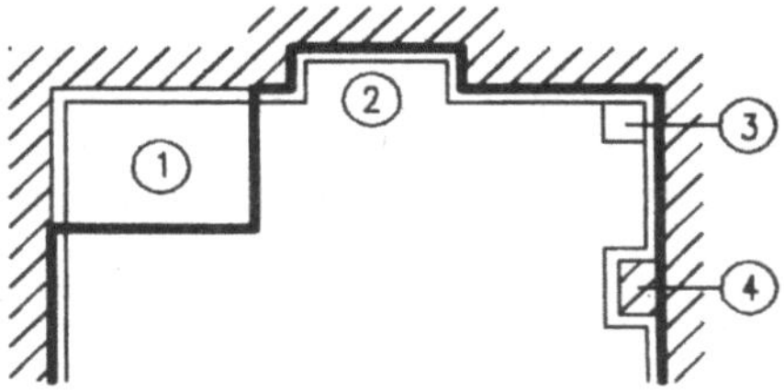

Bild 18: *Teilgrundriss mit Aussparung, Nische, Wandvorlage*

Beispiel:

1 Aussparung für Treppeneinbau:
2, 10 m * 3,20 m > 0,5 m² → Abzug
2 Fenster oder Heizkörpernische:
0,25 m * 2,60 m > 0,5 m² → Abzug
3 Deckendurchbruch für Installationsleitung:
0,25 m * 0,25 m < 0,5 m² → kein Abzug
4 Wandvorlage
0,20 m * 0,50 m < 0,5 m² → kein Abzug

Aussparungen in Böden und in den damit in Verbindung stehenden Schichten wie Schüttungen, Dämmstoff-, Trenn- oder Schutzschichten sowie Dampfbremsen werden bis zu einer Einzelgröße von 0,5 m² übermessen.

Bauartbedingte Zwischenräume in Flächen mit Sparschalungen und Blindböden werden bei der Flächenermittlung übermessen.

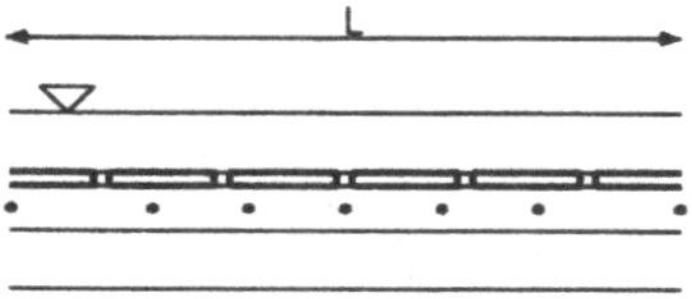

Bild 19: *Sparschalung auf Rahmenhölzern zwischen Holzbalken*

Lattungen, Paneele

Bauartbedingte Zwischenräume in Flächen aus Lattungen, bei Verschlägen aus Latten und Brettern, werden übermessen. Bei Bauteilen aus Paneelen und Lamellenkonstruktionen werden die Zwischenräume nicht abgezogen.

Sonstige Holzbauteile

Besondere Holzbauteile wie Deck- und Profilleisten, Trauf- und Ortgangbretter sind nach ATV Ziffer 5.2.3 mit der größten Bauteillänge, ggf. mit einer Längenermittlung nach Abwicklung, abzurechnen (Beispiel: Fußleisten mit konischem Querschnitt und Gehrungsschnitte).

Aussparungen

Aussparungen in **längenorientierten Bauteilen**, wie Sparren, Pfetten, Binder und dergleichen, werden bei der Längenbestimmung übermessen.

In flächigen Bauteilen, wie Wänden und Decken, sowie die damit in Verbindung hergestellten zusätzlichen Schichten wie Dämmungen, Dampfbremsen und dergleichen werden Aussparungen bis zu 2,5 m^2 Einzelgröße übermessen. Verschiedenartige, jedoch unmittelbar zusammenhängende Aussparungen (z. B. Türöffnung mit angrenzender Wandnische) werden jeweils mit ihren Einzelflächen getrennt ermittelt.

Nach der Einzelflächenbestimmung ist die Einstufung nach der Übermessungsregel vorzunehmen.

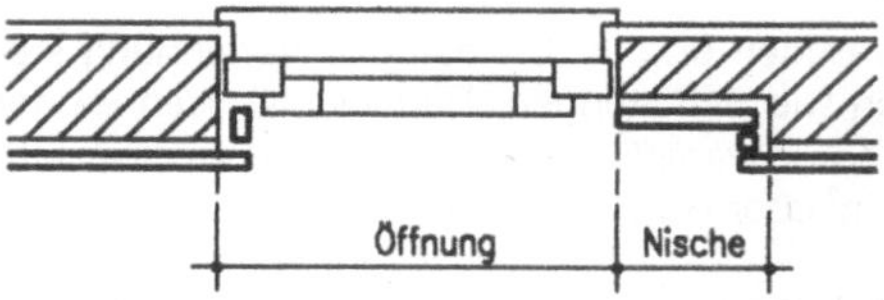

Bild 20: *Türöffnung und angrenzende Wandnische*

Eine Aussparung, die sich mit ihrer Flächenausdehnung über unterschiedlich zu berechnende Flächen erstreckt, ist mit den jeweiligen einzelnen Flächenanteilen zu bestimmen. Die ermittelte Einzelfläche ist für die Einordnung als „Übermessungsgröße" maßgebend.

Rückflächen von Nischen werden nach ATV, Ziffer 5.4.1 immer gesondert abgerechnet.

Die besondere Herstellung von Aussparungen für den Einbau von Leuchten, Lüftungsauslässen, Medienträgern, Revisionsöffnungen, Kabeldurchführungen, Stützen u. a. mehr ist getrennt nach Größe, Form oder sonstigen typischen Anforderungen und Eigenschaften gesondert abzurechnen.

Rückflächen von Nischen

Rückflächen von Nischen sind unabhängig von deren Einzelgröße gesondert nach Flächenmaß zu ermitteln und abzurechnen. Die bearbeiteten Leibungen von Nischen sind immer nach einer Leistungsposition für Leibungen separat als Besondere Leistung zu vergüten.

Bild 21: *Holzbekleidung einer verputzten Nischenrückfläche und Leibung, die Maßbestimmung erfolgt zwischen den Putzoberflächen.*

Unterbrechungen

Bei der Herstellung von flächigen Bauteilen und Bekleidungen, wie Schalungen, Abdichtungen, Schüttungen, Zwischenböden, Dämmungen u. Ä., werden Unterbrechungen bis zu einer Einzelbreite von 30 cm, z. B. durch Deckenbalken oder Unterzüge, übermessen.

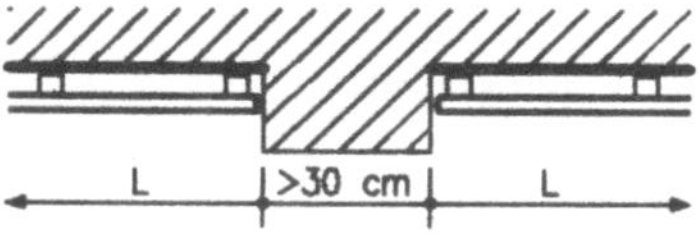

Bild 22: *Unterbrechung einer Deckenbekleidung durch einen Unterzug*

Stahlteile und Verbindungsmittel

Dübel, Bolzen, Anker, Verbindungsmittel, Abstandhalter, Konsolen u. Ä. werden nach Anzahl abgerechnet.

Werden besondere konstruktive Stahlteile (Verbindungsstege, Laschen u. Ä.), die einen statischen Nachweis erfordern, nach Gewicht abgerechnet, so gelten für die Massenermittlung folgende Abrechnungsgrundsätze:

Genormte Profile	Massen nach DIN
Nicht genormte Profile	Massen nach Profilbüchern der Hersteller
Bleche und Bänder	
aus Stahl	7,85 kg/m² Fläche und 1 mm Dicke
aus Edelstahl	7,90 kg/m² Fläche und 1 mm Dicke

Für Kleineisenteile wie Bauschrauben, Nägel, Unterlegscheiben bis 15 kg Masse des jeweiligen Verbindungsmittels ist die Massenbestimmung durch Wiegen zulässig.

Für verzinkte Stahlbauteile sind den Stahlmassen 5 % Gewichtszuschlag für die Verzinkung und den damit verbundenen Mehraufwand hinzuzurechnen.

Die Abrechnung von Schrauben, Stabdübeln, Bolzen, Verbindungsmitteln zur Windsogsicherung u. Ä. ist nach Anzahl getrennt nach Art und Massen gesondert vorzunehmen. Ausgenommen sind Verbindungselemente wie technisch unvergütete Nägel, Klammern und Holzschrauben (Durchmesser < 6 mm, Länge < 100 mm).

Dies gilt sinngemäß auch für statisch nachzuweisende und konstruktiv erforderliche Bauteile, z. B. Dübel, Bolzen, Anker, Abhänger, Konsolen, Stahlblechformteile, Bauteile zur Windsogsicherung und dergleichen.

Fugen

In Bauteile eingearbeitete Fugen werden bei der Flächen- oder Längenbestimmung des Bauteils übermessen. Nach ATV Ziffer 4.2.26 ist die Herstellung von besonderen Fugen und Eckausbildungen gesondert in einer separaten Leistungsposition zu vergüten.

Bohrlochtränkung

Werden zur Tränkung von Hölzern mit Holzschutzmitteln Bohrungen eingebracht, so wird zur Ermittlung der wirksamen

Fläche zunächst der Abstand der äußersten Bohrlöcher in der Länge und der Breite ermittelt. Den festgestellten Längen- und Breitenmaßen ist jeweils ein Bohrlochabstand zur Bestimmung der Größe des behandelten Bauteilabschnitts hinzuzurechnen.

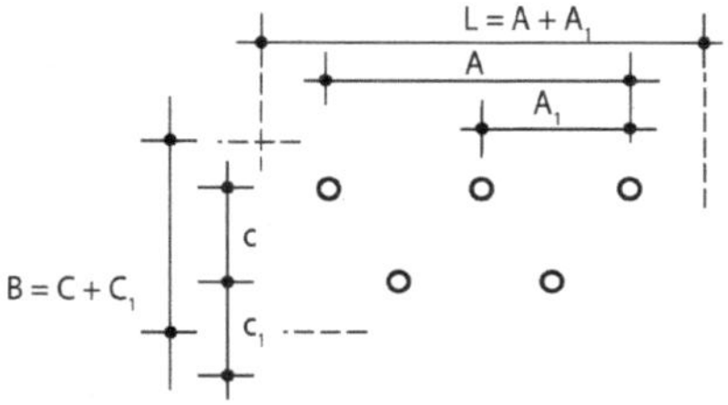

***Bild 23:** Bestimmung der Fläche einer zweireihigen Bohrlochtränkung*

Bekämpfender Holzschutz

Für Maßnahmen zum bekämpfenden Holzschutz (Heißluft oder Begasung), die nach Raummaß abgerechnet werden, gelten folgende Regeln:

- Das Raummaß wird bestimmt durch die äußeren Abmessungen der Gebäudehülle bzw. der behandelten Gebäudeteile, einschließlich auskragender Bauteile wie Erker und Dachüberstände,
- bei einzelnen Bauteilen sind die Abmessungen der zu begasenden oder zu erhitzenden Räume, einschließlich der sie begrenzenden Bauteile, maßgebend.

Besondere Leistungen nach ATV, Ziffer 4

- Bekleidungen an Leibungen herstellen
- Eckausbildungen und Fugen herstellen
- Bearbeitung von Sparren-, Balken- und Pfettenköpfen (Hobeln und Profilieren)
- Oberflächenbearbeitungen von Brettern und Bauhölzern (Schleifen, Hobeln, Fasen und Profilieren)
- schräge Zuschnitte von Schalungen und Bekleidungen bei Anschluss an andere Bauteile oder als schräge Abschlüsse
- Verstärken von Bauteilen
- Herstellen von Anschlüssen von Luftdichtigkeitsschichten und Dampfbremsen an angrenzende Bauteile anderer Gewerke

Bei der Ermittlung der Abrechnungsmenge sind die Regeln für die Bestimmung von Flächen- und Längenmaßen sinngemäß anzuwenden.

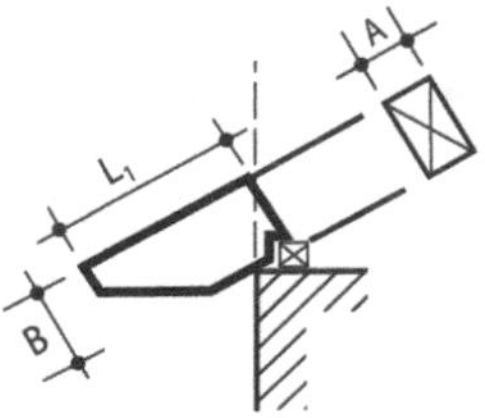

***Bild 24:** Hobeln von sichtbaren Sparrenköpfen*

Gehobelte Fläche = $2 * L_1 * B + 2 * L_1 * A + A * B$

Übermessungsregeln nach ATV DIN 18334, Ziffer 5.3

Bei der Ermittlung der abrechnungsfähigen Mengen sind die nachstehend aufgeführten Bauteile bzw. Konstruktionsmerkmale besonders zu beachten. Abhängig von der für die Leistung zutreffenden Abrechnungseinheit und Einzelgröße der „Unterbrechung" sind die Maße und Mengen der genannten Bauteile der jeweiligen Einzelleistung unberücksichtigt zu lassen bzw. von der Gesamtmenge abzuziehen. Einzelgrößen werden nach den kleinsten Maßen der Aussparung oder der Unterbrechung ermittelt.

	Übermessen werden:
Flächenmaß	Aussparungen, z. B. Öffnungen (auch raumhoch), Nischen, bis einschließlich 2,5 m^2 Einzelgröße, z. B. in Decken, Wänden, Dächern, Schalungen
	Aussparungen in Böden bis einschließlich 0,5 m^2 Einzelgröße und den dazugehörenden Dämmstoff-, Trenn- und Schutzschichten, Schüttungen, Dampfbremsen, Abdichtungen, Schalungen und dergleichen
	Zwischenräume bei Lattungen, Sparschalungen, Blindböden, Verschlägen und Bekleidungen aus Latten, Brettern, Lamellen und dergleichen
	Unterbrechungen in der zu bearbeitenden Fläche durch andere Bauteile mit einer Einzelbreite bis einschließlich 30 cm, bei Zwischenböden, Dämmstoff-, Trenn- und Schutzschichten, Schüttungen, Abdichtungen und dergleichen
Längenmaß	Fugen
	Unterbrechungen bis einschließlich 1,0 m Einzellänge

Anhang

Begriffserklärungen

Anarbeiten

Herstellen von Flächen oder Bauteilen an andere begrenzende Bauteile ohne Maßnahmen zum Anpassen oder Anschließen.

Anpassen

Unter dem Begriff „Anpassen" ist die Leistung des Heranführens von Flächen oder Bauteilen an andere begrenzende Bauteile zu verstehen. Dabei muss der herangeführte Baustoff so bearbeitet werden, dass er der Form/Geometrie des bereits vorhandenen begrenzenden Bauteils folgt.

Anschließen

Unter „Anschließen" ist das Heranführen eines Bauteils/Baustoffs an ein begrenzendes Bauteil zu verstehen. Durch das Anschließen muss die technische Funktion des Gesamtbauteils hergestellt werden. Beispiele: Winddichtheit, Kraftschluss, Wasserdichtheit.

Auskragung

Stab oder Platte, der/die an einem Ende starr oder elastisch eingespannt und am anderen Ende frei ist, meist nur durch Querlast auf Biegung beanspruchtes Bauteil.

Aussparung

Geplante Freiräume innerhalb eines Bauteils, zur Aufnahme anderer Bauteile oder zur Bildung einer dauerhaften Öffnung im fertigen Bauwerk. Im Zusammenhang mit einem Aufmaß und der Abrechnung von Bauleistungen sind Aussparungen Querschnittsschwächungen. Die Schwächung kann die gesamte Bauteiltiefe umfassen oder nur zu einem Teil vorhanden sein. Aussparungen in Flächen sind die Anteile, die nicht herzustellen oder zu behandeln sind. Beispiele: Öffnungen in Wänden, auch raumhoch, Durchbrüche in Decken und Böden, Nischen, Kanäle, Schlitze, Hohlräume.

Balken/Plattenbalken (nach DIN 1045-1)

Stabförmiges, vorwiegend auf Biegung beanspruchtes Bauteil mit einer Stützweite von mindestens der zweifachen Querschnittshöhe und mit einer Querschnitts- bzw. Stegbreite von höchstens der vierfachen Querschnittshöhe.

Biegebeanspruchtes Bauteil (nach DIN 1045-1)

Ein vorwiegend auf Biegung beanspruchtes Bauteil ist ein Bauteil mit einer bezogenen Lastausmitte im Grenzzustand der Tragfähigkeit von ed/h < 3,5.

Durchdringung

Durchdringung ist der Sammelbegriff für das Überschneiden eines Bauteils mit einem anderen gleicher Materialeigenschaft; durch vorgegebene Fugen voneinander abgegrenzte, gleichartige Bauteile.

Druckglied (nach DIN 1045-1)

Vorwiegend auf Druck beanspruchtes, stab- oder flächenförmiges Bauteil mit einer bezogenen Lastausmitte im Grenzzustand der Tragfähigkeit von ed/h < 3,5.

Einbindung

Sammelbegriff für den Zusammenschluss eines Bauteils mit einem anderen Bauteil.

Endteufe

Endteufe ist die erreichte Tiefe nach Einstellung der Bohrarbeiten.

Falz

Der Falz ist die Verbindung zweier aneinanderliegender Kantungen von Blechscharen. Man unterscheidet zwischen einfachen, doppelten, liegenden und stehenden Falzen.

Fasche(n)

Eine Fasche ist ein in Struktur oder Farbe abgesetzter Streifen um eine Gebäudeöffnung, insbesondere um Fenster und Türen. Faschen können der Wandfläche vorgelegt oder in diese eingelegt sein.

Fertigteil (nach DIN 1045-1)

Bauteil, das nicht in seiner endgültigen Lage, sondern in einem Werk oder an anderer Stelle hergestellt wird; werden spezielle Regelungen für Fertigteile angewendet, setzt dies die im jeweiligen Fall beschriebenen Maßnahmen voraus (z. B. Schutz vor Witterungseinflüssen, Qualitätssicherung, Sichtbetonklassen).

Fries

Ein Fries ist ein schmaler Streifen, welcher Flächen teilt oder voneinander abgrenzt. Auch ein glatter Streifen kann ein Fries sein. Im Allgemeinen ist ein Fries der Teil einer Wandfläche, welcher mit einem glatten Streifen oder mit Ornamenten verziert/dekoriert ist.

Fuge

Stelle, an der mehrere zueinander passende Teile zusammengefügt oder voneinander angegrenzt sind. Es wird unterschieden zwischen Fugen, die durch Fügung von Bauteilen entstehen und über die Kräfte übertragen werden können, Fugen zur Trennung von Bauteilen, um zerstörungsfreie Bewegungen dieser Bauteile zu ermöglichen (Bewegungsfugen, Dehnfugen, Schwindfugen), und Fugen (Risse), die ungewollt dort entstehen, wo diese Bewegungen behindert werden.

Gesims

Das Gesims oder der Sims ist ein meist horizontales Bauteil, das eine Außenwand in einzelne Abschnitte gliedert. Je nach Lage ist zwischen Sockel- oder Fußgesims, Stockwerkgesims oder Dachgesims zu unterscheiden.

Grat

Grat ist die außen liegende Verschneidungslinie von zwei Dachflächen.

Kehle

Kehle ist die innen liegende Verschneidungslinie von zwei Dachflächen.

Kleinstes umschriebenes Rechteck

Werden unregelmäßige Bauteilformen aufgemessen und können deren Flächen nicht auf einfache geometrische Grundformen zurückgeführt werden, sind diese Flächen nach dem kleinsten umschriebenen Rechteck zu bestimmen. Dieses ergibt sich aus dem kleinsten Rechteck, das eine Fläche beliebiger Form umschließt.

Lagerungsdichte

Die Eigenschaften von nicht bindigen Böden (Sand, Kies) werden von der Lagerungsdichte entscheidend bestimmt. Es wird unterschieden zwischen lockerer, mitteldichter und dichter Lagerung. Locker gelagerte Böden sind in den meisten Fällen problematisch für die Gründung von Bauwerken.

Lebendverbau

Im Landschaftsbau eingesetztes Verfahren zur Ufer- und Böschungssicherung. Dabei werden ausschlagkräftige und leicht anwachsende Hölzer in den Boden gesteckt; diese bilden anschließend Aktivwurzeln zur Verfestigung des Bodens.

Leibung

Als Leibung oder Laibung bezeichnet man die vertikalen inneren oder äußeren, der Öffnung zugewandten Wandflächen an Fenster- und Türöffnungen. Bei Bogen und Gewölben ist die Leibung die innere Bogen- bzw. Gewölbefläche, im Gegensatz zur äußeren, die Bogen- oder Gewölberücken genannt wird. Auch die Seitenflächen einer Nische gelten als Leibungen.

Mehrschichttafel/Sandwichtafel (nach DIN 1045-1)

Fertigteil, das im Allgemeinen aus einer Trag- und einer Vorsatzschicht aus Stahlbeton mit einer dazwischenliegenden Wärmedämmschicht besteht.

Nische

Mauer- oder Wandvertiefung, zurückgesetzter Teil innerhalb einer Wandfläche. Die Tiefe einer Nische ist stets auf die Materialdicke des Bauteils begrenzt. Rücksprünge in Wandflächen mit einer Tiefe größer als die eigentliche Bauteildicke gelten nicht als Nische, es handelt sich dann um einen Teil der Wandfläche (siehe Aussparung).

Öffnung

Öffnungen i. S. d. VOB/C sind die in Bauteilen geplanten, eigenständigen, funktionalen und im Zuge der Bauteilherstellung frei gelassenen Räume über die gesamte Bauteildicke (siehe Aussparung).

Platte (nach DIN 1045-1)

Ebenes, durch Kräfte rechtwinklig zur Mittelfläche, vorwiegend auf Biegung beanspruchtes flächenförmiges Bauteil, dessen kleinste Stützweite mindestens das Zweifache seiner Bauteildicke beträgt, und dessen Bauteilbreite mindestens die vierfachen Bauteildicke besitzt.

Segmenttragwerk (nach DIN 1045-1)

In Tragrichtung aus einzelnen Fertigteilen (Segmenten) zusammengesetztes und mit Spanngliedern zusammengespanntes Tragwerk.

Scheibe/Wand (nach DIN 1045-1)

Ebenes, durch Kräfte parallel zur Mittelfläche beanspruchtes, flächenförmiges Bauteil, dessen größte Querschnittsabmessung das Vierfache der kleineren übersteigt.

Sturz

Eine Öffnung überspannendes, meist gerades Bauteil (Träger, Stahlbetonbalken).

Stütze (nach DIN 1045-1)

Stabförmiges Druckglied, dessen größere Querschnittsabmessung das Vierfache der kleineren Abmessung nicht übersteigt.

Träger, wand- oder scheibenartig (nach DIN 1045-1)

Ebenes, durch Kräfte parallel zur Mittelfläche beanspruchtes, scheibenartiges Bauteil, dessen größte Stützweite weniger als das Zweifache seiner Querschnittshöhe beträgt.

Trennschicht

Eine Trennschicht ist eine flächige Trennung von Werkstoffen oder Bauteilen, um Wechselwirkungen zwischen Schichten zu vermeiden.

Unbewehrtes Bauteil (nach DIN 1045-1)

Bauteil ohne Bewehrung oder mit einer Bewehrung, die unterhalb der jeweiligen erforderlichen Mindestbewehrung liegt.

Unterlage

Bei Verkehrswegebauarbeiten wird der Bereich unter der jeweils herzustellenden Tragschicht als Unterlage bezeichnet.

Bei Dachabdichtungsarbeiten kann die Unterlage durch die Tragkonstruktion (z. B. Beton), eine Schalungsfläche, eine Wärmedämmschicht oder eine vorhandene Dachabdichtung gebildet sein.

Unterbodenmelioration

Überwiegend in der Landwirtschaft eingesetzte Methode, um mithilfe von Rohrdränungen eine bessere Wasserhaushaltung und ein besseres Pflanzenwachstum zu erreichen. Sie beschränkt sich bestenfalls auf die Entwässerung und zeigt nur da einen sichtbaren Erfolg, wo die Ursache der Schäden, die Bodenverdichtung, bei der Anlage von Drängräben beseitigt wurde. Das Gesamtziel der Melioration ist ein umfassender Strukturwandel des Bodens (Beseitigung der Verdichtung durch mechanische Auflockerung).

Verbundbauteil

Bauteil aus einem Fertigteil und einer Ortbetonergänzung mit oder ohne Verbindungselementen.

Verfestigung

Das Erstarren und Erhärten von chemischen Lösungen, die z. B. Hohlräume ausfüllen bzw. zur Bodenverfestigung beitragen.

Verkehrssitte, gewerbliche

Verkehrssitte ist die übliche, regelmäßige Praxis der beteiligten Kreise.

Verzimmerte Hölzer

Nach handwerklicher Tradition bearbeitete und zusammengefügte/verbundene Hölzer.

Wand

→ Scheibe

Sichtbetonklassen

Zur Vereinfachung der Leistungsbeschreibung und Beurteilung der Qualität hergestellter Betonoberflächen sind Sichtbetonklassen 1–4 im Merkblatt „Sichtbeton" des Deutschen Beton- und Bautechnikvereins und des Bundesverbandes der Deutschen Zementindustrie definiert.

In dem im August 2004 aktualisierten Merkblatt „Sichtbeton" wurden vier Sichtbetonklassen (SB 1 bis SB 4) mit Anforderungen an die Textur (T), Porigkeit (P), Farbtongleichungen (FT), Ebenheit (E) und Arbeits-/Schalhautfugen (AF) eingeführt. Weiterhin werden zugehörige Anforderungen an Schalhautklassen (SHK), Erprobungsflächen und Referenzflächen angegeben. Die Tafeln 1–4 enthalten die jeweiligen Anforderungen an die Sichtbetonklassen.

Tafel 1, Sichtbetonklasse SB 1 mit geringen gestalterischen Anforderungen

Sichtbetonklasse SB 1 – Betonflächen mit geringen gestalterischen Anforderungen, z. B. Kellerwände, Bereiche vorwiegend gewerblicher Nutzung		
Textur Elementstoß	**T1**	• Weitgehend geschlossene Zementleim- bzw. Mörteloberfläche erforderlich • In Schalelementstößen ausgetretener Zementleim/Feinmörtel bis ca. 20 mm Breite und ca. 10 mm Tiefe zulässig • Rahmenabdruck des Schalelements zugelassen
Porigkeit	**P1**	Porenanteil (ø ≥ 2 mm und ø ≤15 mm): ≤ ca. 3.000 mm² der Prüffläche zulässig
Farbtongleichmäßigkeit für saugende und nicht saugende Schalung	**FT1**	• Hell-/Dunkelverfärbungen zulässig • Rost- und Schmutzflecken nicht zulässig
Arbeits- und Schalhautfugen	**AF1**	Versatz der Flächen zwischen zwei Betonabschnitten bis ca. 10 mm zulässig
Ebenheit	**E1**	Ebenheitsanforderungen nach DIN 18202, Tabelle 3, Zeile 5 (z. B. zulässiges Stichmaß ≤15 mm auf 4 m Länge)

Sichtbetonklasse SB 1 – Betonflächen mit geringen gestalterischen Anforderungen, z. B. Kellerwände, Bereiche vorwiegend gewerblicher Nutzung		
Schalhautklasse	**SHK1**	Beeinträchtigung der Schalhaut: • Bohrlöcher müssen mit Kunststoffstöpsel verschlossen sein. • Nagel- und Schraublöcher zulässig • Aufquellen der Schalhaut im Schraub- bzw. Nagelbereich zulässig • Beschädigung der Schalhaut durch Innenrüttler zulässig • Kratzer zulässig • Betonreste in Vertiefungen (z. B. in Nagellöchern oder Kratern) zulässig, jedoch keine flächigen Anhaftungen • Zementschleier zulässig • Reparaturstellen zulässig
Erprobungsfläche		Freigestellt (wenn, dann mindestens zwei Stück)
Referenzfläche		Freigestellt

Tafel 2, Sichtbetonklasse SB 2 mit normalen gestalterischen Anforderungen

Sichtbetonklasse SB 2 – Betonflächen mit normalen gestalterischen Anforderungen, z. B. Stützwände, Treppenhausräume		
Textur Elementstoß	**T2**	• Geschlossene und weitgehend einheitliche Betonfläche erforderlich • In den Schalelementstößen austretender Zementleim/Feinmörtel bis ca. 10 mm Breite und ca. 5 mm Tiefe zulässig • Versatz der Elementstöße bis ca. 5 mm zulässig • Höhe verbleibender Grate bis ca. 5 mm zulässig • Rahmenabdruck des Schalelements zugelassen
Porigkeit	**P2** saugend	Porenanteil (ø ≥2 mm und ø ≤15 mm): ≤ ca. 2250 mm² der Prüffläche zulässig
	P1 nicht-sau- gend	Porenanteil (ø ≥2 mm und ø ≤ 5 mm): ≤ ca. 3.000 mm² der Prüffläche zulässig

Sichtbetonklasse SB 2 – Betonflächen mit normalen gestalterischen Anforderungen, z. B. Stützwände, Treppenhausräume		
Farbtongleichmäßigkeit für saugende und nicht saugende Schalung	**FT2**	• Gleichmäßige, großflächige Hell-/Dunkelverfärbungen zulässig • Unterschiedliche Arten und Vorbehandlungen der Schalhaut sowie Ausgangsstoffe verschiedener Art und Herkunft unzulässig
Arbeits- und Schalhautfugen	**AF2**	• Versatz der Flächen zwischen zwei Betonabschnitten bis ca. 10 mm zulässig • Feinmörtelaustritte auf dem vorgehenden Betonierabschnitt müssen rechtzeitig entfernt werden • Trapezleisten o. Ä. bei Arbeitsfugen empfohlen
Ebenheit	**E1**	Ebenheitsanforderungen nach DIN 18202, Tabelle 3, Zeile 5 (z. B. zulässiges Stichmaß ≤15 mm auf 4 m Länge) Beeinträchtigung der Schalhaut: • Bohrlöcher als Reparaturstellen zulässig • Nagel- und Schraublöcher ohne Absplitterungen zulässig
Schalhautklasse	**SHK2**	• Aufquellen der Schalhaut im Schraub- bzw. Nagelbereich nur in Abstimmung mit dem Auftraggeber zulässig • Beschädigung der Schalhaut durch Innenrüttler nicht zulässig • Kratzer als Reparaturstellen zulässig • Betonreste nicht zulässig • Zementschleier zulässig • Reparaturstellen zulässig
Erprobungsfläche		Empfohlen (wenn, dann mindestens zwei Stück)
Referenzfläche		Festlegung anhand einer Erprobungsfläche empfohlen

Tafel 3, Sichtbetonklasse SB 3 mit hohen gestalterischen Anforderungen

Sichtbetonklasse SB 3 – Betonflächen mit hohen gestalterischen Anforderungen, z. B. Fassaden im Hochbau		
Textur Elementstoß	**T2**	• Geschlossene und weitgehend einheitliche Betonfläche erforderlich • In den Schalelementstößen austretender Zementleim/Feinmörtel bis ca. 10 mm Breite und ca. 5 mm Tiefe zulässig • Versatz der Elementstöße bis ca. 5 mm zulässig • Höhe verbleibender Grate bis ca. 5 mm zulässig • Rahmenabdruck des Schalelements zugelassen
Porigkeit	**P3** saugend	Porenanteil (ø ≥ 2 mm und ø ≤15 mm): ≤ ca. 1.500 mm² der Prüffläche zulässig
	P2 nichtsaugend	Porenanteil (ø ≥ 2 mm und ø ≤15 mm): ≤ ca. 2.250 mm² der Prüffläche zulässig
Farbtongleichmäßigkeit für saugende und nicht saugende Schalung	**FT2**	• Gleichmäßige, großflächige Hell-/Dunkelverfärbungen zulässig • Unterschiedliche Arten und Vorbehandlungen der Schalhaut sowie Ausgangsstoffe verschiedener Art und Herkunft unzulässig
Arbeits- und Schalhautfugen	**AF3**	• Versatz der Flächen zwischen zwei Betonabschnitten bis ca. 5 mm zulässig • Feinmörtelaustritte auf dem vorgehenden Betonierabschnitt müssen rechtzeitig entfernt werden. • Trapezleisten bei Arbeitsfugen empfohlen
Ebenheit	**E2**	Ebenheitsanforderungen nach DIN 18202, Tabelle 3, Zeile 6 (z. B. zulässiges Strichmaß ≤10 mm auf 4 m Länge)

Sichtbetonklasse SB 3 – Betonflächen mit hohen gestalterischen Anforderungen, z. B. Fassaden im Hochbau		
Schalhautklasse	**SHK2**	Beeinträchtigung der Schalhaut: • Bohrlöcher als Reparaturstellen zulässig • Nagel- und Schraublöcher ohne Absplitterungen zulässig • Aufquellen der Schalhaut im Schraub- bzw. Nagelbereich nur in Abstimmung mit dem Auftraggeber zulässig • Beschädigung der Schalhaut durch Innenrüttler nicht zulässig • Kratzer als Reparaturstellen zulässig • Betonreste nicht zulässig • Zementschleier zulässig • Reparaturstellen zulässig
Erprobungsfläche		Dringend empfohlen (wenn, dann mindestens zwei Stück)
Referenzfläche		Festlegung anhand einer Erprobungsfläche dringend empfohlen

Tafel 4, Sichtbetonklasse SB 4 mit besonders hoher gestalterischer Bedeutung

Sichtbetonklasse SB 4 – Betonflächen mit besonders hoher gestalterischer Bedeutung, z. B. repräsentative Bauteile im Hochbau		
Textur Elementstoß	**T3**	• Glatte, geschlossene und weitgehend einheitliche Betonfläche erforderlich • In den Schalelementstößen austretender Zementleim/Feinmörtel bis ca. 3 mm Breite zulässig • Feine, technisch unvermeidbare Grate bis 3 mm zulässig • Weitere Anforderungen (z. B. Schalungsstöße, Rahmenabdruck) sind detailliert festzulegen.
Porigkeit	**P4** saugend	Porenanteil (ø ≥ 2 mm und ø ≤ 15 mm): ≤ ca. 750 mm² der Prüffläche zulässig
	P3 nichtsaugend	Porenanteil (ø ≥ 2 mm und ø ≤ 15 mm): ≤ ca. 1.500 mm² der Prüffläche zulässig

Sichtbetonklasse SB 4 – Betonflächen mit besonders hoher gestalterischer Bedeutung, z. B. repräsentative Bauteile im Hochbau		
Farbtongleichmäßigkeit für saugende Schalung	**FT2**	1. Gleichmäßige, großflächige Hell-/ Dunkelverfärbungen zulässig 2. Unterschiedliche Arten und Vorbehandlungen der Schalhaut sowie Ausgangsstoffe verschiedener Art und Herkunft sind unzulässig.
Farbtongleichmäßigkeit für nicht saugende Schalung	**FT3**	1. Großflächige Verfärbungen, verursacht durch Ausgangsstoffe verschiedener Art und Herkunft, unter- schiedliche Art und Vorbehandlung der Schalhaut und ungeeignete Nachbehandlung des Betons sind unzulässig. 2. Geringe Hell-/Dunkelverfärbungen (z. B. leichte Wolkenbildung, geringe Farbtonabweichungen) sind zulässig. 3. Rost- und Schmutzflecken, deutlich sichtbare Schüttlagen sowie Verfärbungen 4. Auswahl eines besonderen und geeigneten Trennmittels notwendig
Arbeits- und Schalhautfugen	**AF4**	1. Planung der Detailausführung erforderlich 2. Versatz der Flächen zwischen zwei Betonierabschnitten bis ca. 5 mm zulässig. 3. Feinmörtelaustritte auf dem vorgehenden Betonierabschnitt müssen rechtzeitig entfernt werden. 4. Weitere Anforderungen (z. B. Ausbildung von Arbeits- und Schalhautfugen) sind detailliert festzulegen.

Sichtbetonklasse SB 4 – Betonflächen mit besonders hoher gestalterischer Bedeutung, z. B. repräsentative Bauteile im Hochbau		
Ebenheit	**E3**	Ebenheitsanforderungen nach DIN 18202, Tabelle 3, Zeile 6 (z. B. zulässiges Stichmaß ≤ 10 mm auf 4 m Länge) Höhere Ebenheitsanforderungen sowie dafür erforderliche Aufwendungen und Maßnahmen sind gesondert zu vereinbaren. Hinweis: Höhere Ebenheitsanforderungen, z. B. nach DIN 18202, Tabelle 3, Zeile 7 (z. B. zulässiges Stichmaß ≤ 8 mm auf 4 m Länge) sind technisch nicht zielsicher erfüllbar.
Schalhautklasse	**SHK3**	1. Beeinträchtigung der Schalhaut: Bohrlöcher sind nicht zulässig. 2. Nagel- und Schraublöcher als Reparaturstellen in Abstimmung mit dem Auftraggeber zulässig 3. Aufquellen der Schalhaut im Schraub- bzw. Nagelbereich nicht zulässig 4. Beschädigung der Schalhaut durch Innenrüttler nicht zulässig 5. Kratzer als Reparaturstellen in Abstimmung mit dem Auftraggeber zulässig 6. Betonreste nicht zulässig 7. Zementschleier in Abstimmung mit dem Auftraggeber zulässig 8. Reparaturstellen in Abstimmung mit dem Auftraggeber zulässig
Erprobungsfläche		Erforderlich (mindestens zwei Stück)
Referenzfläche		Erforderlich

Umrechnungstabelle für Neigungen Winkelangabe in Grad oder Gefälle in Prozent

Grad	Prozent	Grad	Prozent	Grad	Prozent
0,00	0,00	7,00	12,3	27,00	50,9
0,10	0,18	8,00	14,1	28,00	53,1
0,20	0,36	9,00	15,8	29,00	55,4
0,30	0,54	10,00	17,6	30,00	57,7
0,40	0,72	11,00	19,4	31,00	60,0
0,50	0,90	12,00	21,2	32,00	62,4
0,60	1,08	13,00	23,0	33,00	64,9
0,70	1,26	14,00	24,9	34,00	67,4
0,80	1,44	15,00	26,8	35,00	70,0
0,90	1,62	16,00	28,7	36,00	72,6
1,00	1,80	17,00	30,5	37,00	75,4
1,25	2,20	18,00	32,5	38,00	78,0
1,50	2,60	19,00	34,4	39,00	80,9
1,75	3,00	20,00	36,4	40,00	83,9
2,00	3,40	21,00	38,4	41,00	86,9
3,00	5,20	22,00	40,4	42,00	90,0
4,00	7,00	23,00	42,4	43,00	93,0
5,00	8,80	24,00	44,5	44,00	96,5
6,00	10,50	25,00	46,6	45,00	100,0
		26,00	48,7		

Bodentransport

Maximale Transportmenge pro Lkw

Material (m^3)	Lkw-Nutzlast (t)				
	2,50	5,00	7,50	10,00	12,00
Oberboden	1,47	1,94	4,41	5,88	7,06
Schutt/ Unrat	1,39	2,78	4,17	5,56	6,67
Geröll	1,32	2,63	3,95	5,26	6,32
Lehm/Ton	1,19	2,38	3,57	4,76	5,71

DIN 4124 „Baugruben und Gräben – Böschungen, Verbau, Arbeitsraumbreiten“

Für die Ausführungen von Gräben sind im Allgemeinen die Regeln der DIN 4124 zu beachten. Grundsätzlich wird zwischen unverbauten und verbauten Gräben sowie zwischen Gräben ohne und mit betretbarem Arbeitsraum unterschieden.

Lichte Mindestgrabenbreiten für geböschte Gräben ohne betretbaren Arbeitsraum nach DIN 4124

DIN 4124	Lichte Mindestgrabenbreite (b) in m			
Regelverlegetiefe	bis 0,70	über 0,70 bis 0,90	über 0,90 bis 1,00	über 1,00 bis 1,25
Leichte Grabenbreite	0,30	0,40	0,50	0,60

Lichte Mindestbreiten für geböschte und verbaute Gräben mit betretbarem Arbeitsraum nach DIN 4124 in Abhängigkeit vom äußeren Rohrdurchmesser

Äußerer Leitungs- bzw. Rohrschaftdurchmesser d in m	Lichte Mindestbreite (b) in m			
	verbauter Graben		nicht verbauter Graben	
	Regelfall	Umsteifung	$\beta \leq 60°$	$\beta > 60°$
bis 0,40	b = d + 0,40	b = d + 0,70	b = d + 0,40	
über 0,40 bis 0,80	b = d + 0,70		b = d + 0,40	b = d + 0,70
über 0,80 bis 1,40	b = d + 0,85			
über 1,40	b = d + 1,00			

Lichte Mindestbreiten für verbaute Gräben mit betretbarem Arbeitsraum nach DIN 4124, abhängig von der Grabentiefe

Verbaute Grabentiefe	Mindestgrabenbreite (b)
bis 1,75 m	0,60 bzw. 0,70 m
über 1,75 bis 4,00 m	0,80 m
über 4,00 m	1,00 m

DIN EN 1610 „Verlegung und Prüfung von Abwasserleitungen und -kanälen“

Für Gräben, in denen **Abwasserleitungen** verlegt werden, gelten die Regeln nach DIN EN 1610.

Abhängigkeit vom Nenndurchmesser (DN) bzw. dem äußeren Rohrdurchmesser (RD) gilt als Mindestgrabenbreite

Nenndurchmesser (DN) in mm	Mindestgrabenbreite (b = RD + x) in m		
	verbauter Graben	unverbauter Graben	
		β ≤ 60°	β > 60°
bis DN 225	RD + 0,40	RD + 0,40	
über 225 bis 350	RD + 0,50	RD + 0,40	RD + 0,50
über 350 bis 700	RD + 0,70	RD + 0,40	RD + 0,70
über 700 bis 1200	RD + 0,85	RD + 0,40	RD + 0,85
über 1200	RD + 1,00	RD + 0,40	RD + 1,00

Die Arbeitsraumbreite gilt jeweils zur Hälfte für den lichten Abstand zwischen Rohraußenkante und Grabenwand bzw. Grabenverbau.

Beispiel: DN: DN 600
ß: > 60°

Mindestgrabenbreite nach Durchmesser:
0,60 m + 0,70 m = 1,30 m

Mindestgrabenbreite nach Grabentiefe: 0,80 m

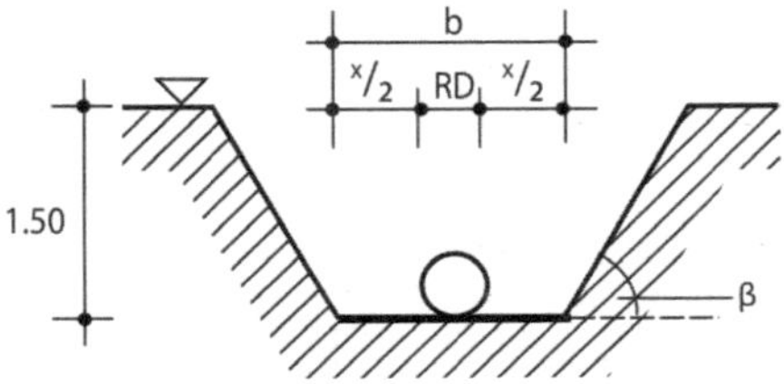

***Bild 1:** Unverbauter Graben für Entwässerungskanal*

Für unverbaute Gräben, in denen Abwasserleitungen verlegt werden, gelten nach DIN EN 1610 abhängig von der Grabentiefe für die Mindestgrabenbreite:

Unverbaute Grabentiefe	Mindestgrabenbreite (b)
bis 1,00 m	keine Vorgabe
über 1,00 bis 1,75 m	0,80 m
über 1,75 bis 4,00 m	0,90 m
über 4,00 m	1,00 m

Gerüste nach DIN 4420 „Arbeits- und Schutzgerüste“

Fassadengerüste aus Metall und Holz werden nach der vorgesehenen Belastung und Flächennutzung der Beläge in verschiedene Gerüstgruppen eingeteilt.

DIN 4420	Stahlrohrkupplungsgerüste und Systemgerüste					
	Fassadengerüste aus Holz			Sonstige Fassadengerüste		
Gerüstgruppe	1	2	3	4	5	6
Nutzgewicht kg/m²	-	150	200	300	450	600
Mindestbreite der Belagfläche in m	0,50	0,60	0,60	0,90	0,90	0,90
	Mindestbreite freier Durchgang bei Materiallagerung ≥ 0,20 m					
	Maximaler Abstand Belag – Wandfläche ≤ 0,30 m					
Seitenschutzhöhe	≥ 1,00 ± 0,05 m					
Brett- oder Bohlenbreite in cm	Für Gruppe 1–3		4	5		6
	20	24, 28	20	24, 28	20, 24, 28	20, 24, 28

DIN 4420	Stahlrohrkupplungsgerüste und Systemgerüste					
	Fassadengerüste aus Holz			Sonstige Fassadengerüste		
Brett- oder Bohlendicke in cm	Maximale Stützweite in m					
3,0	1,25	1,25	1,25	1,25	1,25	1,00
3,5	1,50	1,75	1,50	1,75	1,25	1,25
4,0	1,75	2,25	1,75	2,00	1,50	1,25
4,5	2,25	2,50	2,25	2,25	1,75	1,50
5,0	2,50	2,75	2,50	2,50	2,00	1,75

Anstrich- und Entrostungsflächen Ausgewählte Form-Stahlprofile

I	nach DIN 1025 Teil 1
IPB	nach DIN 1025 Teil 2
IPB I	nach DIN 1025 Teil 3
IPB v	nach DIN 1025 Teil 4
IPE	nach DIN 1025 Teil 5
U	nach DIN 1026

Profilkurzzeichen	I	IPB	IPB I	IPB v	IPE	U
	Mantelfläche in m²/m					
80	0,304	-	-	-	0,328	0,312
100	0,370	0,567	0,561	0,619	0,400	0,372
120	0,439	0,686	0,677	0,738	0,475	0,434
140	0,502	0,805	0,794	0,857	0,551	0,489
160	0,575	0,918	0,906	0,970	0,623	0,546
180	0,640	1,040	1,020	1,09	0,698	0,611
200	0,709	1,150	1,140	1,200	0,768	0,661
220	0,775	1,270	1,260	1,320	0,848	0,718
240	0,844	1,380	1,370	1,460	0,922	0,775
260	0,906	1,500	1,48	1,570	-	0,834
280	0,966	1,620	1,60	1,690	-	0,890

Profil-kurz-zeichen	I	IPB	IPB I	IPB v	IPE	U
	Mantelfläche in m²/m					
300	1,03	1,730	1,72	1,830	1,160	0,950
360	1,21	1,850	1,830	1,930	1,350	-
400	1,33	1,930	1,910	2,000	1,470	1,18

Anstrichflächen von Raumheizkörpern nach DIN 4703 „Raumheizkörper“ Teil 1 Maße von Gliederheizkörpern

Anstrichflächen (Heizflächen) von Gussradiatoren

Baumaße in mm			Anstrichfläche je Glied in m²
Bauhöhe	Nabenabstand	Bautiefe	
980	900	70	0,205
		160	0,440
		220	0,580
680	600	160	0,306
580	500	70	0,120
		110	0,180
		160	0,255
		220	0,345
430	350		0,090
			0,128
			0,185
			0,255
280	200	250	0,185

Anstrichflächen (Heizflächen) von Stahlradiatoren

Baumaße in mm			Anstrichfläche je Glied in m^2
Bauhöhe	Nabenabstand	Bautiefe	
1000	900	110	0,240
		160	0,345
		220	0,480
600	500	110	0,140
		160	0,205
		220	0,285
430	350	110	0,105
		160	0,155
		220	0,210
280	200	160	0,105
		250	0,160

Metallbleche
Dicken und Gewichte

Dicke in mm	Aluminium kg/m^2	Kupfer kg/m^2	Zink kg/m^2
0,5	1,350	4,475	3,600
0,8	2,16	7,16	5,76
1,0	2,70	8,95	7,200
2	5,40	17,90	14,4
3	8,100	25,65	21,60
4	10,80	35,80	28,80
5	13,50	44,75	36,00
6	16,20	53,70	43,20
7	18,90	62,65	50,40
8	21,60	71,60	57,60
9	24,30	80,55	64,80
10	27,00	89,50	72,00
15	40,50	134,25	108,00
20	54,00	179,00	144,00

Oberflächengüte/Verspachtelung von Gipsplatten

Nach Merkblatt Nr. 2 „Hinweise und Richtlinien für Trockenbauarbeiten mit Gipsplatten-Systemen", herausgegeben von der Industriegruppe Gipsplatten im Bundesverband der Gips- und Gipsbauplattenindustrie e. V., April 2003

Qualitätsstufe 1: **Q1**

Die Grundverspachtelung (Q1) ist dann ausreichend, wenn keine optischen Anforderungen an die Oberfläche gestellt werden. Sie beinhaltet:

- das Füllen der Stoßfugen der Gipsplatten
- das Überziehen der sichtbaren Teile der Befestigungsmittel
- überstehendes Spachtelmaterial ist abzustoßen
- einschließlich Einlegen von Fugendeckstreifen (Bewehrungsstreifen)

Qualitätsstufe 2: **Q2**

Die Standardverspachtelung (Q2) genügt den üblichen Anforderungen an Wand- und Deckenflächen mit dem Ziel, die Fugenbereiche durch stufenlose Übergänge der Plattenoberfläche anzugleichen. Sie beinhaltet:

- die Grundverspachtelung (Q1)
- das Nachspachteln (Finish) bis zum Erreichen eines stufenlosen Übergangs zur Plattenoberfläche

Eignung für:

- mittel und grob strukturierte Wandbekleidungen, z. B. Tapeten wie Raufasertapete (Körnung RM oder RG nach DIN 6742)
- matte füllende Anstriche/Beschichtungen (z. B. Dispersionsanstriche)
- Oberputze (Korngrößen/Größtkorn über 1 mm), soweit sie vom Putzhersteller für das jeweilige Gipsplattensystem freigegeben sind

Qualitätsstufe 3: **Q3**

Die Sonderverspachtelung Q3 stellt erhöhte Anforderungen an die gespachtelte Oberfläche. Sie beinhaltet:

- die Standardverspachtelung (Q2) sowie
- ein breiteres Ausspachteln der Fugen mit scharfem Abziehen der restlichen Kartonoberfläche zum Porenverschluss mit Spachtelmaterial

Die gespachtelten Flächen können im Bedarfsfall geschliffen werden, um eine geeignete Oberfläche für

- fein strukturierte Wandbekleidungen,
- matte nichtstrukturierte Anstriche/Beschichtungen,
- Oberputze, deren Körnung/Größtkorn nicht mehr als 1 mm beträgt, soweit diese vom Putzhersteller für das jeweilige Gipsplattensystem freigegeben sind,

herzustellen.

Qualitätsstufe 4: **Q4**

Um höchste Anforderungen an die gespachtelte Oberfläche zu erfüllen, müssen folgende Kriterien erfüllt werden:

- eine Vollflächenspachtelung
- Im Unterschied zur Sonderverspachtelung (Q3) wird die gesamte Kartonoberfläche mit einer durchgehenden Spachtel-/Putzschicht abgedeckt.
- die Standartverspachtelung (Q2)
- ein breites Ausspachteln der Fugen sowie ein vollflächiges Überziehen und Glätten der gesamten Oberfläche mit einem dafür geeigneten Material (Schichtdicke bis etwa 3 mm)

Erzielte Eignung der Oberfläche für:

- glatte oder strukturierte Wandbekleidungen mit Glanz, z. B. Metall- oder Vinyltapeten
- Lasuren oder Anstriche/Beschichtungen bis zu mittlerem Glanz
- Stuccolusto oder andere hochwertige Glätt-Techniken

Berechnung von Flächen- und Umfangsmaßen

Quadrat Fläche: $A = a^2$ Umfang: $U = 4 * a$	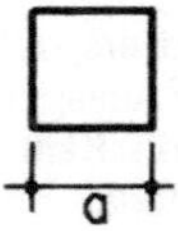
Rechteck Fläche: $A = a * b$ Umfang: $U = 2 * (a + b)$	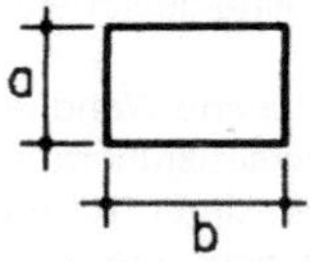
Parallelogramm Fläche: $A = a * h$ oder $A = a * b * \sin \alpha$ Umfang: $U = 2 * (a + b)$	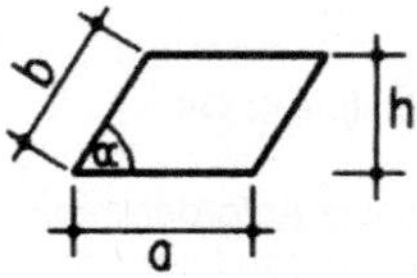
Trapez Fläche: $A = (a + c) * 0{,}5 * h$ $A = m * h$ Umfang: $U = a + b + c + d$	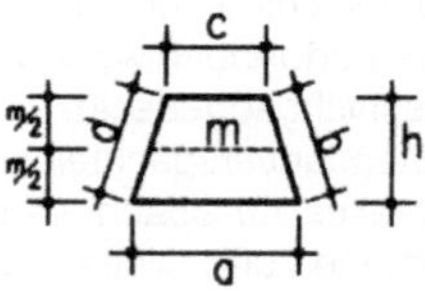

Ungleichseitiges Dreieck
Fläche:
$A = a * h * 0{,}5$
Umfang:
$U = a + b + c$

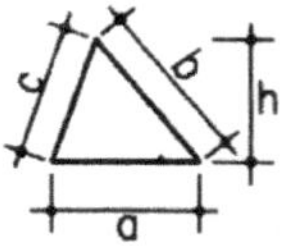

Gleichseitiges Dreieck
Fläche:
$A = a^2 / 4 * \sqrt{3}$
Umfang:
$U = 3 * a$

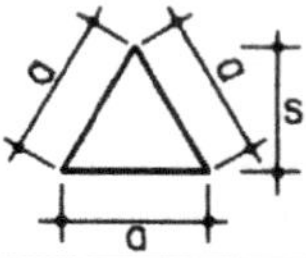

Regelmäßiges Vieleck, Sechseck
Fläche:
$A = s * r * 0{,}5 * 6$
oder
$A = 3/2 * a^2 * \sqrt{3}$
Umfang:
$U = 6 * s$

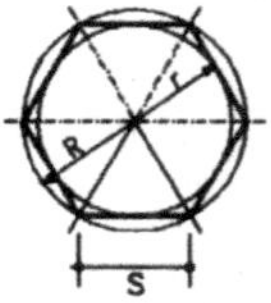

Achteck
Fläche:
$A = 2 * a * s$
$= 0{,}83 * s^2$
Umfang:
$U = 8 * a$

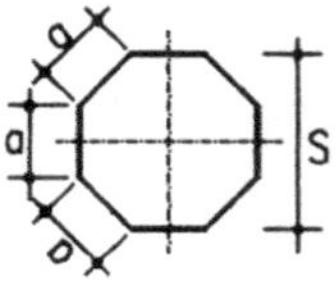

Unregelmäßige Vielecke

Fläche:

$A = a_1 * h_1 * 0{,}5 + (a_1 + a_2) * 0{,}5 * h_2$

Umfang:

$U = a_2 + b + c + d + e$

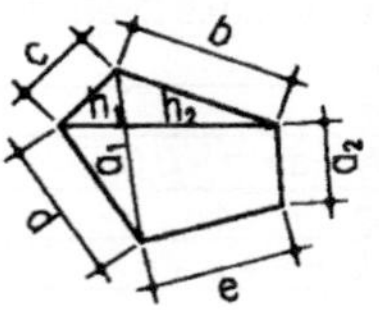

Kreis

Fläche:

$A = r^2 * \pi$

Umfang:

$U = 2 * r * \pi$

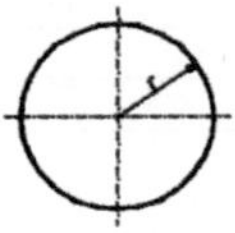

Kreisausschnitt

Fläche:

$A = \pi * \alpha * 1/360 * r^2$

oder

$A = (b * r) / 2$

Bogenlänge (b):

$b = (\pi * r * d) / 180$

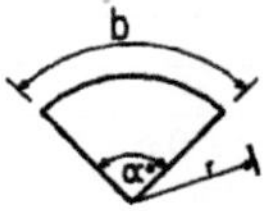

Kreisabschnitt

Fläche:

$A = [b * r) / 2] – [s * (r – h) / 2]$

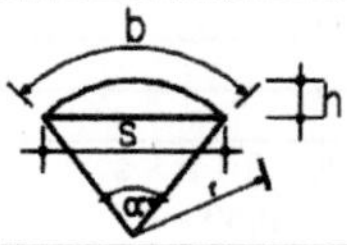

Kreisring

Fläche:

$A = \pi * 1/360 * (R^2 – r^2)$

Ellipse

Fläche:

$A = \pi * a * b$

Umfang:

$U = \pi * \sqrt{2 * (a^2 + b^2)}$

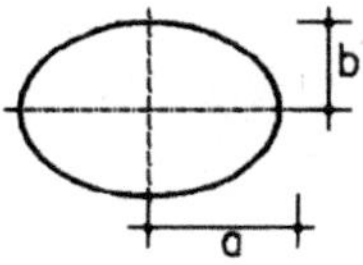

Berechnung von Volumen und Oberflächen

Würfel	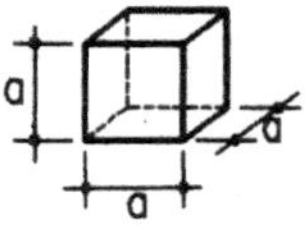
Volumen:	
$V = a^3$	
Oberfläche:	
$O = 6 * a^2$	
Quader	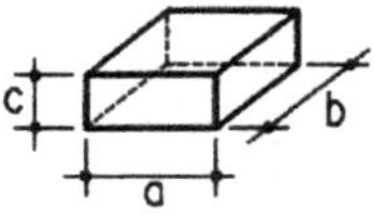
Volumen:	
$V = a * b * c$	
Umfang:	
$O = 2 * (a * b + a * c + b * c)$	
Kreiszylinder	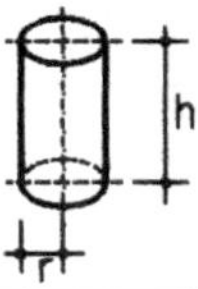
Volumen:	
$V = r^2 * \pi * h$	
Oberfläche:	
$O = 2 * r * \pi * (h + r)$	
Pyramide	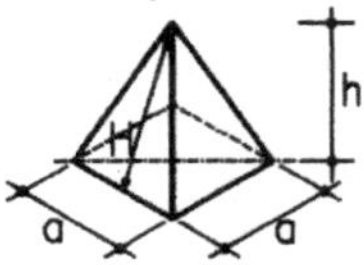
Volumen:	
$A = 1/3 * a^2 * h$	
Oberfläche:	
$O = a * (a + 2 * H)$	

Tetraeder

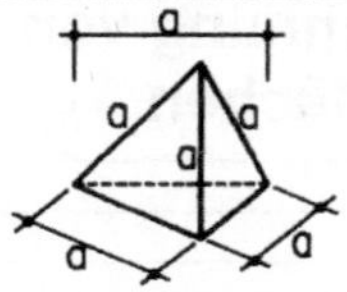

Volumen:

$V = a^2 * 1/12 * \sqrt{2}$

Oberfläche:

$O = a^2 * \sqrt{3}$

Kegel

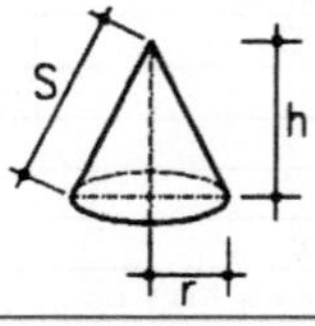

Volumen:

$V = (D^2 * \pi * h) / 12$ oder $1/3 * r^2 * \pi * h$

Oberfläche:

$O = r * \pi * (r + S)$

Pyramidenstumpf

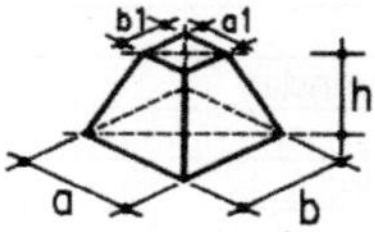

Volumen:

$V = h/6 * [(2a+a_1) * b + (2a_1 + a) * b_1]$

$V = 1/3 * h * (a^2 + \sqrt{a^2 * b^2} + b^2)$

Kegelstumpf

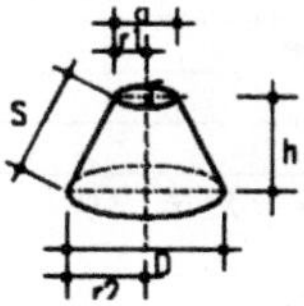

Volumen:

$V = \pi * h/3 * (r_1^2 + r_1 * r_2 + r_2^2)$

Oberfläche:

$O = \pi * S * (r_1 + r_2)$

Keil (Dach)

Volumen:

$V = (h * b) / 6 * (2a + a_1)$

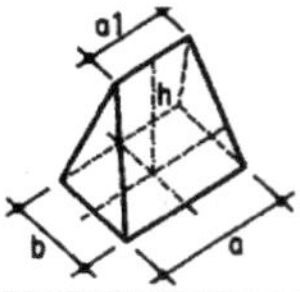

Kugel

Volumen:

$V = \pi / 6 * d^3$

Oberfläche:

$O = \pi * d^2$

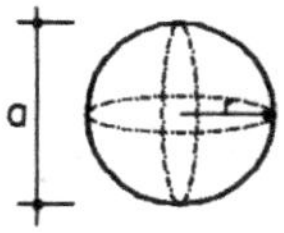

Regelmäßiges, dreiseitiges Prisma

Volumen:

$V = \sqrt{3} / 4 * a^2 * h$

Oberfläche:

$O = \sqrt{3} / 2 * a^2 + 3 * a * h$

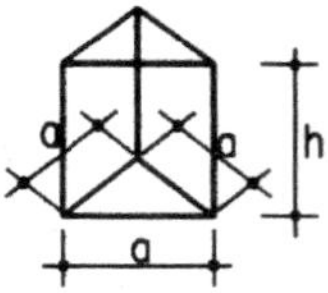

Gerades dreiseitiges Prisma

Volumen:

$V = A_G * (a + b + c)/3$

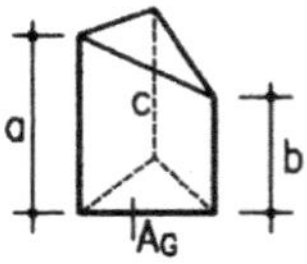

Schräges dreiseitiges Prisma

Volumen:

$V = A_Q * (a + b + c)/3$

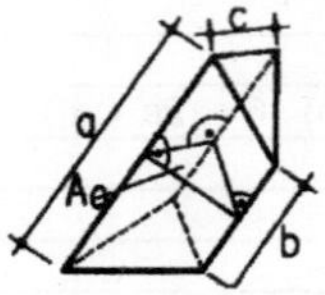

Rampe

Volumen:

$V = h^2/6 * (3b + 2ns * h)\ m$

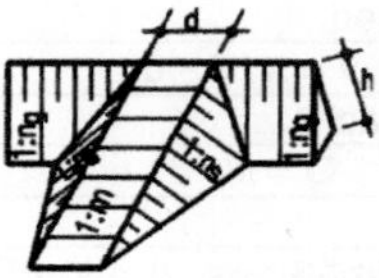

Stichwortverzeichnis